高等院校网络教育系列教材

数控机床加工工艺与操作技术

肖 民 何 云 主编

华东理工大学出版社
EAST CHINA UNIVERSITY OF SCIENCE AND TECHNOLOGY PRESS

图书在版编目(CIP)数据

数控机床加工工艺与操作技术/肖民,何云主编. —上海:
华东理工大学出版社,2012.3
高等院校网络教育系列教材
ISBN 978-7-5628-3198-3

Ⅰ.①数… Ⅱ.①肖… ②何… Ⅲ.①数控机床-加工-高等
教育:网络教育-教材②数控机床-操作-高等教育:网
络教育-教材 Ⅳ.①TG659

中国版本图书馆CIP数据核字(2012)第008256号

内容提要

数控机床是装备制造业和国防工业装备现代化的重要战略装备,是关系到国家战略地位、体现国家综合国力水平的重要标志。数控机床在机械制造业中得到日益广泛的应用,是因为它有效地解决了复杂、精密、小批、多变的零件加工问题,能满足高质量、高效益和多品种、小批量的柔性生产方式的要求,适应各种机械产品迅速更新换代的需要。数控机床已成为大、中型机械制造企业的主要技术装备。为了使广大操作者和相关技术人员掌握数控机床的加工工艺、编程与操作技能,特编写本书。

本书共7章,主要内容包括数控机床概论,数控机床刀具以及数控刀具材料,数控机床工件的定位与装夹,数控车、铣的加工工艺与程序编制,数控线切割的加工工艺与程序编制。

高等院校网络教育系列教材

数控机床加工工艺与操作技术

主　　编 /	肖　民　何　云
责任编辑 /	徐知今
责任校对 /	金慧娟
出版发行 /	华东理工大学出版社有限公司
地　　址:	上海市梅陇路130号,200237
电　　话:	(021)64250306(营销部)
传　　真:	(021)64252707
网　　址:	press.ecust.edu.cn
印　　刷 /	常熟市华顺印刷有限公司
开　　本 /	787 mm×1092 mm　1/16
印　　张 /	14.25
字　　数 /	362千字
版　　次 /	2012年3月第1版
印　　次 /	2012年3月第1次
书　　号 /	ISBN 978-7-5628-3198-3/TH·86
定　　价 /	36.00元

(本书如有印装质量问题,请到出版社营销部调换。)

序

  网络教育是依托现代信息技术进行教育资源传播、组织教学的一种崭新形式，它突破了传统教育传递媒介上的局限性，实现了时空有限分离条件下的教与学，拓展了教育活动发生的时空范围。从 1998 年 9 月教育部正式批准清华大学等 4 所高校为国家现代远程教育第一批试点学校以来，我国网络教育历经了若干年发展期，目前全国已有 68 所普通高等学校和中央广播电视大学开展现代远程教育。网络教育的实施大大加快了我国高等教育的大众化进程，使之成为高等教育的一个重要组成部分；随着它的不断发展，也必将对我国终身教育体系的形成和学习型社会的构建起到极其重要的作用。

  华东理工大学是国家"211 工程"重点建设高校，是教育部批准成立的现代远程教育试点院校之一。华东理工大学网络教育学院凭借其优质的教育教学资源、良好的师资条件和社会声望，自创建以来得到了迅速的发展。但网络教育作为一种不同于传统教育的新型教育组织形式，如何有效地实现教育资源的传递，进一步提高教育教学效果，认真探索其内在的规律，是摆在我们面前的一个新的、亟待解决的课题。为此，我们与华东理工大学出版社合作，组织了一批多年来从事网络教育课程教学的教师，结合网络教育学习方式，陆续编撰出版一批包括图书、课程光盘等在内的远程教育系列教材，以期逐步建立以学科为先导的、适合网络教育学生使用的教材结构体系。

  掌握学科领域的基本知识和技能，把握学科的基本知识结构，培养学生在实践中独立地发现问题和解决问题的能力是我们组织教材编写的一个主要目的。系列教材包括了计算机应用基础、大学英语等全国统考科目，也涉及了管理、法学、国际贸易、机械、化工等多学科领域。

  根据网络教育学习方式的特点编写教材，既是网络教育得以持续健康发展的基础，也是一次全新的尝试。本套教材的编写凝聚了华东理工大学众多在学科研究和网络教育领域中有丰富实践经验的教师、教学策划人员的心血，希望它的出版能对广大网络教育学习者进一步提高学习效率予以帮助和启迪。

华东理工大学副校长 涂善东

前　言

数控机床是装备制造业和国防工业装备现代化的重要战略装备，是关系到国家战略地位、体现国家综合国力水平的重要标志。数控机床是综合应用计算机、自动控制、自动检测及精密机械等高新技术的产物，是技术密集度及自动化程度很高的典型机电一体化加工设备。数控机床与普通机床相比，不仅自动化程度和零件加工精度高，且可完成普通机床难以完成或根本不能加工的复杂曲面的零件加工。数控机床有效地解决了复杂、精密、小批、多变的零件加工问题，能满足高质量、高效益和多品种、小批量的柔性生产方式的要求，适应各种机械产品迅速更新换代的需要。数控机床已成为大、中型机械制造企业的主要技术装备。为达到数控机床以上所述的长处，还要求操作者在生产中能恰当、准确地使用该类加工装备，以保证数控机床的特性得以充分的施展。因此，亟需培养一大批熟悉并掌握数控加工工艺、编程、操作和维护的应用型高级技术人才。

本书主要内容共 7 章，包括数控机床概论，数控机床刀具以及数控刀具材料，数控机床工件的定位与装夹，数控车、铣的加工工艺与程序编制，数控线切割的加工工艺与程序编制。全书简要介绍了数控机床的产生和发展过程，并描述了数控机床的组成、工作过程以及分类和特点。通过介绍典型的数控车床、数控铣床、加工中心和数控电火花加工机床的加工实例，以数控加工工艺与数控编程为主线，将切削加工基本理论知识，常用的加工方法、刀具和夹具等内容有机地结合为一体。本书内容力求精炼实用，并配有较多加工实例的图片和说明，通俗易懂，有利于初学者能够尽快地掌握数控机床技术。

由于时间仓促和编者水平有限，书中疏漏和谬误在所难免，恳请读者不吝指教，以便进一步修改。

编　者
2011 年 12 月

目 录

1 数控机床概述 …………………………………………………………………… (1)
  1.1 数控机床的产生、特点及应用范围 ……………………………………… (1)
    1.1.1 数控机床的产生 ………………………………………………………… (1)
    1.1.2 数控机床加工特点 ……………………………………………………… (1)
    1.1.3 适合数控机床加工的零件 ……………………………………………… (2)
  1.2 数控机床的组成及主要类型 ……………………………………………… (2)
    1.2.1 数控机床的组成 ………………………………………………………… (2)
    1.2.2 数控机床的分类 ………………………………………………………… (4)
    1.2.3 数控机床的发展趋势 …………………………………………………… (9)
  思考题 1 ……………………………………………………………………………… (10)

2 数控机床刀具 …………………………………………………………………… (11)
  2.1 数控刀具的种类及特点 …………………………………………………… (11)
    2.1.1 数控刀具的种类 ………………………………………………………… (11)
    2.1.2 数控刀具的特点 ………………………………………………………… (13)
  2.2 数控刀具材料 ……………………………………………………………… (13)
    2.2.1 数控刀具材料的基本性能 ……………………………………………… (13)
    2.2.2 常用数控刀具材料及选用 ……………………………………………… (14)
  2.3 数控可转位刀片及其代码 ………………………………………………… (21)
    2.3.1 可转位刀具的优点 ……………………………………………………… (21)
    2.3.2 可转位刀片的代码及其标记方法 ……………………………………… (21)
    2.3.3 机夹式可转位刀具结构 ………………………………………………… (22)
    2.3.4 可转位刀片的选择 ……………………………………………………… (22)
  2.4 数控机床自动换刀装置与工具系统 ……………………………………… (23)
    2.4.1 自动换刀装置的形式 …………………………………………………… (23)
    2.4.2 数控工具系统 …………………………………………………………… (26)
  思考题 2 ……………………………………………………………………………… (31)

3 数控机床工件的定位与装夹 …………………………………………………… (32)
  3.1 机床夹具概述 ……………………………………………………………… (32)
    3.1.1 夹具的基本概念 ………………………………………………………… (32)

  3.1.2 工件的安装 …………………………………………………………（33）
  3.1.3 基准及其分类 ………………………………………………………（34）
 3.2 工件定位的基本原理 ………………………………………………………（35）
  3.2.1 六点定位原理 ………………………………………………………（35）
  3.2.2 六点定位原理的应用 ………………………………………………（36）
  3.2.3 定位方法及定位元件 ………………………………………………（38）
 3.3 工件的夹紧 …………………………………………………………………（42）
  3.3.1 夹紧装置的组成及基本要求 ………………………………………（42）
  3.3.2 夹紧力三要素确定 …………………………………………………（43）
 3.4 数控机床常用夹具 …………………………………………………………（45）
  3.4.1 数控加工夹具简介 …………………………………………………（45）
  3.4.2 组合夹具 ……………………………………………………………（46）
 思考题 3 …………………………………………………………………………（50）

4 数控机床的工艺规程设计 …………………………………………………（51）
 4.1 数控加工工艺的基本概念 …………………………………………………（51）
  4.1.1 数控加工工艺基本特点与加工工艺过程 …………………………（51）
  4.1.2 数控加工工艺内容和加工步骤 ……………………………………（55）
 4.2 机械加工工艺规程设计 ……………………………………………………（56）
  4.2.1 零件图工艺性分析 …………………………………………………（56）
  4.2.2 定位基准的选择 ……………………………………………………（61）
  4.2.3 加工工艺路线的制订 ………………………………………………（64）
 4.3 数控机床的程序编制 ………………………………………………………（69）
  4.3.1 程序编制的基本知识 ………………………………………………（69）
  4.3.2 程序编制的内容和步骤 ……………………………………………（69）
  4.3.3 程序编制的方法 ……………………………………………………（70）
  4.3.4 数控机床坐标系 ……………………………………………………（71）
 4.4 数控加工程序的结构和指令 ………………………………………………（74）
  4.4.1 程序的结构与格式 …………………………………………………（75）
  4.4.2 常用编程指令的应用 ………………………………………………（77）
 4.5 数控加工工艺设计 …………………………………………………………（80）
  4.5.1 数控加工工艺设计的主要内容 ……………………………………（80）
  4.5.2 数控加工工艺文件编制 ……………………………………………（86）
 思考题 4 …………………………………………………………………………（87）

5 数控车削的加工工艺和编程 …………………………………………………（89）
5.1 数控车削加工工艺概述 ……………………………………………………（89）
5.1.1 数控车床的类型 ……………………………………………………（89）
5.1.2 数控车削的特点及加工对象 ………………………………………（91）
5.2 数控车削加工工件的装夹及对刀 ……………………………………（94）
5.2.1 工件的装夹与夹具选择 ……………………………………………（94）
5.2.2 数控车削的对刀 ……………………………………………………（96）
5.3 数控车削加工工艺的制订 …………………………………………………（99）
5.3.1 数控车削加工工艺包括的内容 ……………………………………（99）
5.3.2 零件图的工艺分析 ………………………………………………（100）
5.3.3 工序和装夹方法的确定 …………………………………………（100）
5.3.4 加工顺序和进给路线的确定 ……………………………………（101）
5.3.5 加工工序的设计 …………………………………………………（105）
5.3.6 切削用量的选择 …………………………………………………（112）
5.4 数控车床程序编制的基本方法 …………………………………………（115）
5.4.1 数控车床的编程特点 ……………………………………………（115）
5.4.2 数控车床的程序功能 ……………………………………………（116）
5.4.3 数控车床尺寸系统的编程 ………………………………………（118）
5.4.4 数控车床的基本指令编程 ………………………………………（118）
5.4.5 数控车床的循环指令编程 ………………………………………（124）
5.5 数控车床加工工艺及编程实例 …………………………………………（129）
思考题 5 ………………………………………………………………………（136）

6 数控铣与加工中心的加工工艺和编程 ……………………………………（138）
6.1 数控铣与加工中心的加工工艺概述 ……………………………………（138）
6.1.1 数控铣与加工中心简介 …………………………………………（138）
6.1.2 数控铣与加工中心的主要加工对象 ……………………………（141）
6.1.3 数控铣与加工中心的工艺性分析 ………………………………（144）
6.1.4 加工方法的选择及加工方案的确定 ……………………………（145）
6.2 数控铣与加工中心的加工工艺制订 ……………………………………（146）
6.2.1 加工工序的设计 …………………………………………………（147）
6.2.2 加工顺序和进给路线的确定 ……………………………………（148）
6.2.3 数控铣削刀具 ……………………………………………………（152）
6.2.4 切削用量的选择 …………………………………………………（163）

6.3 数控铣与加工中心的编程基础 …………………………………………………（165）
　　6.3.1 编程的基本概念 ………………………………………………………（165）
　　6.3.2 数控铣床的坐标系统 …………………………………………………（167）
　　6.3.3 FANUC 系统常用基本指令 ……………………………………………（171）
6.4 数控铣与加工中心的编程实例 …………………………………………………（180）
　　思考题 6 ……………………………………………………………………………（185）

7 数控线切割加工工艺与编程 …………………………………………………（187）

7.1 数控线切割加工概述 ……………………………………………………………（187）
　　7.1.1 数控线切割加工原理 …………………………………………………（187）
　　7.1.2 数控线切割加工特点 …………………………………………………（188）
　　7.1.3 数控线切割加工的应用 ………………………………………………（188）
7.2 数控电火花线切割工艺与工装基础 ……………………………………………（189）
　　7.2.1 线切割加工的主要工艺指标 …………………………………………（189）
　　7.2.2 影响线切割工艺指标的若干因素 ……………………………………（189）
　　7.2.3 电火花线切割典型夹具、附件及工件装夹 …………………………（193）
7.3 数控线切割加工工艺的制订 ……………………………………………………（195）
　　7.3.1 数控线切割的工艺基础 ………………………………………………（195）
　　7.3.2 数控线切割加工工艺分析 ……………………………………………（201）
7.4 线切割机床的程序编制 …………………………………………………………（204）
　　7.4.1 3B 格式程序编制 ………………………………………………………（204）
　　7.4.2 4B 格式程序编制 ………………………………………………………（209）
　　7.4.3 ISO 格式程序编制 ……………………………………………………（210）
7.5 综合编程实例 ……………………………………………………………………（213）
　　思考题 7 ……………………………………………………………………………（217）

参考文献 ………………………………………………………………………………（218）

1 数控机床概述

1.1 数控机床的产生、特点及应用范围

1.1.1 数控机床的产生

传统的工业自动化设备主要是自动机床、组合机床和专用自动生产线,这些"刚性"的自动化设备,非常适合在大批量生产中使用。但是,机械制造工业中并不是所有的产品零件都具有很大的批量,单件和小批量(10~100)的零件往往占机械加工零件总量的一半以上。尤其在市场竞争与科技进步日新月异的形势下,批量小、改型快、结构复杂的产品所占的比重越来越大。数控机床正是在这种背景下诞生与发展起来的。

数字控制机床是用数字代码形式的信息(程序指令),控制刀具按给定的工作程序、运动速度和轨迹进行自动加工的机床,简称数控机床。数控机床具有广泛的适应性,加工对象改变时只需要改变输入的程序指令;加工性能比一般自动机床高,可以精确加工复杂型面,因而适合于加工中小批量、改型频繁、精度要求高、形状又较复杂的工件,并能获得良好的经济效果。

1948年,美国帕森斯公司接受美国空军委托,研制飞机螺旋桨叶片轮廓样板的加工设备。由于样板形状复杂多样,精度要求高,一般加工设备难以适应,于是提出计算机控制机床的设想。1949年,该公司在美国麻省理工学院伺服机构研究室的协助下,开始数控机床研究,并于1952年试制成功第一台由大型立式仿形铣床改装而成的三坐标数控铣床,取名叫做"Numerical Control",不久即开始正式生产。从此以后.众多厂家都开始了数控机床的研制开发工作。随着数控技术的发展,开发出的数控系统机床品种日益增多,有车床、铣床、镗床、钻床、磨床、齿轮加工机床和电火花加工机床等。此外还有能自动换刀、一次装卡进行多工序加工的加工中心、车削中心等。

早期的数控机床的NC装置由各种逻辑元件、记忆元件组成随机逻辑电路,是固定接线的硬件结构,由硬件来实现数控功能,称作硬件数控,由这种技术实现的数控机床一般称作NC机床。现代数控系统是采用微处理器或专用微机的数控系统,由事先存放在存储器里的系统程序(软件)来执行控制逻辑,实现部分或全部数控功能,并通过接口与外围设备进行连接,这样的机床一般称为CNC机床,现在CNC已经全面替代了NC。

1.1.2 数控机床加工特点

(1) 自动化程度高,可以减轻操作者的体力劳动强度。数控加工过程是按输入的程序自动完成的,操作者只需起始对刀、装卸工件、更换刀具,在加工过程中,操作者主要是观察和监督机床运行。但是,由于数控机床的技术含量高,操作者的脑力劳动成分也相应提高。

(2) 加工零件精度高、质量稳定。数控机床的定位精度和重复定位精度都很高,较容易保

证同一批零件尺寸的一致性,只要工艺设计和程序正确合理,加之精心操作,就可以保证零件获得较高的加工精度,也便于对加工过程实行质量控制。

(3) 生产效率高。数控机床加工能在一次装夹中加工多个加工表面,一般只检测首件,所以可以省去普通机床加工时的不少中间工序,如画线、尺寸检测等,减少了辅助时间,而且由于数控加工出的零件质量稳定,为后续工序带来方便,其综合效率明显提高。

(4) 便于新产品研制和改型。数控加工一般不需要很多复杂的工艺装备,通过编制加工程序就可把形状复杂和精度要求较高的零件加工出来,当产品改型、更改设计时,只要改变程序,而不需要重新设计工装。所以,数控加工能大大缩短产品研制周期,为新产品的研制开发、产品的改进、改型提供了捷径。

(5) 可向更高级的制造系统发展。数控机床及其加工技术是计算机辅助制造的基础。

(6) 初始投资较大。这是由于数控机床设备费用高,首次加工准备周期较长,维修成本高等因素造成的。

(7) 维修要求高。数控机床是技术密集型的机电一体化的典型产品,需要维修人员既懂机械,又懂微电子维修方面的知识,同时还要配备较好的维修装备。

1.1.3 适合数控机床加工的零件

(1) 最适合多品种、中小批量零件。随着数控机床制造成本的逐步下降,现在不管是国内还是国外,加工大批量零件的情况也已经出现。加工很小批量和单件生产时,如能缩短程序的调试时间和工装的准备时间也是可以选用的。

(2) 精度要求高的零件。由于数控机床的刚性好、制造精度高、对刀精确,能方便地进行尺寸补偿,所以能加工尺寸精度要求高的零件。

(3) 表面粗糙度小的零件。在工件和刀具的材料、精加工余量及刀具角度一定的情况下,表面粗糙度取决于切削速度和进给速度。普通机床是恒定转速,所以加工件直径不同切削速度就不同;而数控车床具有恒线速切削功能,车端面、不同直径外圆时可以保持相同的线速度,保证表面粗糙度较小且一致。在加工表面粗糙度不同的表面时,粗糙度小的表面选用小的进给速度,粗糙度大的表面选用大一些的进给速度,可变性很好,这点在普通机床很难做到。

(4) 轮廓形状复杂的零件。任意平面曲线都可以用直线或圆弧来逼近,数控机床具有圆弧插补功能,可以加工各种复杂轮廓的零件。

1.2 数控机床的组成及主要类型

1.2.1 数控机床的组成

数控技术可以应用于各种加工机床,例如数控车床、数控铣床、加工中心、数控冲床、数控电火花、线切割、激光加工机床等。虽然数控机床的种类繁多,但它们的组成部分基本相同。主要由输入装置、数控装置、进给伺服驱动系统、检测反馈系统和机床本体(组成机床本体的各机械部件)组成,如图1-1、图1-2所示。

1. 输入装置

输入装置的作用是将程序载体(信息载体)上的数控代码传递并存入数控系统内。根据控

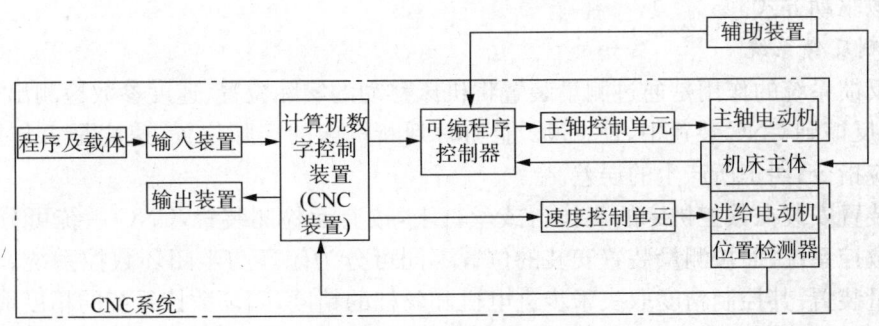

图 1-1 数控机床组成示意图

制存储介质的不同,输入装置可以是光电阅读机、磁带机或软盘驱动器等。数控机床加工程序也可通过键盘用手工方式直接输入数控系统;数控加工程序还可由编程计算机用 RS-232C 或采用网络通信方式传送到数控系统中。

零件加工程序输入过程有两种不同的方式:一种是边读入边加工(数控系统内存较小时),另一种是一次将零件加工程序全部读入数控装置内部的存储器,加工时再从内部存储器中逐段调出进行加工。

2. 数控装置

数控装置是数控机床的核心。数控装置从内部存储器中取出或接受输入装置送来的一段或几段数控加工程序,经

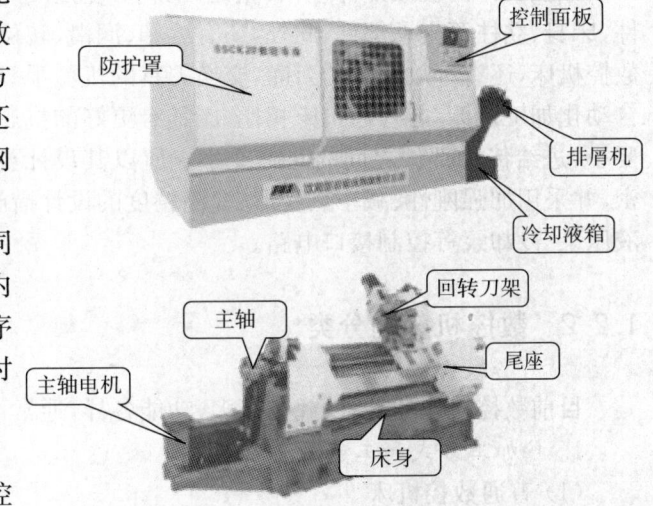

图 1-2 数控机床的构造

过数控装置的逻辑电路或系统软件进行编译、运算和逻辑处理后,输出各种控制信息和指令,控制机床各部分的工作,使其进行规定的有序运动和动作。

零件的轮廓图形往往由直线、圆弧或其他非圆弧曲线组成,刀具在加工过程中必须按零件形状和尺寸的要求进行运动,即按图形轨迹移动。但输入的零件加工程序只能是各线段轨迹的起点和终点坐标值等数据,不能满足实际加工要求,因此要进行轨迹插补,也就是在线段的起点和终点坐标值之间进行"数据点的密化",求出一系列中间点的坐标值,并向相应坐标输出脉冲信号,控制各坐标轴(即进给运动的各执行元件)的进给速度、进给方向和进给位移量等。

3. 进给伺服驱动系统

进给伺服驱动系统由伺服控制电路、功率放大电路和伺服电动机组成。进给伺服驱动的作用是把来自数控装置的位置控制移动指令转变成机床工作部件的运动,使工作台按规定轨迹移动或精确定位,加工出符合图样要求的工件,即把数控装置送来的微弱指令信号,放大成能驱动伺服电动机的大功率信号。

常用的伺服电动机分为步进电动机、直流伺服电动机和交流伺服电动机。根据接收指令的不同,伺服电动机驱动有脉冲式和模拟式,而模拟式伺服驱动方式按驱动电动机的电源种类,可分为直流伺服驱动和交流伺服驱动。步进电动机采用脉冲驱动方式,交、直流伺服电动

机采用模拟驱动方式。

4. 检测反馈系统

检测反馈系统的作用是通过测量装置将机床移动的实际位置、速度参数检测出来,转换成电信号,并反馈到CNC装置中,使CNC能随时判断机床的实际位置、速度是否与指令一致,并发出相应指令,纠正所产生的误差。

测量装置安装在数控机床的工作台或丝杠上,按有无检测装置,CNC系统可分为开环数控和闭环数控系统,而按测量装置安装的位置不同可分为闭环与半闭环数控系统。开环数控系统无测量装置,其控制精度取决于步进电机和丝杠的精度,闭环数控系统的精度取决于测量装置的精度。因此,检测装置是高性能数控机床的重要组成部分。

5. 机床本体

数控机床的机械部件包括:主运动部件,进给运动执行部件,如工作台、拖板及其传动部件,床身、立柱等支承部件;此外,还有冷却、润滑、转位和夹紧等辅助装置。对于加工中心类的数控机床,还有存放刀具的刀库,交换刀具的机械手等部件。数控机床是高精度和高生产率的自动化加工机床,与普通机床相比,应具有更好的抗震性和刚度,要求相对运动面的摩擦因数要小,进给传动部件之间的间隙要小。所以其设计要求比通用机床更严格,加工制造要求精密,并采用加强刚性、减小热变形、提高精度的设计措施。辅助控制装置包括刀库的转位换刀、液压泵、冷却泵等控制接口电路。

1.2.2 数控机床的分类

目前数控机床的品种、规格繁多,功能各异,通常可按下列几种方法进行分类。

1. 按加工方式和工艺用途分类

(1) 普通数控机床

普通数控机床一般指在加工工艺过程中的一个工序上实现数字控制的自动化机床,如数控铣床、数控车床、数控钻床、数控磨床与数控齿轮加工机床等。普通数控机床在自动化程度上还不够完善,刀具的更换与零件的装夹仍需人工来完成。

(2) 加工中心

加工中心是一种带有刀库和自动换刀装置的数控机床,它将数控铣床、数控镗床、数控钻床的功能组合在一起,零件在一次装夹后,可以对其大部分加工面进行铣、镗、钻、扩、铰及攻螺纹等多工序加工。由于加工中心能有效地避免因多次安装造成的定位误差,所以它适用于产品更换频繁、零件形状复杂、精度要求高、生产批量不大而生产周期短的产品。

2. 按运动方式分类

根据数控机床刀具与工件相对运动轨迹的类型,可将数控机床划分为点位控制、直线控制和轮廓控制三种类型。

(1) 点位控制数控机床

如图1-3所示,点位控制是指数控系统只控制刀具或工作台从一点移至另一点的准确定位,然后进行定点加工,而点与点之间的路径不需控制。采用这类控制的有数控钻床、数控镗床和数控坐标镗床等。

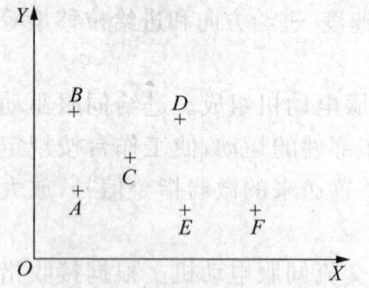

图1-3 点位控制钻孔加工示意图

(2) 点位直线控制数控机床

直线控制的数控机床是指控制机床工作台或刀具(刀架)以要求的进给速度,沿着平行于坐标轴的方向进行直线移动和切削加工(一般还包括 45°的斜线)的机床。如数控车床、某些数控镗床和加工中心等,都具有直线控制功能。这一类数控机床不仅要求具有准确的定位功能,而且还要控制位移的速度。由于在移动过程中进行切削加工,所以对于不同的刀具和工件,需要选用不同的切削用量。一般情况下这些数控机床有两个至三个可控制的轴,但同时控制轴只有一个。为了能在刀具磨损或更换刀具后仍可加工出合格的零件,这类机床的数控系统常常要求它具有刀具半径和刀具长度补偿功能,以及主轴转速的控制功能等。如图 1-4 所示是直线控制切削加工示意图。

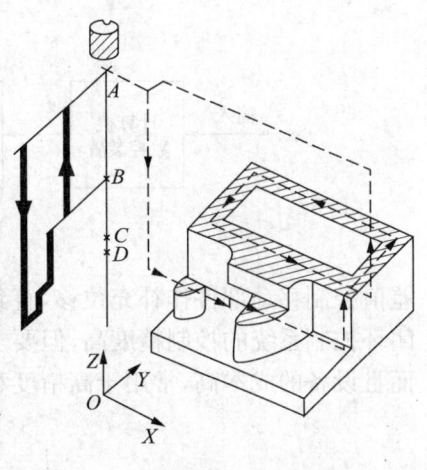

图 1-4　直线控制切削加工示意图

现代组合机床采用数控技术,驱动各种动力头、实现多轴箱轴向进给钻、镗、铣等加工,也算是一种直线控制数控机床。直线控制也称为单轴数控。

(3) 轮廓控制数控机床

可以加工斜线、曲线、曲面的数控机床。如数控车床、数控铣床、加工中心等,它们都具有同时控制两个或两个以上坐标进行联动(即进行插补)的数控机床。该类机床在加工过程中,每时每刻都对各坐标的位移和速度进行严格和不间断的控制,故称具有这种控制功能的机床为轮廓控制数控机床。图 1-5 所示是轮廓控制铣削加工示意图。

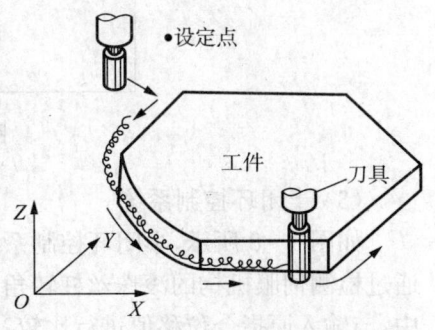

图 1-5　轮廓控制铣削加工示意图

轮廓控制整个加工过程中每一点的速度和位移是由轮廓控制中的插补功能来实现的。插补的任务就是对轮廓的起点到终点之间再密集地计算出有限个坐标点,刀具沿着这些坐标点移动,逼近轮廓。直线和圆弧是构成工件轮廓形状的基本结构要素。因此大多数数控装置都具有直线和圆弧的插补功能。

3. 按进给伺服系统控制方式分类

由数控装置发出脉冲或电压信号,通过伺服系统控制机床各运动部件运动。数控机床按进给伺服系统控制方式分类有三种形式:开环控制系统、闭环控制系统和半闭环控制系统。

(1) 开环控制系统

这类数控机床没有位置检测反馈装置,数控装置发出的指令信号流程是单向的,其精度主要取决于驱动元器件和电动机(步进电动机)的性能。这种数控机床调试简单,系统也较容易稳定,精度较低,成本低廉,多见于经济型的中小型数控机床和旧设备的技术改造中。图 1-6 所示为开环控制系统框图。由图可见,指令信息单方向传送,并且指令发出后,不再反馈,故称开环控制。

(2) 闭环控制系统

如图 1-7 所示,闭环控制系统是在机床移动部件位置上直接装有直线位置检测装置,将检测到的实际位移反馈到数控装置的比较器中,与输入的原指令位移值进行比较,用比较后的

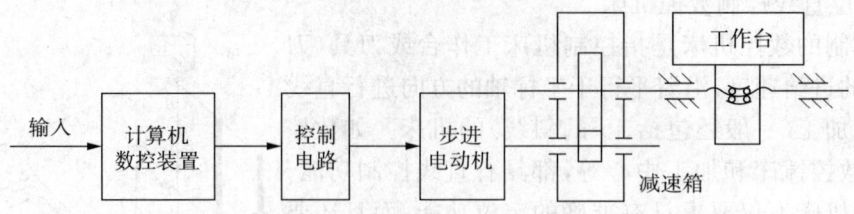

图 1-6 开环控制系统框图

差值控制移动部件作补充位移,直到差值消除时才停止移动,以此达到精确定位的控制系统。闭环控制系统的控制精度高,但要求机床的刚性好,对机床的加工、装配要求高,调试较复杂,而且设备的成本高,常用于高精度和大型数控机床。

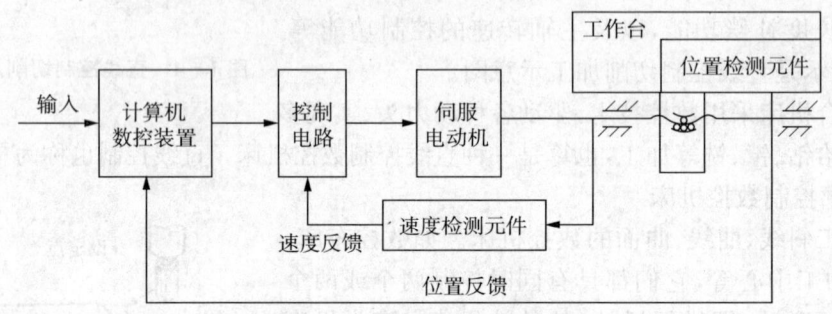

图 1-7 闭环控制系统框图

(3) 半闭环控制系统

如图 1-8 所示,半闭环控制系统是在开环控制系统的伺服机构中装有角位移检测装置,通过检测伺服机构的滚珠丝杠转角间接检测移动部件的位移,然后反馈到数控装置的比较器中,与输入原指令位移值进行比较,用比较后的差值进行控制,使移动部件补充位移,直到差值消除为止的控制系统。半闭环控制系统的控制精度高于开环控制系统,调试比闭环控制系统容易,设备的成本介于开环与闭环控制系统之间,为大多数中小型数控机床所采用。

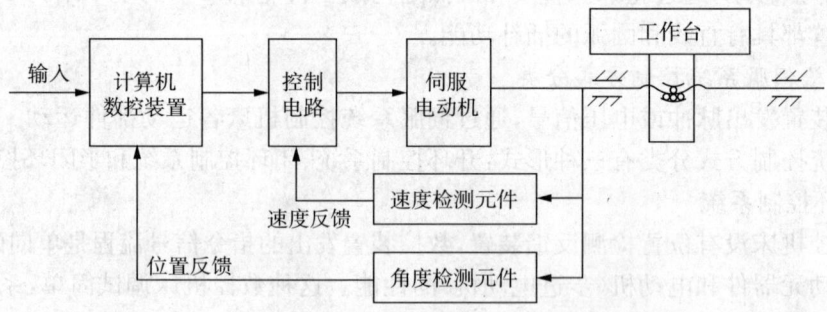

图 1-8 半闭环控制系统框图

将以上三类数控机床的特点结合起来,就形成了混合控制数控机床。混合控制数控机床特别使用于大型或重型数控机床,因为大型或重型数控机床需要较高的进给速度与相当高的精度,其传动链惯量与力矩大,如果只采用全闭环控制,机床传动链和工作台全部置于控制闭环中,闭环调试比较复杂。混合控制系统又分为两种型式:

① 开环补偿型 其特点是基本控制选用步进电动机的开环伺服机构,另外附加一个校正电路。通过装在工作台上的直线位移量元件的反馈信号校正机械系统的误差。

② 半闭环补偿型 其特点是用半闭环控制方式取得高速度控制,再用装在工作台上的直线位移测量元件实现全闭环修正,以获得高速度与高精度的统一。

4. 按联动轴数分类

数控系统控制几个坐标轴按需要的函数关系同时协调运动,称为坐标联动,数控机床能同时控制两个坐标轴联动,适用于数控车床加工旋转曲面或数控铣床铣削平面轮廓。按照联动轴数可以分为:

(1) 两轴联动数控机床

数控机床能同时控制两个坐标轴联动,适用于数控车床加工旋转曲面或数控铣床铣削平面轮廓。如图1-9为两轴联动数控铣床铣削的平面轮廓。

(2) 两轴半联动数控机床

在三坐标数控铣床上加工圆锥台零件时,一般都是两坐标(X,Y)联动加工一圈,再沿另一坐标(Z)提升一个高度,如此继续下去,即可加工出一个锥台来,因为这里的Z坐标没有参加联动,故一般称这种情况为两轴半联动。属两轴半联动坐标控制的加工还有用"行切法"加工(见第6章),空间轮廓三坐标(X,Y,Z)轴中任意两轴作插补运动,第三轴作周期性进给实现加工控制。

图1-9 两轴联动铣削的平面轮廓

(3) 三轴联动数控机床

X、Y、Z三轴可同时插补联动,称为三轴联动数控机床。当采用球头刀加工时,只要ΔX(ΔY)足够小时,加工表面的表面粗糙度足以满足要求;在三坐标联动控制的数控铣床上,可以在锥体上加工出螺旋线来,当然,也可以加工出内循环滚珠丝杠螺母回珠器的回珠槽(空间曲线)来。

(4) 四轴联动数控机床

除了三轴(X,Y,Z)同时插补联动外,还有一个绕X轴的回转(也称摆动)坐标的联动,该类机床称为四轴联动数控机床。

(5) 五轴联动数控机床

除了X,Y,Z三轴的平动外还有刀具旋转、工作台的旋转。五轴联动数控机床是为适应多面体和曲面零件加工而出现的。如图1-10所示,叶轮类零件是五坐标加工的典型零件之一。五轴机床的种类有摇篮式、立式、卧式、NC工作台+NC分度头、NC工作台+90°B轴、NC工作台+45°B轴、NC工作台+A轴、两轴NC主轴等。随着机床复合化技术的新发展,在数控车床的基础上,又很快生产出了能进行铣削加工的车铣中心。五轴联动数控机床的加工效率相当于两台三轴机床,有时甚至可以完全省去某些大型

图1-10 五轴联动加工的叶轮类零件

自动化生产线的投资,大大节约了占地空间和工作在不同制造单元之间的周转运输时间及费用。

(6) 加工中心

加工中心是一种高度自动化的多功能数控机床。工件在加工中心上经一次装夹后,能对两个以上的表面完成多种工序的加工,并且有多种换刀或选刀功能,从而实现工件一次装夹后即可进行铣削、钻削、镗削、铰削和攻丝等加工,实现多种工序集中在一台设备上完成,使其同时具有多种工艺手段。

图 1-11 五轴联动加工中心

五轴联动加工中心有高效率、高精度的特点,工件一次装夹就可完成五面体的加工。若配以五轴联动的高档数控系统,还可以对复杂的空间曲面进行高精度加工,更能够适应像汽车零部件、飞机结构件等现代模具的加工。立式五轴加工中心的回转轴有两种方式,一种是工作台回转轴,设置在床身上的工作台可以环绕 X 轴回转,定义为 A 轴,A 轴一般工作范围 $+30°$ 至 $-120°$。工作台的中间还设有一个回转台,在图 1-11 所示的位置上环绕 Z 轴回转,定义为 C 轴,C 轴都是 $360°$ 回转。这样通过 A 轴与 C 轴的组合,固定在工作台上的工件除了底面之外,其余的五个面都可以由立式主轴进行加工。A 轴和 C 轴最小分度值一般为 $0.001°$,这样又可以把工件细分成任意角度,加工出倾斜面、倾斜孔等。A 轴和 C 轴如与 X、Y、Z 三直线轴实现联动,就可加工出复杂的空间曲面,当然这需要高档的数控系统、伺服系统以及软件的支持。这种设置方式的优点是主轴的结构比较简单,主轴刚性非常好,制造成本比较低。但一般工作台不能设计太大,承重也较小,特别是当 A 轴回转大于等于 $90°$ 时,工件切削时会对工作台带来很大的承载力矩。

另一种是依靠立式主轴头的回转。主轴前端是一个回转头,能自行环绕 Z 轴 $360°$,成为 C 轴,回转头上还有带可环绕 X 轴旋转的 A 轴,一般可达 $±90°$ 以上,实现上述同样的功能。这种设置方式的优点是主轴加工非常灵活,工作台也可以设计得非常大,客机庞大的机身、巨大的发动机壳都可以在这类加工中心上加工。这种设计还有一大优点:我们在使用球面铣刀加工曲面时,当刀具中心线垂直于加工面时,由于球面铣刀的顶点线速度为零,顶点切出的工件表面质量会很差,采用主轴回转的设计,令主轴相对工件转过一个角度,使球面铣刀避开顶点切削,保证有一定的线速度,可提高表面加工质量。这种结构非常受高精度曲面模具加工者的欢迎,这是工作台回转式加工中心难以做到的。为了达到回转的高精度,高档的回转轴还配置了圆光栅尺反馈,分度精度都在几秒以内,当然这类主轴的回转结构比较复杂,制造成本也较高。

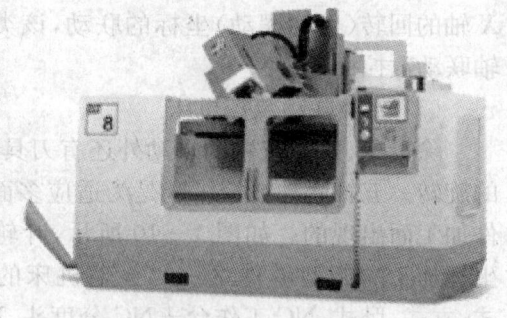

图 1-12 美国哈斯五轴加工中心 VR-8

图 1-12 为美国哈斯公司生产的 VR 系列五轴压型立式加工中心,该加工中心行程为 64 英寸×40 英寸×30 英寸。每个 VR 配备有独特的双轴主轴,该主轴具有全封闭的万向节设备,保护齿轮不受切屑和冷却液的影响。对于复杂的

几何形状和让刀,VR 头在 A 和 B 轴能提供±32°的行程。

VR 系列机床标配有 7 500 r/min、40 锥度主轴,获得 22 kW 的矢量驱动,在整个转速范围内都能达到峰值性能。每台机床还配备了 32 刀套的自动刀库,可旋转到护罩外执行无障碍加工。其他的标准特征包括可编程冷却液喷嘴、过程轻推手轮、8MB 程序内存、刚性攻丝、全先行高速加工软件和哈斯的可视快速代码对话编程系统。

1.2.3 数控机床的发展趋势

一方面,随着微电子技术、计算机技术、自动控制技术、传感器与检测技术以及精密机械加工技术的发展,数控机床在技术上的更新换代周期越来越短;另一方面,随着社会对机械产品的种类、形状、结构及加工质量等这些多样化需求的增强,数控机床在应用上的广泛性也得到了空前的发展。为了达到现代制造技术对数控技术提出的更高的要求,现代数控机床发展的基本共识是朝着开放式、基于 PC 的第六代方向、高速化和高精度化、智能化等方向发展。

1. 开放式

为适应数控进线、联网、普及型个性化、多品种、小批量、柔性化及数控迅速发展的要求,最重要的发展趋势是体系结构的开放性,设计生产开放式的数控系统。

2. 基于 PC 的第六代方向

基于 PC 所具有的开放性、低成本、软硬件资源丰富等特点,采用 PC 机作为它的前端机,来处理人机界面、编程、联网通信等问题,由原有的系统仅承担数控的任务。PC 机所具有的友好的人机界面,将普及到所有的数控系统。远程通信、远程诊断和维修将更加普遍。

3. 高速化、高效化

机床向高速化方向发展,可充分发挥现代刀具材料的性能,不但可大幅度提高加工效率、降低加工成本,而且还可提高零件的表面加工质量和精度。超高速加工技术对制造业实现高效、优质、低成本生产有广泛的适用性。20 世纪 90 年代以来,随着超高速切削机理、超硬耐磨长寿命刀具材料和磨料磨具、大功率高速电主轴、高加/减速度直线电机驱动进给部件以及高性能控制系统(含监控系统)和防护装置等一系列技术领域中关键技术的解决,欧、美、日各国争相开发应用新一代高速数控机床,加快机床高速化发展步伐。高速主轴单元(电主轴,转速 15 000~100 000 r/min)、高速且高加/减速度的进给运动部件(快移速度 60~120 m/min,切削进给速度高达 60 m/min)、高性能数控和伺服系统以及数控工具系统都出现了新的突破,达到了新的技术水平。

4. 高精度化

精密化是为了适应高新技术发展的需要,也是为了提高普通机电产品的性能、质量和可靠性,减少其装配时的工作量从而提高装配效率的需要。从精密加工发展到超精密加工(特高精度加工),是世界各工业强国致力发展的方向。其精度从微米级到亚微米级,乃至纳米级(小于 10 nm),其应用范围日趋广泛。超精密加工主要包括超精密切削(车、铣)、超精密磨削、超精密研磨抛光以及超精密特种加工(三束加工及微细电火花加工、微细电解加工和各种复合加工等)。随着现代科学技术的发展,对超精密加工技术不断提出了新的要求。新材料及新零件的出现,更高精度要求的提出等都需要超精密加工工艺,发展新型超精密加工机床,完善现代超精密加工技术,以适应现代科技的发展。

5. 高可靠性

数控系统的可靠性要高于被控设备的可靠性在一个数量级以上,但也不是可靠性越高越好,仍然是适度可靠,因为是商品,受性能价格比的约束。对于每天工作两班的无人工厂而言,如果要求在 16 小时内连续正常工作,无故障率 $P(t)=99\%$ 以上的话,则数控机床的平均无故障运行时间(MTBF)就必须大于 3 000 小时。MTBF 大于 3 000 小时,对于由不同数量的数控机床构成的无人化工厂差别就大多了,我们只对一台数控机床而言,如主机与数控系统的失效率之比为 10∶1 的话(数控的可靠性比主机高一个数量级)。此时数控系统的 MTBF 就要大于 33 333.3 小时,而其中的数控装置、主轴及驱动等的 MTBF 就必须大于 10 万小时。

6. 智能化

随着人工智能在计算机领域的不断渗透和发展,数控系统的智能化程度将不断提高,智能化的内容包括在数控系统中的各个方面。

(1) 应用自适应控制技术　数控系统能检测过程中一些重要信息,并自动调整系统的有关参数,达到改进系统运行状态的目的。

(2) 引入专家系统指导加工　将熟练工人和专家的经验,加工的一般规律和特殊规律存入系统中,以工艺参数数据库为支撑,建立具有人工智能的专家系统。

(3) 引入故障诊断专家系统

(4) 智能化数字伺服驱动装置　可以通过自动识别负载和自动调整参数,使驱动系统获得最佳的运行。

由于数控机床不断采纳科学技术发展中的各种新技术,使得其功能日趋完善,数控技术在机械加工中的地位也显得越来越重要,数控机床的广泛应用是现代制造业发展的必然趋势。

思考题 1

1. 简述数控加工的定义和数控加工的特点。
2. 简述数控机床的工作原理。
3. 简述数控机床的分类。
4. 点位控制方式与轮廓控制方式有什么区别?各自适用于什么场合?
5. 开环控制系统与闭环控制系统有什么区别?各自适用于什么场合?
6. 什么是数控机床的轴数和联动轴数?
7. 数控机床的发展趋势呈现哪些特点?

2 数控机床刀具

数控加工刀具可分为常规刀具和模块化刀具两大类。模块化刀具是发展方向。发展模块化刀具的主要优点：减少换刀停机时间，提高生产加工时间；加快换刀及安装时间，提高小批量生产的经济性；提高刀具的标准化和合理化的程度；提高刀具的管理及柔性加工的水平；扩大刀具的利用率，充分发挥刀具的性能；有效地消除刀具测量工作的中断现象，可采用线外预调。事实上，由于模块刀具的发展，数控刀具已形成了三大系统，即车削刀具系统、钻削刀具系统和镗铣刀具系统。

2.1 数控刀具的种类及特点

2.1.1 数控刀具的种类

数控机床刀具主要是指数控车床、数控铣床、加工中心等机床上所使用的刀具。随着数控机床结构、功能的发展，现在数控机床所使用的刀具，不是普通机床所采用的那样"一机一刀"的模式，而是多种不同类型的刀具同时在数控机床的主轴上轮换使用（预装在刀库里），可以达到自动换刀的目的。数控刀具按不同的分类方式可分成以下几类。

1. 从结构上划分

(1) 整体式（图 2-1）；

(2) 镶嵌式 可分为焊接式和机夹式（图 2-2）。机夹式根据刀体结构不同，分为可转位和不转位；

(3) 减振式 当刀具的工作臂长与直径之比较大时，为了减少刀具的振动，提高加工精度，多采用此类刀具；

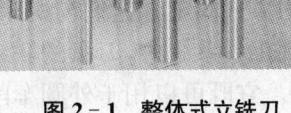

图 2-1 整体式立铣刀

(4) 内冷式 切削液通过刀体内部由喷孔喷射到刀具的切削刃部（图 2-3）；

(5) 特殊型式 如复合刀具、可逆攻螺纹刀具等。

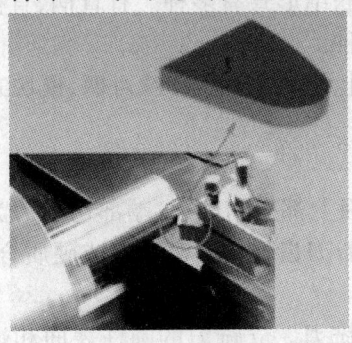
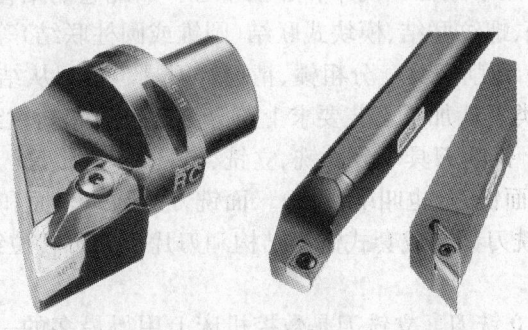

(a) 硬质合金焊接刀片　　　　(b) 机夹式铣刀和车刀

图 2-2 镶嵌式刀具

2. 从制造所采用的材料上划分

（1）高速钢刀具　高速钢通常是型坯材料，韧性较硬质合金好，硬度、耐磨性和红硬性较硬质合金差，不适合切削硬度较高的材料，也不适合进行高速切削。高速钢刀具使用前需生产者自行刃磨，且刃磨方便，适合各种特殊需要的非标准刀具。

（2）硬质合金刀具　硬质合金刀片切削性能优异，在数控车削中被广泛使用。硬质合金刀片有标准规格系列产品，具体技术参数和切削性能由刀具生产厂家提供。硬质合金刀片目前国际通行的分类规范，按碳化钨基，硬质合金可分为钨钴类（YG类、K类）、钨钴钛类（YT类、P类）和添加稀有碳化物类（YW类、M类）三类。

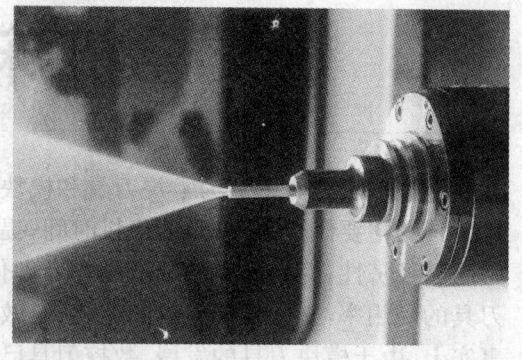

图2-3　内冷式刀具

（3）陶瓷刀具；

（4）涂层刀具；

（5）金刚石刀具；

（6）立方氮化硼刀具。

3. 从切削工艺上划分

（1）车削刀具　分外圆、内孔、外螺纹、内螺纹、切槽、切端面、切端面环槽、切断等。数控车床一般使用标准的机夹可转位刀具。机夹可转位刀具的刀片和刀体都有标准，刀片材料采用硬质合金、涂层硬质合金以及高速钢。数控车床机夹可转位刀具类型有外圆刀具、外螺纹刀具、内圆刀具、内螺纹刀具、切断刀具、孔加工刀具（包括中心孔钻头、镗刀、丝锥等）。机夹可转位刀具夹固不重磨刀片时通常采用螺钉、螺钉压板、杠销或楔块等结构。常规车削刀具为长条形方刀体或圆柱刀杆。方形刀体一般用槽形刀架螺钉紧固方式固定。圆柱刀杆是用套筒螺钉紧固方式固定。它们与机床刀盘之间的联结是通过槽形刀架和套筒接杆来联结的。在模块化车削工具系统中，刀盘的联结以齿条式柄体联结为多，而刀头与刀体的联结是"插入快换式系统"。它既可以用于外圆车削又可用于内孔镗削，也适用于车削中心的自动换刀系统。数控车床使用的刀具从切削方式上分为三类：圆表面切削刀具、端面切削刀具和中心孔类刀具。

（2）钻削刀具　分小孔、短孔、深孔、攻螺纹、铰孔等。钻削刀具可用于数控车床、车削中心，又可用于数控镗铣床和加工中心。因此它的结构和联结形式有多种。有直柄、直柄螺钉紧定、锥柄、螺纹联结、模块式联结（圆锥或圆柱联结）等多种。

（3）镗削刀具　分粗镗、精镗等刀具。镗刀从结构上可分为整体式镗刀柄、模块式镗刀柄和镗头类。从加工工艺要求上可分为粗镗刀和精镗刀。

（4）铣削刀具　分面铣、立铣、模具铣刀等刀具。

① 面铣刀（也叫端铣刀）　面铣刀的圆周表面和端面上都有切削刃，端部切削刃为副切削刃。面铣刀都制成套式镶齿结构和刀片机夹可转位结构，刀齿材料为高速钢或硬质合金，刀体为40Cr。

② 立铣刀　立铣刀是数控机床上用得最多的一种铣刀。立铣刀的圆柱表面和端面上都有切削刃，它们可同时进行切削，也可单独进行切削。结构有整体式和机夹式等，高速钢和硬质合金是铣刀工作部分的常用材料。

③ 模具铣刀　模具铣刀由立铣刀发展而成,可分为圆锥形立铣刀、圆柱形球头立铣刀和圆锥形球头立铣刀三种,其柄部有直柄、削平型直柄和莫氏锥柄。它的结构特点是球头或端面上布满切削刃,圆周刃与球头刃圆弧连接,可以作径向和轴向进给。铣刀工作部分用高速钢或硬质合金制造。

2.1.2 数控刀具的特点

为了达到高效、多能、快换、经济的目的,数控加工刀具与普通金属切削刀具相比应具有以下特点。

(1) 刀具有很高的切削效率　数控机床向高效、高精度、高速发展。例如车床和车削中心的主轴转速都在 8 000 r/min 以上,加工中心的主轴转速一般在 15 000~20 000 r/min,还有 40 000~60 000 r/min。硬质合金刀具的切削速度为 200~300 m/min。

(2) 数控刀具具有很高的精度和重复定位精度　高精密加工中心的加工精度可以达到 3~5 μm,因此刀具的精度、刚度和重复定位精度必须与之相适应。

(3) 要求刀具具有很高的可靠性和耐用度　在数控机床上为了保证产品质量,对刀具实行强迫换刀或由数控系统对刀具寿命进行管理,所以,刀具工作的可靠性已上升为选择刀具的关键指标。数控机床上所用的刀具为满足数控加工及对难加工材料加工的要求,刀具材料应具有高的切削性能和耐用度。不但其切削性能好,而且一定要性能稳定,同一批刀具在切削性能和刀具寿命方面不得有较大的差异,以免在无人看管的情况下,因刀具先期磨损和破损造成加工工件的大量报废甚至损坏机床。

(4) 实现刀具尺寸互调和快速换刀　例如数控机床采用人工换刀,则使用快换夹头。对于有刀库的加工中心,则实现自动换刀。

(5) 具有比较完善的工具系统;

(6) 建立刀具管理系统;

(7) 应有在线监控及尺寸补偿系统。

2.2 数控刀具材料

先进的加工设备与高性能的数控刀具相配合,才能充分发挥其应有的效能,取得良好的经济效益。正确选择刀具材料是设计和选用刀具的重要内容之一,特别是对某些难加工材料的切削,刀具材料的选用显得尤为重要。随着刀具材料迅速发展,各种新型刀具材料,其物理、力学性能和切削加工性能都有了很大的提高,应用范围也不断扩大。

2.2.1 数控刀具材料的基本性能

刀具材料不仅是影响刀具切削性能的重要因素,而且它对刀具耐用度、切削用量、生产率、加工成本等都有着重要的影响。因此,在机械加工过程中,不但要熟悉各种刀具材料的种类、性能和用途,还必须能根据不同的工件和加工条件,对刀具材料进行合理的选择。

切削时,刀具在承受较大压力的同时,还与切屑、工件之间产生剧烈的摩擦,由此而产生较高的切削温度;在加工余量不均匀和切削断续表面时,加工中心刀具还将受到冲击,产生振动。

为此,数控刀具切削部分的材料应具备下列基本性能。

1. 硬度和耐磨性

刀具材料的硬度必须大于工件材料的硬度,一般情况下,要求其常温硬度在60HRC以上。通常,刀具材料的硬度越高、耐磨性也越好,刀具切削部分抗磨损的能力也就越强。耐磨性还取决于材料的化学成分、显微组织。刀具材料组织中硬质点的硬度越高、数量越多、晶粒越细、分布越均匀,则耐磨性越好。此外,刀具材料对工件材料的抗黏附能力越强,耐磨性也越好。

2. 强度和韧性

由于切削力、冲击和振动等作用,数控车床刀具材料必须具有足够的抗弯强度和冲击韧性,以避免刀具材料在切削过程中产生断裂和崩刃。

3. 耐热性与化学稳定性

耐热性是指刀具材料在高温下保持其硬度、耐磨性、强度和韧性的能力。耐热性越好,则允许的切削速度越高,同时抵抗切削刃塑性变形的能力也越强。

化学稳定性是指刀具材料在高温下不易和工件材料、周围介质发生化学反应的能力。化学稳定性越好,刀具的磨损越慢。除此之外,刀具材料还应具有良好的工艺性和经济性。

2.2.2 常用数控刀具材料及选用

在金属切削领域,金属切削机床的发展和刀具材料的开发是相辅相成的关系。刀具材料从碳素工具钢到今天的硬质合金和超硬材料(陶瓷、立方氮化硼、聚晶金刚石等),都是随着机床主轴转速提高、功率增大、主轴精度的提高、机床刚性的增加而逐步发展的。同时由于新的工程材料(耐磨、耐热、超轻、高强度、纤维材料等)不断出现,也对切削刀具材料的发展起到了促进作用。

目前金属切削加工中应用的刀具材料,碳素工具钢已基本被淘汰,合金工具钢也很少使用,所使用的刀具材料主要分为高速钢、硬质合金、陶瓷、立方氮化硼和聚晶金刚石五类。目前数控加工中用得最普遍的刀具是硬质合金刀具。

1. 高速钢

高速钢是一种加入较多的钨、钼、铬、钒等合金元素的高合金工具钢,有较高的热稳定性,切削温度达500~650℃时仍能进行切削。高速钢刀具在强度、韧性及工艺性等方面具有优良的综合性能,可用于制造几乎所有品种的刀具,如丝锥、麻花钻、齿轮刀具、拉刀、小直径铣刀等。但高速钢存在耐磨性、耐热性较差等缺陷,因此是制造复杂薄刃和耐冲击的数控切削刀具的选择对象之一。按用途不同,高速钢可分为通用型高速钢和高性能高速钢。

(1) 通用型高速钢刀具

通用型高速钢。一般可分钨钢、钨钼钢两类。这类高速钢含碳量为0.7%~0.9%。按钢中含钨量的不同,可分为含钨为12%或18%的钨钢,含钨为6%或8%的钨钼系钢,含钨为2%或不含钨的钼钢。通用型高速钢具有一定的硬度(63~66HRC)和耐磨性、高的强度和韧性、良好的塑性和加工工艺性,因此广泛用于制造各种复杂刀具。

① 钨钢 通用型高速钢钨钢的典型牌号为W18Cr4V,(简称W18),具有较好的综合性能,在6 000℃时的高温硬度为48.5HRC,可用于制造各种复杂刀具。它有可磨削性好、脱碳敏感性小等优点,但由于碳化物含量较高,分布较不均匀,颗粒较大,强度和韧性不高。

② 钨钼钢　是指将钨钢中的一部分钨用钼代替所获得的一种高速钢。钨钼钢的典型牌号是 W6Mo5Cr4V2(简称 M2)。M2 的碳化物颗粒细小均匀,强度、韧性和高温塑性都比 W18Cr4V 好。另一种钨钼钢牌号为 W9Mo3Cr4V(简称 W9),其热稳定性略高于 M2 钢,抗弯强度和韧性都比 M2 好,具有良好的可加工性能。

(2) 高性能高速钢刀具

高性能高速钢是指在通用型高速钢成分中再增加一些含碳量、含钒量及添加 Co、Al 等合金元素的新钢种,从而可提高它的耐热性和耐磨性。主要有以下几大类:

① 高碳高速钢　典型牌号如 95W18Cr4V,常温和高温硬度较高,适合加工普通钢、铸铁等耐磨性要求较高的钻头、铰刀、丝锥和铣刀等或加工较硬材料的刀具,不宜承受大的冲击力。

② 高钒高速钢　典型牌号如 W12Cr4V4Mo(简称 EV4),含 V 提高到 3%～5%,耐磨性好,适合切削对刀具磨损极大的材料,如纤维、硬橡胶、塑料等,也可用于加工不锈钢、高强度钢和高温合金等材料。

③ 钴高速钢　属含钴超硬高速钢,典型牌号如 W2Mo9Cr4VCo8(简称 M42),有很高的硬度,其硬度可达 69-70HRC,适合于加工高强度耐热钢、高温合金、钛合金等难加工材料,M42 的可磨削性好,适合制作精密复杂刀具,但不宜在冲击切削条件下工作。

④ 铝高速钢　属含铝超硬高速钢,典型牌号如 W6Mo5Cr4V2Al(简称 501),6 000℃时的高温硬度也达到 54HRC,切削性能相当于 M42,适宜制造铣刀、钻头、铰刀、齿轮刀具、拉刀等,用于加工合金钢、不锈钢、高强度钢和高温合金等材料。

⑤ 氮超硬高速钢　典型牌号如 W12Mo3Cr4V3N(简称 V3N),属含氮超硬高速钢,硬度、强度、韧性与 M42 相当,可作为含钴高速钢的替代品,用于低速切削难加工材料和低速高精加工。

2. 硬质合金

硬质合金是由高硬度、高熔点的金属碳化物(如 WC、TiC 等)的微米级粉末为主要成分,以钴(Co)或镍(Ni)、钼(Mo)为粘接剂,在真空炉或氢气还原炉中烧结而成的粉末冶金制品。硬质合金具有高硬度,常温下可达 HRA93～94,并且在 500℃以下基本保持不变;其高温红硬性好,使用温度可达 1 000℃;抗弯强度为 1 000～4 000MPa,抗压强度达 6 000MPa;常温刚性好,无明显的塑性变形,耐磨能力约为高速钢的 15～20 倍,但其强度和韧度均较高速钢低(表 2-1),工艺性也不如高速钢。因此,硬质合金常制成各种型式的刀片,焊接或机械夹固在刀体上使用。

硬质合金刀具,特别是可转位硬质合金刀具,是数控加工刀具的主导产品,20 世纪 80 年代以来,各种整体式和可转位式硬质合金刀具或刀片的品种已经扩展到各种切削刀具领域,其中可转位硬质合金刀具由简单的车刀、面铣刀扩大到各种精密、复杂、成形刀具领域。

(1) 硬质合金刀具的种类

按 ISO 标准主要以硬质合金的硬度,抗弯强度等指标为依据,硬质合金刀片材料大致分为 K、M、P 三大类。

① K 类　国家标准 YG 类,成分为 WC+Co,适合加工短切屑的黑色金属、有色金属及非金属材料。主要成分为碳化钨(WC)和 3%～10%钴(Co),有时还含有少量的碳化钽等添加剂。

② P 类　国家标准 YT 类,成分为 WC+TiC,适合加工长切屑的黑色金属。主要成分为

碳化钛、碳化钨和钴(或镍),有时加入碳化钽等添加剂。

③ M类 国家标准YW类,成分为WC+TiC+TaC,适合加工长切屑或短切屑的黑色金属和有色金属。成分和性能介于K类和P类之间。可用来加工钢和铸铁。

在国际标准(ISO)中通常又分别在K、P、M三种代号之后附加01、05、10、20、30、40、50等数字进行更进一步细分。一般来讲,数字越小者,硬度越高但韧性越低;而数字越大则韧性越高但硬度越低。按照ISO标准的分类,将部分国产硬质合金刀具的牌号和性能列于表2-1。

表2-1 部分国产硬质合金刀具的牌号和性能

分类		牌号	密度/(g·cm^{-3})	硬度(HV)	抗弯强度/MPa	ISO分类
P类		YC10	10.3	1 550	1 650	P10
		YC20.1	11.7	1 500	1 750	P20
		YC25S	11.3~11.6	1 530~1 700	1600	P25
		YC30	11.4	1 480	1 850	P30
		YC40	13.1	1 400	2 200	P40
		YC50	14.1~14.4	1 150~1 300	1 960	P45
		ZP10	11.95	92HRA	1 550	P10~P15
		ZP10-1	11.17	92HRA	1 650	P10~P15
		ZP20	11.47	91.5HRA	1 600	P15~P20
		ZP30	11.26	91HRA	1 850	P20~P35
		ZP35	12.72	90.9HRA	2 100	P30~P40
	铣削专用	SC25	11.4	1 550	1 550	P15~P40
K类		YD10.1	14.9	1 750	1 700	K05~K10
		YD10.2	12.9	1 850	1 700	K01~K20
		YD20	14.8	1 500	1 900	K20~K25
		YL10.1	14.9	1 550	1 900	K15~K25
		YL10.2	14.5	1 600	2 200	K25~K35
		YL05.1	14.7~15	1 400	1 450	K05~K15
	铣削专用	SD15	12.9	1 680	1 600	K15~K25
		SD30	12.9	1 530	1 530	K20~K40
		ZK10	14.92	91.4HRA	1 700	K05~K15
		ZK10-1	14.87	91.5HRA	1 500	K05~K15
		ZK20	14.95	90.5HRA	1 800	K10~K20
		Zk30	14.8	90HRA	2 000	K20~K30
		Zk40	14.65	89HRA	2 200	K30~K40
M类		ZM10-1	13.21	91.5HRA	1 500	M10~M15
		ZM15	13.8	91HRA	1 800	M10~M20
		ZM30	13.56	90.5HRA	2 000	M25~M30

(2) 硬质合金刀具的性能特点

① 高硬度 硬质合金刀具是由硬度和熔点很高的碳化物(称硬质相)和金属粘接剂(称粘接相)经粉末冶金方法而制成的,其硬度达89~93HRA,远高于高速钢,在540℃时,硬度仍可

达 82~87HRA，与高速钢常温时硬度(83~86HRA)相同。硬质合金的硬度随碳化物的性质、数量、粒度和金属粘接相的含量而变化，一般随粘接金属相含量的增多而降低。在粘接相含量相同时，YT 类合金的硬度高于 YG 类合金，添加 TaC(NbC)的合金具有较高的高温硬度。

② 抗弯强度和韧性　常用硬质合金的抗弯强度在 900~1500MPa 范围内。金属粘接相含量越高，则抗弯强度也就越高。当粘接剂含量相同时，YG 类(WC-Co)合金的强度高于 YT 类(WC-TiC-Co)合金，并随着 TiC 含量的增加，强度降低。硬质合金是脆性材料，常温下其冲击韧度仅为高速钢的 1/30~1/8。

(3) 常用硬质合金刀具的应用

① 钨钴类硬质合金　YG 类合金主要用于加工铸铁、有色金属和非金属材料。细晶粒硬质合金(如 YG3X、YG6X)在含钴量相同时比中晶粒的硬度和耐磨性要高些，适合加工一些特殊的硬铸铁、奥氏体不锈钢、耐热合金、钛合金、硬青铜和耐磨的绝缘材料等。

② 钨钴钛类硬质合金　YT 类合金的突出优点是硬度高、耐热性好、高温时的硬度和抗压强度比 YG 类高、抗氧化性能好。因此，当要求刀具有较高的耐热性及耐磨性时，应选用 TiC 含量较高的牌号。YT 类合金适合加工塑性材料如钢材，但不宜加工钛合金、硅铝合金。

③ 钨钛钽(铌)类硬质合金　YW 类合金兼具 YG、YT 类合金的性能，综合性能好，它既可用于加工钢料，又可用于加工铸铁和有色金属。这类合金如适当增加钴含量，强度可很高，可用于各种难加工材料的粗加工和断续切削。

3. 涂层硬质合金刀片

涂层硬质合金刀片是在韧性较高的工具表面涂覆一层、二层乃至多层具有耐磨损、耐熔融、耐反应的物质(如 TiN、TiC 等)，使刀具在切削中同时具有既硬而又不易破损的性能。未涂层硬质合金的硬度仅为 89~93.5HRA(1300~1850HV)；而涂层后的表面硬度可达 2000~3000HV 以上。经过近半个世纪的发展，刀具表面涂层技术已经成为提升刀具性能的主要方法。在工业生产中，使用涂层刀具可以提高加工效率、加工精度、降低成本，并大幅提升刀具寿命。

(1) 涂层硬质合金刀片的种类、性能和特点

刀具涂层技术通常可分为化学气相沉积(CVD)和物理气相沉积(PVD)两大类。

CVD 技术被广泛应用于硬质合金可转位刀具的表面处理。CVD 可实现单成分单层及多成分多层复合涂层的沉积，涂层与基体结合强度较高，薄膜厚度较厚，可达 7~9 μm，具有很好的耐磨性。但 CVD 工艺温度高，易造成刀具材料抗弯强度下降；涂层内部呈拉应力状态，易导致刀具使用时产生微裂纹；同时，CVD 工艺排放的废气、废液会造成较大环境污染。为解决 CVD 工艺温度高的问题，低温化学气相沉积(PCVD)，中温化学气相沉积(MT-CVD)技术相继开发并投入使用。目前，PCVD(包括 MT-CVD)技术主要用于硬质合金可转位刀片的表面涂层，涂层刀具适用于中型、重型切削的高速粗加工及半精加工。

PVD 技术主要应用于整体硬质合金刀具和高速钢刀具的表面处理。与 CVD 工艺相比，PVD 工艺温度低(最低可低至 80℃)，在 600℃ 以下时对刀具材料的抗弯强度基本无影响；薄膜内部应力状态为压应力，更适于对硬质合金精密复杂刀具的涂层；PVD 工艺对环境无不利影响。PVD 涂层技术已普遍应用于硬质合金钻头、铣刀、铰刀、丝锥、异形刀具、焊接刀具等的涂层处理。

常见的涂层材料有 TiC、TiN、TiCN、Al2O3、TiAlO 等陶瓷材料。由于这些陶瓷材料都具

有耐磨损(硬度高)、耐化学反应(化学稳定性好)等性能,所以就硬质合金的分类来看,即具备 K 类的功能,也能满足 P 类和 M 类的加工要求。也就是说,尽管涂层硬质合金刀具基体是 P、M、K 中的某一种类,而涂层之后其所能覆盖的种类就相当广了,即可以属于 K 类,也可以属于 P 类和 M 类,故在实际加工中对涂层刀具的选取不应拘泥于 P(YT)、M(YW)、K(YG)等划分,而是应该根据实际加工对象、条件以及各种涂层刀具的性能进行选取。

由于单一涂层材料难以满足提高刀具综合机械性能的要求,因此涂层成分将趋于多元化、复合化;为满足不同的切削加工要求,涂层成分将更为复杂、更具针对性;在复合涂层中,各单一成分涂层的厚度将越来越薄,并逐步趋于纳米化;涂层工艺温度将越来越低,刀具涂层工艺将向更合理的方向发展。

4. 陶瓷

陶瓷刀具具有硬度高、耐磨性能好、耐热性和化学稳定性优良等特点,且不易与金属产生粘接。陶瓷刀具在数控加工中占有十分重要的地位,陶瓷刀具已成为高速切削及难加工材料加工的主要刀具之一。陶瓷刀具广泛应用于高速切削、干切削、硬切削以及难加工材料的切削加工。陶瓷刀具可以高效加工传统刀具根本不能加工的高硬材料,实现"以车代磨";陶瓷刀具的最佳切削速度可以比硬质合金刀具高 2~10 倍,从而大大提高了切削加工生产效率;陶瓷刀具材料使用的主要原料是地壳中最丰富的元素,因此,陶瓷刀具的推广应用对提高生产率、降低加工成本、节省战略性贵重金属具有十分重要的意义,也将极大促进切削技术的进步。

(1) 陶瓷刀具材料的种类

陶瓷刀具材料种类一般可分为氧化铝基陶瓷、氮化硅基陶瓷、复合氮化硅—氧化铝基陶瓷三大类。其中以氧化铝基和氮化硅基陶瓷刀具材料应用最为广泛。氮化硅基陶瓷的性能更优于氧化铝基陶瓷。

(2) 陶瓷刀具的性能、特点及应用

① 硬度高、耐磨性能好 陶瓷刀具的硬度虽然不及 PCD 和 PCBN 高,但大大高于硬质合金和高速钢刀具,达到 93-95HRA。陶瓷刀具可以加工传统刀具难以加工的高硬材料,适合于高速切削和硬切削。

② 耐高温、耐热性好 陶瓷刀具在 1200℃ 以上的高温下仍能进行切削。陶瓷刀具具有很好的高温力学性能,Al_2O_3 陶瓷刀具的抗氧化性能特别好,切削刃即使处于赤热状态,也能连续使用。因此,陶瓷刀具可以实现干切削,从而可省去切削液。

③ 化学稳定性好 陶瓷刀具不易与金属产生粘接,且耐腐蚀、化学稳定性好,可减小刀具的粘接磨损。

④ 摩擦系数低 陶瓷刀具与金属的亲和力小,摩擦系数低,可降低切削力和切削温度。

陶瓷是主要用于高速精加工和半精加工的刀具材料之一。陶瓷刀具适用于切削加工各种铸铁(灰铸铁、球墨铸铁、可锻铸铁、冷硬铸铁、高合金耐磨铸铁)和钢材(碳素结构钢、合金结构钢、高强度钢、高锰钢、淬火钢等),也可用来切削铜合金、石墨、工程塑料和复合材料。陶瓷刀具材料性能上存在着抗弯强度低、抗冲击韧性差等问题,不适于在低速、冲击负荷下切削。

5. 金刚石

金刚石是碳的同素异构体,它是自然界已经发现的最硬的一种材料。金刚石刀具具有高硬度、高耐磨性和高导热性能,在有色金属和非金属材料加工中得到广泛的应用。尤其在铝和硅铝合金高速切削加工中,金刚石刀具是难以替代的主要切削刀具品种。可实现高效率、高稳定性、长寿命加工的金刚石刀具是现代数控加工中不可缺少的重要工具。

(1) 金刚石刀具的种类

① 天然金刚石刀具　天然金刚石作为切削刀具已有上百年的历史了,天然单晶金刚石刀具经过精细研磨,刃口能磨得极其锋利,刃口半径可达 $0.002\ \mu m$,能实现超薄切削,可以加工出极高的工件精度和极低的表面粗糙度,是公认的、理想的和不能代替的超精密加工刀具。

② PCD 金刚石刀具　天然金刚石价格昂贵,金刚石广泛应用于切削加工的还是聚晶金刚石(PCD),自 20 世纪 70 年代初,采用高温高压合成技术制备的聚晶金刚石,简称 PCD 刀片研制成功以后,在很多场合下天然金刚石刀具已经被人造聚晶金刚石所代替。PCD 原料来源丰富,其价格只有天然金刚石的几十分之一至十几分之一。

PCD 刀具无法磨出极其锋利的刃口,加工的工件表面质量也不如天然金刚石,现在工业中还不能方便地制造带有断屑槽的 PCD 刀片。因此,PCD 只能用于有色金属和非金属的精切,很难达到超精密镜面切削。

③ CVD 金刚石刀具　自从 20 世纪 70 年代末至 80 年代初,CVD 金刚石技术在日本出现。CVD 金刚石是指用化学气相沉积法(CVD)在异质基体(如硬质合金、陶瓷等)上合成金刚石膜,CVD 金刚石具有与天然金刚石完全相同的结构和特性。

CVD 金刚石的性能与天然金刚石相比十分接近,兼有天然单晶金刚石和聚晶金刚石(PCD)的优点,在一定程度上又克服了它们的不足。

(2) 金刚石刀具的性能特点及应用

① 极高的硬度和耐磨性　天然金刚石是自然界已经发现的最硬的物质。金刚石具有极高的耐磨性,加工高硬度材料时,金刚石刀具的寿命为硬质合金刀具的 10～100 倍,甚至高达几百倍。

② 具有很低的摩擦系数　金刚石与一些有色金属之间的摩擦系数比其他刀具都低,摩擦系数低,加工时变形小,可减小切削力。

③ 切削刃非常锋利　金刚石刀具的切削刃可以磨得非常锋利,天然单晶金刚石刀具刃口半径可达 $0.002\sim0.008\ \mu m$,能进行超薄切削和超精密加工。

④ 具有很高的导热性能　金刚石的导热系数及热扩散率高,切削热容易散出,刀具切削部分温度低。

⑤ 具有较低的热膨胀系数　硬质合金的热膨胀系数比金刚石大几倍,因此由切削热引起的金刚石刀具尺寸的变化很小,这对尺寸精度要求很高的精密和超精密加工来说尤为重要。

金刚石刀具多用于在高速下对有色金属及非金属材料进行精细切削及镗孔。适合加工各种耐磨非金属,如玻璃钢粉末冶金毛坯,陶瓷材料等;适合加工各种耐磨有色金属,如各种硅铝合金;适合各种有色金属的光整加工。

金刚石刀具的不足之处是热稳定性较差,切削温度超过 700～800℃时,就会完全失去其硬度;此外,它不适合切削黑色金属,因为金刚石(碳)在高温下容易与铁原子作用,使碳原子转化为石墨结构,刀具极易损坏。

6. 立方氮化硼

采用与金刚石制造方法相似的方法合成的第二种超硬材料——立方氮化硼(CBN),在硬度和热导率方面仅次于金刚石,热稳定性极好,在大气中加热至 1 000℃也不发生氧化。CBN 对于黑色金属具有极为稳定的化学性能,可以广泛用于钢铁制品的加工。

(1) 立方氮化硼刀具的种类

聚晶立方氮化硼(PCBN)是在高温高压下将微细的立方氮化硼(CBN)材料通过结合相(TiC、TiN、Al、Ti 等)烧结在一起的多晶材料,是目前利用人工合成的硬度仅次于金刚石的刀具材料,它与金刚石统称为超硬刀具材料。PCBN 主要用于制作刀具或其他工具。

PCBN 刀具可分为整体 PCBN 刀片和与硬质合金复合烧结的 PCBN 复合刀片。

PCBN 复合刀片是在强度和韧性较好的硬质合金上烧结一层 0.5～1.0 mm 厚的 PCBN 而成的,其性能兼有较好的韧性和较高的硬度及耐磨性,它解决了 CBN 刀片抗弯强度低和焊接困难等问题。

(2) 立方氮化硼(CBN)的主要性能、特点及应用

CBN 的硬度虽略低于金刚石,但却远远高于其他高硬度材料。CBN 的突出优点是热稳定性比金刚石高得多,可达 1 200℃以上(金刚石为 700～800℃),另一个突出优点是化学惰性,与铁元素在 1 200～1 300℃下也不起化学反应。CBN 的主要性能特点如下。

① 高的硬度和耐磨性　CBN 晶体结构与金刚石相似,具有与金刚石相近的硬度和强度。PCBN 特别适合于加工从前只能磨削的高硬度材料,能获得较好的工件表面质量。

② 具有很高的热稳定性　CBN 的耐热性可达 1 400～1 500℃,比金刚石的耐热性(700～800℃)几乎高 1 倍。PCBN 刀具可用比硬质合金刀具高 3～5 倍的速度高速切削高温合金和淬硬钢。

③ 优良的化学稳定性　切削铁系材料到 1 200～1 300℃时也不起化学作用,不会像金刚石那样急剧磨损,这时它仍能保持硬质合金的硬度;PCBN 刀具适合于切削淬火钢零件和冷硬铸铁,可广泛应用于铸铁的高速切削。

④ 具有较好的热导性　CBN 的热导性虽然赶不上金刚石,但是在各类刀具材料中 PCBN 的热导性仅次于金刚石,大大高于高速钢和硬质合金。

⑤ 具有较低的摩擦系数　低的摩擦系数可导致切削时切削力减小,切削温度降低,加工表面质量提高。

CBN 适合用来精加工各种淬火钢、硬铸铁、高温合金、硬质合金、表面喷涂材料等难切削材料。加工精度可达 IT5(孔为 IT6),表面粗糙度 R_a 值可小至 1.25～0.20 μm。

CBN 刀具材料韧性和抗弯强度较差。因此,CBN 车刀不宜用于低速、冲击载荷大的粗加工;同时不适合切削塑性大的材料(如铝合金、铜合金、镍基合金、塑性大的钢等),因为切削这些金属时会产生严重的积屑瘤,而使加工表面恶化。

上述几类刀具材料,从总体上来说,在材料的硬度、耐磨性方面,金刚石为最高,立方氮化硼、陶瓷、硬质合金到高速钢依次降低;而从材料的韧性来看,则高速钢最高,硬质合金、陶瓷、立方氮化硼、金刚石依次降低。图 2-4 显示了目前实用的各种数控刀具材料耐磨性和韧性排列的大致位置。涂层刀具材料具有较好的实用性能,也是将来实现刀具材料硬度和韧性并存的重要手段。在数控机床中,目前采用

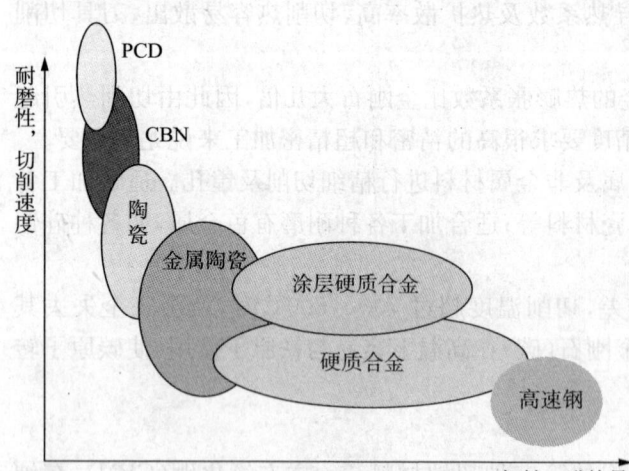

图 2-4　数控刀具材料与硬度和韧性的关系

最为广泛的刀具材料是硬质合金。因为从经济性、适应性、多样性、工艺性等多方面,硬质合金的综合效果都优于陶瓷、立方氮化硼、聚晶金刚石。

2.3 数控可转位刀片及其代码

可转位刀片是构成各种可转位刀具的功能元件。切削性能取决于所选刀片的性能。因此合理选用可转位刀片对发挥刀具的综合切削性能十分重要。

2.3.1 可转位刀具的优点

可转位刀具是使用可转位刀片的机夹刀具。可转位刀具一般由刀片、刀垫、夹紧元件和刀体组成,如图2-5所示。其中各部分的作用为:①刀片 承担切削,形成被加工表面。②刀垫 保护刀体,确定刀片(切削刃)位置。③夹紧螺钉 夹紧刀片和刀垫。④刀体 刀片及(或)刀垫的载体,承担和传递切削力及切削扭矩,完成刀片与机床的联结。一条切削刃用钝后可迅速转位换成相邻的新切削刃,即可继续工作,直到刀片上所有切削刃均已用钝,刀片才报废回收。更换新刀片后,车刀又可继续工作。与焊接车刀相比,可转位车刀具有下述优点:

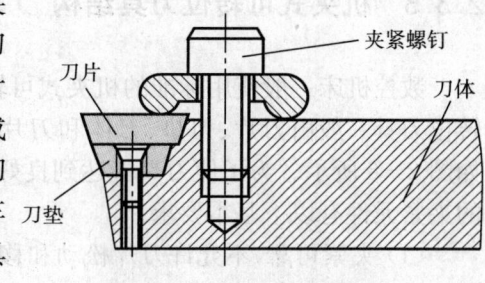

图2-5 可转位刀具的组成

(1) 刀具寿命高 由于刀片避免了由焊接和刃磨高温引起的缺陷,刀具几何参数完全由刀片和刀杆槽保证,切削性能稳定,从而提高了刀具寿命。

(2) 生产效率高 由于机床操作工人不再磨刀,可大大减少停机换刀等辅助时间。

(3) 有利于推广新技术、新工艺 可转位刀有利于推广使用涂层、陶瓷等新型刀具材料。

(4) 有利于降低刀具成本 由于刀杆使用寿命长,大大减少了刀杆的消耗和库存量,简化了刀具的管理工作,降低了刀具成本。

2.3.2 可转位刀片的代码及其标记方法

硬质合金国家标准中,产品型号的表示方法、品种规格、尺寸系列、制造公差以及m值尺寸的测量方法等都与ISO标准相同。代码由10位字符串组成,其排列如下:

$$\boxed{1}\ \boxed{2}\ \boxed{3}\ \boxed{4}\ \boxed{5}\ \boxed{6}\ \boxed{7}\ \boxed{8}\ \boxed{9}\ \boxed{10}$$

其中每一位字符串是代表刀片某种参数的意义,分述如下:

(1) 刀片的几何形状及其夹角;
(2) 刀片主切削刃后角(法角);
(3) 刀片内接圆直径 d 与厚度 s 的精度级别;
(4) 刀片型式、紧固方法或断屑槽;
(5) 刀片边长、切削刃长度;
(6) 刀片厚度;

(7) 刀尖圆角半径 r_ε 或主偏角 k_r 或修光刃后角 α_n;

(8) 切削刃状态,刀尖切削刃或倒棱切削刃;

(9) 进刀方向或倒刃宽度;

(10) 厂商的补充符号或倒刃角度。

一般情况下,第8位和第9位代码是当有要求时才被填写使用。第10位代码根据具体厂商而不同。根据可转位刀片的切削方式不同,可转位刀片代码也具有不同的具体内容。

例如:车刀可转位刀片 TNUM160408ERA2 的表示含义:

T—60°三角形刀片形状;N—法后角为 0°;U—内切圆直径 d 为 6.35 mm 时:刀尖转位尺寸允差±0.13 mm,内接圆允差±0.08 mm,厚度允差±0.13 mm;M—圆柱孔单面断屑槽;16—刀刃长度 16 mm;04—刀片厚度 4.76 mm;08—刀尖圆弧半径 0.8 mm;E—刀刃倒圆;R—向左方向切削;A2—直沟卷屑槽,槽宽 2 mm。

2.3.3 机夹式可转位刀具结构

数控机床一般使用标准的机夹式可转位刀具。机夹式可转位刀具一般由刀片、刀垫、刀体和刀片定位夹紧元件组成,如图 2-6 所示。为了使刀具能达到良好的切削性能,对刀片的夹紧元件有以下基本要求:

(1) 夹紧可靠,不允许刀片松动和移动;

(2) 定位准确,确保定位精度和重复精度;

(3) 排屑流畅,有足够的排屑空间;

(4) 结构简单,操作方便,制造成本低,转位动作快,缩短换刀时间。

可转位刀片的夹紧方式通常采用杠杆式(图 2-7)、楔块上压式、螺钉上压式等。一般将它们依照其适应性分为 3 个等级,3 级表示最合适的选择。参见表 2-2。

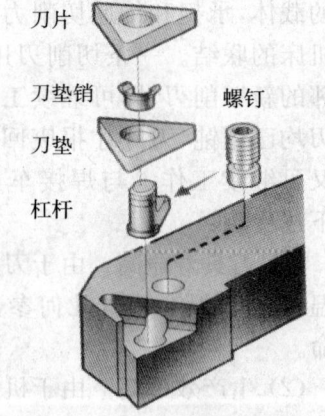

图 2-6 机夹式可转位夹紧系统

2.3.4 可转位刀片的选择

数控机床刀具按照装夹、转换方式主要分为两大类:车削系统刀具和镗铣削系统刀具。车削系统刀具由刀片(刀具)、刀体、接柄(柄体)、刀盘所组成。通过刀具夹持系统(或刀具夹持装置)固定在数控车床上。普通数控车床刀具主要采用机夹可转位刀片的刀具。所以,车削系统刀具和普通数控车床刀具的选择主要是可转位刀片的选择。

根据被加工零件的材料,表面粗糙度要求和加工余量等条件,来决定刀片的类型。此处主要介绍车削加工中刀片的选择方法,其他切削加工的刀片可供参考。

1. *刀片材料的选择*

主要依据被加工工件的材料、被加工表面的精度要求、切削载荷的大小以及切削加工过程中有无冲击和震动等条件决定。

2. *刀片尺寸选择*

刀片尺寸的大小取决于有效切削刃的长度 L,有效切削刃长度 L 与背吃刀量 a_p 和主偏角

k_r 有关。使用时可查阅刀具手册选取。

表 2-2 各种夹紧方式最合适的加工范围

夹紧方式 加工范围	杠杆式	楔块上压式	螺栓上压式
可靠夹紧/紧固	3	3	3
仿形加工/易接近性	2	3	3
重复性	3	2	3
仿形加工/轻负荷加工	2	3	3
断续加工工序	3	2	3
外圆加工	3	1	3
内圆加工	3	3	3

3. 刀片形状选择

刀片形状主要依据被加工工件的表面形状、切削方法、刀具寿命和刀片的转位次数等因素来选择。图 2-7 所示为被加工表面及适用的刀片形状，具体使用时可查阅有关刀具手册选取。

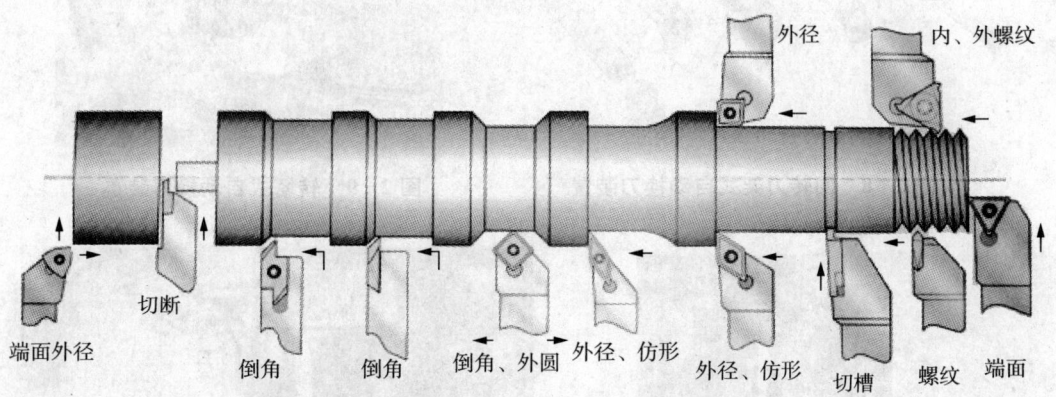

图 2-7 车削不同加工部位所用车刀示意图

4. 刀片的刀尖圆弧半径选择

刀尖圆弧半径的大小直接影响刀尖的强度和被加工零件的表面粗糙度。刀尖圆弧半径越大，使表面粗糙度增大，切削力增大且易产生振动，切削性能下降；但刀刃强度可增加，刀具前后刀面的磨损将减少。刀尖圆弧半径的选择原则为：在切削深度较小的精加工、细长轴加工或机床刚度较差的情况下，选取刀尖圆弧半径较小些；在需要刀刃强度高、零件直径大的粗加工中，选用刀尖圆弧半径较大些。

2.4 数控机床自动换刀装置与工具系统

2.4.1 自动换刀装置的形式

数控机床为了能在工件一次装夹中完成多种甚至所有加工工序，以缩短辅助时间和减少多次安装工件所引起的误差，必须带有自动换刀装置。数控车床上的回转刀架就是一种简单的自动换刀装置,所不同的是在多工序数控机床出现之后,逐步发展和完善了各类回转刀具的自动换刀装置,扩大了换刀数量,从而能实现更为复杂的换刀操作。

在自动换刀数控机床上,对自动换刀装置的基本要求是:换刀时间短,刀具重复定位精度高,有足够的刀具存储量,刀库占地面积小及安全可靠等。根据组成结构,自动换刀装置可分为回转刀架式、转塔式、带刀库式三种形式。图2-8所示为回转刀架,图2-9所示是转塔式,图2-10所示是带刀库式自动换刀装置。各类数控机床的自动换刀装置的结构取决于机床的形式、工艺范围及其刀具的种类和数量。其基本类型有以下几种。

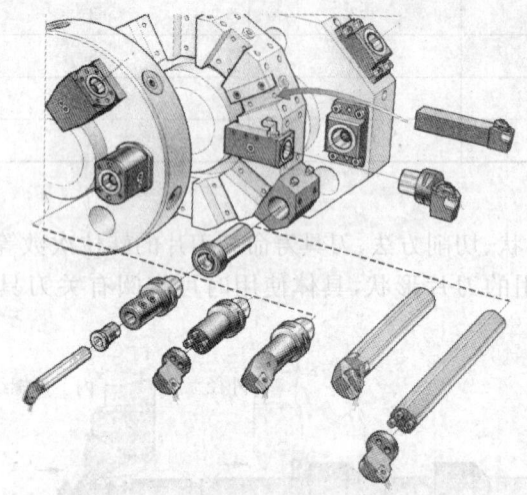

图2-8 回转刀架式自动换刀装置

图2-9 转塔式自动换刀装置

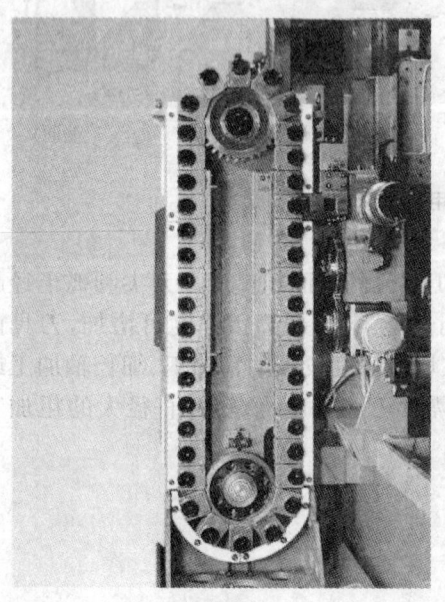

(a) 链轮式刀库

(b) 斗笠式刀库

图2-10 带刀库式自动换刀装置

1. 回转刀架换刀

回转刀架(图2-8)是一种最简单的自动换刀装置,常用于数控车床。可以设计成四方刀架、六角刀架或圆盘式轴向装刀刀架等多种形式。回转刀架上分别安装着四把、六把或更多的刀具,并按数控装置的指令换刀。一般情况下,回转刀架的换刀动作包括刀架抬起、刀架转位及刀架压紧等。

回转刀架在结构上必须具有良好的强度和刚度,以承受粗加工时的切削抗力。由于车削加工精度在很大程度上取决于刀尖位置,对于数控车床来说,加工过程中刀具位置不进行人工调整,因此更有必要选择可靠的定位方案和合理的定位结构,以保证回转刀架在每次转位之后,具有尽可能高的重复定位精度(一般为 0.001~0.005 mm)。

数控车床用的六角回转刀架适用于盘类零件的加工,这种刀架的全部动作由液压系统通过电磁换向阀和顺序阀进行换刀过程的控制。回转刀架除了采用液压缸驱动转位和定位销定位外,还可以采用电动机-马氏机构转位和鼠盘定位,以及其他转位和定位机构。

2. 换主轴换刀

更换主轴换刀是带有旋转刀具的数控机床的一种比较简单的换刀方式。这种主轴头实际上就是一个转塔刀库,如图 2-11 所示。主轴头有卧式和立式两种,通常用转塔的转位来更换主轴头,以实现自动换刀。在转塔的各个主轴上,预先安装有各工序所需要的旋转刀具,当发出换刀指令时,各主轴头依次地转到加工位置,并接通主运动,使相应的主轴带动刀具旋转。而其他处于不加工位置上的主轴都与主运动脱开。

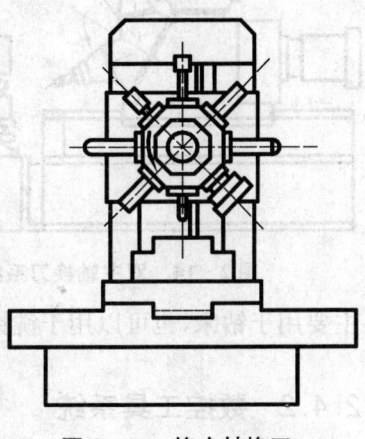

图 2-11 换主轴换刀

这种更换主轴换刀装置,省去了自动松、夹、卸刀、装刀以及刀具搬运等一系列的复杂操作,从而缩短了换刀时间,并提高了换刀的可靠性。但是由于空间位置的限制,使主轴部件结构尺寸不能太大,因而影响了主轴系统的刚性。为了保证主轴的刚性,必须限制主轴的数目,否则会使结构尺寸增大。因此,转塔主轴头通常只适用于工序较少、精度要求不太高的机床,例如数控钻、铣床等。

3. 带刀库的自动换刀系统

此类换刀装置由刀库、选刀机构、刀具交换机构及刀具在主轴上的自动装卸机构等四部分组成,应用最广泛。

图 2-12 所示为斗笠式刀库装在机床的工作台(或立柱)上的数控机床的外观图。

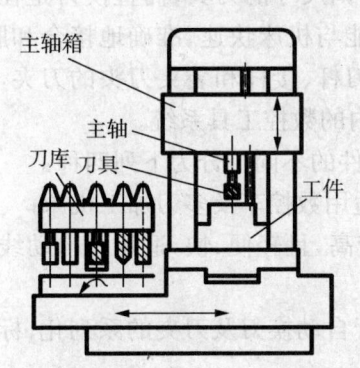

图 2-12 刀库与机床为整体式的数控机床

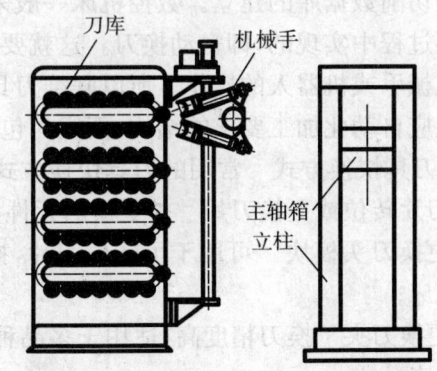

图 2-13 刀库与机床为分体式的数控机床

图 2-13 所示为链轮式刀库装在机床之外,成为一个独立部件的数控机床的外观图。此

时,刀库容量大,刀具可以较重,常常要附加运输装置来完成刀库与主轴之间刀具的运输。

带刀库的自动换刀系统,整个换刀过程比较复杂。首先要把加工过程中要用的全部刀具分别安装在标准的刀柄上,在机床外进行尺寸预调整后,插入刀库中。换刀时根据选刀指令在刀库上选刀,由刀具交换装置从刀库和主轴上取出刀具,进行刀具交换,然后将新刀具装入主轴,将用过的刀放回刀库。

采用这种自动换刀系统,需要增加刀具的自动夹紧、放松机构,刀库运动及定位机构,常常还需要有清洁刀柄及刀孔、刀座的装置,因而结构较复杂。其换刀过程动作多、换刀时间长。同时,影响换刀工作可靠性的因素也较多。

为了缩短换刀时间,可采用带刀库的双主轴或多主轴换刀系统,如图 2-14 所示。由图可知,当水平方向的主轴在加工位置时,待更换刀具的主轴处于换刀位置,由刀具交换装置预先换刀,待本工序加工完毕后,转塔头回转并交换主轴(即换刀)。这种换刀方式,换刀时间大部分和机加工时间重合,只需转塔头转位的时间,所以换刀时间短,转塔头上的主轴数目较少,有利于提高主轴的结构刚度,刀库上刀具数目也可增加,对多工序加工有利。但这种换刀方式难保证精镗加工所需要的主轴精度。因此,这种换刀方式

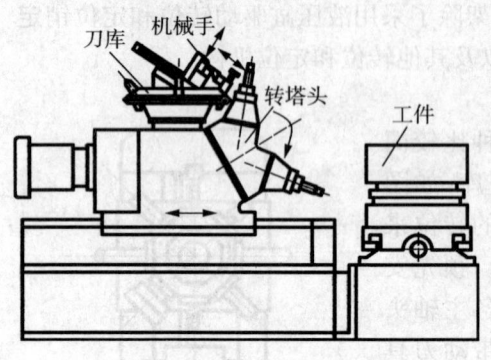

图 2-14 双主轴换刀系统

主要用于钻床,也可以用于铣镗床和数控组合机床。

2.4.2 数控工具系统

数控工具系统是针对数控机床要求与之配套的刀具必须可换和高效切削发展起来的,是刀具与机床的接口。它除了刀具本身外,还包括实现刀具快换所必需的定位、夹紧、抓拿及刀具保护等机构。

1. 数控工具系统的快换和刀具夹紧机构

数控加工的重要原则是在满足自动化生产要求的前提下,尽可能通过标准化、系列化、模块化的途径提高数控刀具的通用化程度。这不仅便于刀具的组装、预调、使用和管理,而且有利于数控切削数据库的建立。数控机床一般采用机外预调尺寸的刀具,而且换刀是在加工的自动循环过程中实现的,即自动换刀。这就要求刀具应能与机床快速、准确地接合和脱开,并能适应机械手或机器人的操作。所以联结刀具的刀柄、刀杆、接杆和装夹刀头的刀夹,已发展成各种适应自动化加工要求的结构,而成为包括刀具在内的数控工具系统。

(1) 刀具快换方式 常用的刀具快换方式按更换元件的不同可分为下列四种:

① 刀片转位或更换刀片 被更换的元件少、轻便,适用数控车及多刀加工机床;

② 更换刀头模块 可用于可转位刀片,换刀精度较高,且轻便、快,适用于自动线上及多刀加工机床;

③ 更换刀夹 换刀精度高,适用于多品种加工,便于自动换刀及刀夹的系列化、标准化和专业化生产;

④ 手动更换刀柄 同类机床的刀柄可以通用,便于使用标准刀具及刀柄的系列化、标准化和专业化生产。

(2) 刀具夹紧机构　刀具夹紧机构的性能直接影响换刀精度和换刀速度,其设计应满足下列要求:

① 夹紧元件应尽量少,并且在松紧时容易定位,操作方便;
② 夹紧力的方向应指向定位基面,并尽可能与切削力方向一致,使夹紧可靠;
③ 选择合理的安装基面,减少安装误差;
④ 制造工艺性好。

旋转刀具的夹紧方式有:侧面锁紧夹头、弹簧夹头、液压夹头、热装式夹头、三棱变形夹头等多种。

图 2-15 为三棱变形静压夹头示意图。三棱变形静压夹头是利用三棱形的夹套受力后变形,将刀具夹紧。其工作原理是:夹头的内孔在自由状态下为三棱形[图 2-15(a)],三棱的内切圆直径小于要装夹的刀柄直径,利用一个液压加力装置,对夹头施加外力,使夹头内孔变为圆孔[图 2-15(b)],此时孔径略大于刀柄直径,插入刀柄[图 2-15(c)],然后去掉所加的外力,内孔重新收缩成为三棱形[图 2-15(d)],对刀柄实行三点夹紧。

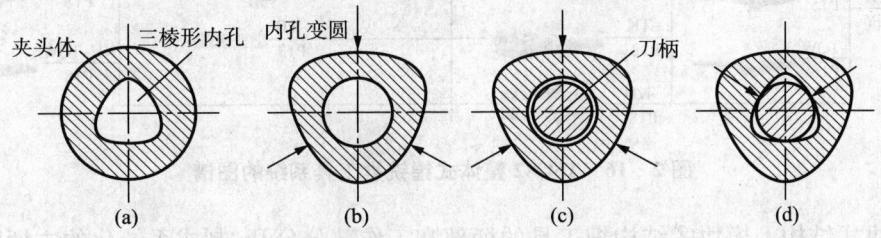

图 2-15　三棱变形静压夹头示意图

这种夹头具有结构紧凑,对称性好,精度高,径向跳动可控制在 3 μm 以内。适用于不同膨胀系数的硬质合金刀柄和高速钢刀柄,目前正逐渐应用于高速加工中。

2. 数控工具系统的类型

目前数控机床采用的工具系统按使用范围可分为车削类数控工具系统和镗铣类数控工具系统。镗铣类工具系统一般由与机床主轴连接的锥柄、延伸部分的连杆和工作部分的刀具组成。它们经组合后可以完成钻孔、扩孔、铰孔、攻螺纹等加工工艺。镗铣类工具系统又可分为整体式结构和模块式结构两大类。

(1) 车削类数控工具系统　随着车削加工中心的产生和各种全功能数控车床数量的增加,人们对数控车床和车削加工中心所使用的刀具提出了更高的要求,形成了具有特色的车削类刀具系统。目前出现的一些车削类工具系统具有换刀速度快,刀具的重复定位精度高,连接刚度高等特点,大大提高了机床的加工能力和加工效益。

(2) 镗铣类工具系统

① 整体式结构　整体式工具系统是工具系统的柄部与夹持刀具的工作部分连成一体。不同品种和规格的工作部分都必须带有与机床主轴相连接的柄部。属于这种类型的工具系统有日本的 TMT 系统和我国的 TSG82 系统。图 2-16 所示是 TSG82 整体式镗铣类工具系统的图谱。图 2-17 所示为镗铣类整体式工具系统组成。TSG82 工具系统就属于整体式结构的工具系统。它的特点是将锥柄和接杆连成一体,不同品种和规格的工作部分都必须带有与机床相连的柄部。其优点是结构简单、使用方便、可靠、更换迅速等。缺点是锥柄的品种和数量较多。

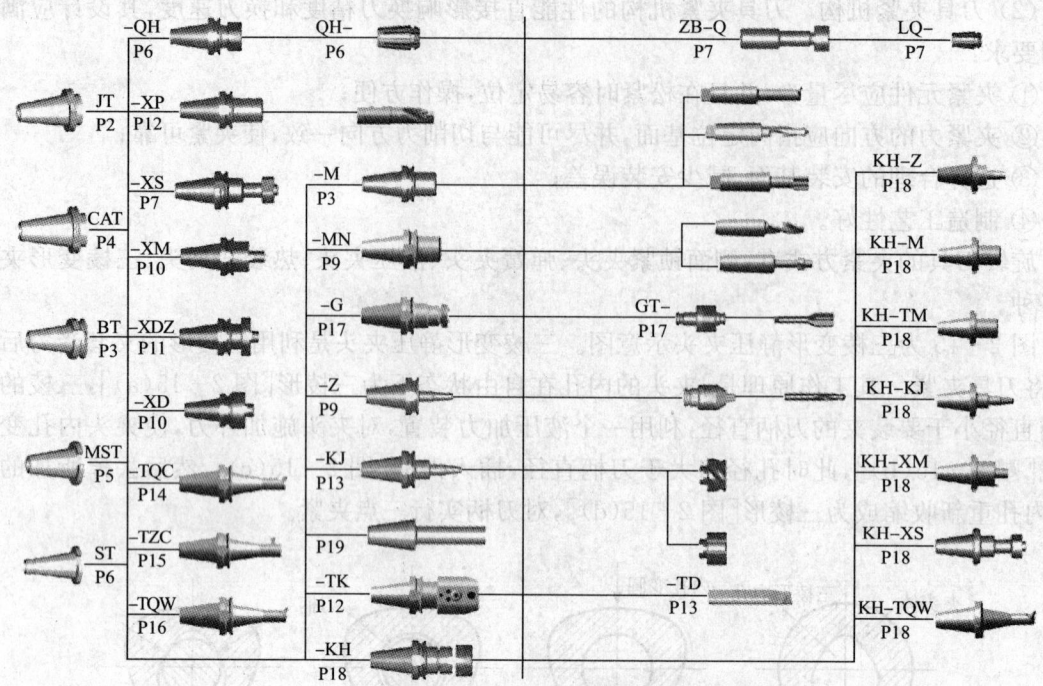

图 2-16 TSG82 整体式镗铣类工具系统的图谱

②模块式结构 模块式结构把工具的柄部和工作部分分开,制成系统化的主柄模块、中间模块和工作模块,如图 2-18 所示。目前,模块式工具系统已成为数控加工刀具发展的方向。国外有许多应用比较成熟和广泛的模块化工具系统,例如瑞士的山特维克(SANDVIK)公司有比较完善的模块式工具系统,国内的 TGM10 和 TGM21 工具系统也属于这一类。

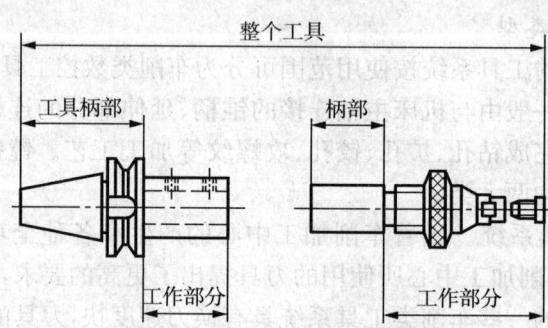

图 2-17 整体式工具系统组成

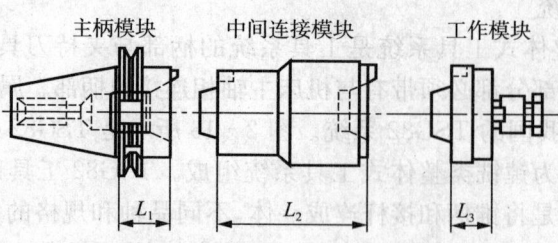

图 2-18 模块式工具系统组成

3. 刀柄及选择

加工中心上使用的刀具由刃具部分和连接刀柄两部分组成。刃具部分包括钻头、铣刀、铰刀等。加工中心机床有自动换刀装置，连接刀柄时要满足机床主轴自动松开和拉紧定位、准确安装各种切削刃具、适应机械手的夹持和搬运、储存和识别刀库中各种刀具的要求。刀柄的结构形式分为整体式与模块式两类，如图 2-19 所示。整体式刀柄其装夹刀具的工作部分与它在机床上安装定位用的柄部是一体的。这种刀柄对机床与零件的变换适应能力较差。为适应零件与机床的变换，用户必须储备各种规格的刀柄，因此刀柄的利用率较低。模块式刀具系统是一种较先进的刀具系统，其每把刀柄都可通过各种系列化的模块组装而成。针对不同的加工零件和使用机床，采取不同的组装方案，可获得多种刀柄系列，从而提高刀柄的适应能力和利用率。

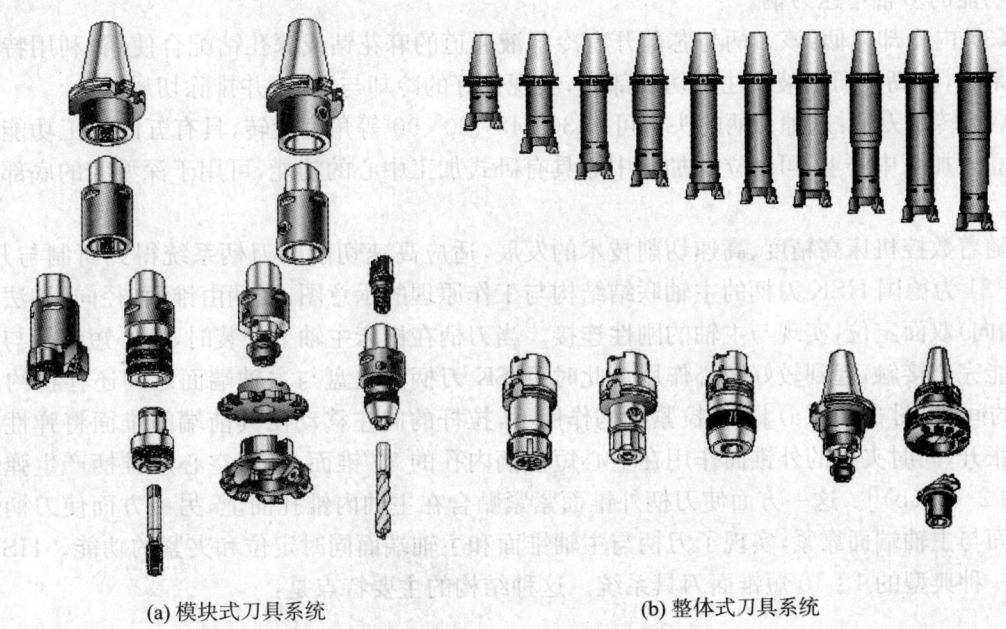

(a) 模块式刀具系统　　　　　　　(b) 整体式刀具系统

图 2-19　刀柄结构组成

加工中心上一般采用 7∶24 圆锥刀柄，如图 2-20 所示。这类刀柄不能自锁，换刀比较方便，与直柄比具有较高的定心精度和刚度，锥柄部分和机械抓握部分均有相应的国际和国家标准。GB10944《自动换刀机床用 7∶24 圆锥工具柄部 40、45、50 号圆锥柄》和 GB10945《自动换刀机床用 7∶24 圆锥工具柄部 40、45、50 号圆锥柄用拉钉》对此作了规定。这两个国家标准与 ISO7388/1 和 ISO7388/2 等效。

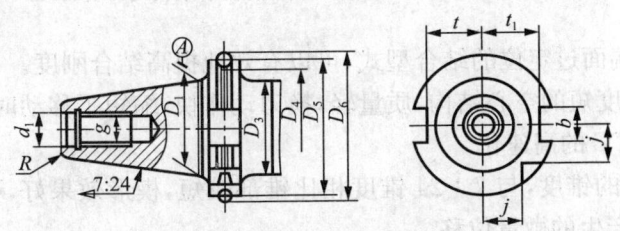

图 2-20　7∶24 圆锥刀柄结构

刀柄结构型式的选择应兼顾技术先进与经济的合理性:①对一些长期反复使用、不需要拼装的简单刀具以配备整体式刀柄为宜,使工具刚性好,价格便宜(如加工零件外轮廓用的立铣刀刀柄、弹簧夹头刀柄及钻夹头刀柄等);②在加工孔径、孔深经常变化的多品种、小批量零件时,宜选用模块式刀柄,以取代大量整体式镗刀柄,降低加工成本;③对数控机床较多尤其是机床主轴端部、换刀机械手各不相同时,宜选用模块式刀柄。由于各机床所用的中间模块(接杆)和工作模块(装刀模块)都可通用,可减少设备投资,提高工具利用率。

近年来,加工中心上出现了一些特殊功能的刀柄,主要有以下类型。

(1) 增速刀柄(增速头):能实现自动换刀。如日本 NIKKEN 公司的 NXSE 增速头,在机床主轴速度为 4 000 r/min 时,刀具可在 0.8s 内转速达到 20 000 r/min。

(2) 多轴刀柄:它能同时加工多个孔,相当于多轴加工头。多轴与增速刀柄组合使用可构成双功能的多轴增速刀柄。

(3) 内冷却刀柄:该刀柄与芯部开有冷却液通道的麻花钻或深孔钻配合使用,利用特殊的供油系统,将高压切削液喷注到切削部位,实现良好的冷却与润滑,并排除切屑。

(4) 转角刀柄:这种刀柄的头部可作 30°、45°、60°、90°等角度旋转,具有五面加工功能。安装在立式加工中心上,可使立式加工中心具有卧式加工中心的功能,可用于深型腔的底部清角作业。

随着数控机床高精度、高速切削技术的发展,适应高速切削的刀柄系统得到研制与开发。图 2-21 为德国 HSK 刀柄的主轴联结结构与工作原理的示意图,刀柄由锥面(径向)和法兰端面(轴向)双面定位,实现与主轴的刚性连接。当刀柄在机床主轴上安装时,空心短锥柄与主轴锥孔能完全接触,起到较好定心作用。此时,HSK 刀柄法兰盘与主轴端面之间还存在约 0.1 mm 的间隙[图 2-21(a)]。在拉紧机构作用下,拉杆的向左移动使其前端的锥面将弹性夹爪径向张开,同时夹爪的外锥面作用在空心短锥柄内孔的 30°锥面上,使空心短锥柄产生弹性变形[图 2-21(b)]。这一方面使刀柄外锥面紧紧贴合在主轴内锥孔面上,另一方面使刀柄法兰盘端面与主轴端面靠紧,实现了刀柄与主轴锥面和主轴端面同时定位和夹紧的功能。HSK 刀柄是一种典型的 1:10 短锥面刀具系统。这种结构的主要特点是:

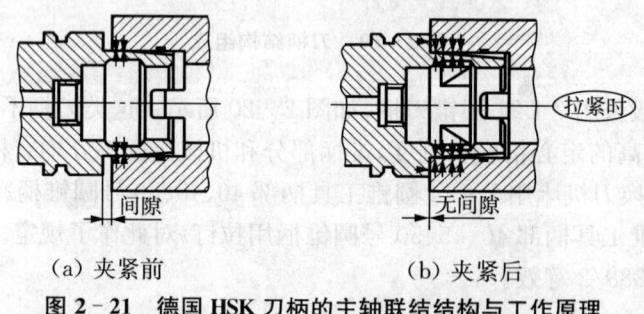

(a) 夹紧前　　　　(b) 夹紧后

图 2-21　德国 HSK 刀柄的主轴联结结构与工作原理

(1) 采用锥面、端面过定位的结合型式,可以有效地提高结合刚度。

(2) 采用锥部长度短的空心结构,质量轻,换刀动作快,缩短了移动时间,加快了刀具移动速度,有利于实现 ATC 的高速化。

(3) 采用 1:10 的锥度,与 7:24 锥度相比锥部较短,楔形效果好,可以有较强的抗扭能力,且能抑制因振动产生的微量位移。

(4) 具有较高的重复安装精度。

（5）刀柄与主轴间由扩张爪紧锁,转速越高,扩张爪的离心力越大,紧锁力越大,所以这种刀柄具有良好的高速性能,即在高速转动产生的离心力作用下,刀柄能牢固紧锁。

思考题 2

1. 数控机床刀具按结构分类可分成哪几类?
2. 数控刀具应具备哪些特点?
3. 数控刀具对材料有什么要求?
4. 数控刀具材料主要有哪几类? 分别按硬度和韧性分析其性能。
5. 说明可转位刀片公制型号 TNMM270612 所代表的含义。
6. 常见可转位刀片夹紧方式有几种?
7. 可转位刀片的选择原则是什么?
8. 三棱变形静压夹头工作原理和特点是什么?
9. 镗孔刀具的选择原则是什么?
10. 选择加工中心刀柄应注意些什么?
11. 简述数控机床刀具系统的分类。镗铣类工具系统的特点是什么?

3 数控机床工件的定位与装夹

3.1 机床夹具概述

在机械加工过程中,为了保证加工精度,固定工件,使之占有确定位置以接受加工或检测的工艺装备统称为机床夹具,简称夹具。例如车床上使用的三爪自定心卡盘、铣床上使用的平口钳等都是机床夹具。

3.1.1 夹具的基本概念

1. 夹具的作用及基本要求

夹具的作用是将工件定位,以使工件获得相对于机床和刀具的正确位置,并把工件可靠地夹紧。应用夹具,有利于保证工件的加工精度、稳定产品质量;有利于提高劳动生产率和降低成本;有利于改善工人劳动条件,保证安全生产;有利于扩大机床工艺范围,实现"一机多用"。

为了充分发挥数控机床高精度、高效率、高自动化的功能,在做数控加工工艺时,必须设计或选用能满足数控机床加工要求的夹具。数控机床夹具一般应该满足下列要求。

(1) 准确定位 工件在夹具中应完全定位,同时,夹具在机床上也应该完全定位,这样才能保证在机床坐标系中实现工件与刀具的相对运动。

(2) 精度、刚度高 由于数控加工具有一次装夹,多工序加工和加工精度高的特点,因此要求数控机床夹具的制造精度和安装精度要比一般机床夹具高;又由于数控机床的功率比普通机床大,所以要求数控机床夹具能够承受较大的切削力和冲击载荷。

(3) 能够快速重调 数控加工在更换加工零件时,要求夹具能够快速重调或具备快速更换定位元件的功能。

(4) 不干涉换刀、切削和其他机床辅助运动 数控机床在一次装夹、多工序加工的过程中,需频繁自动换刀,并且安装夹具的工作台可能有移动、旋转等动作。因此要求夹具在空间上不能干涉刀具接近和切削零件;保证换刀机械手的运动和其他机床辅助运动不与加工过程发生任何干涉。

2. 夹具的组成

机床夹具的种类和结构虽然繁多,但它们的组成均可概括为以下几个部分,这些组成部分既相互独立又相互联系。

(1) 定位元件 定位元件保证工件在夹具中处于正确的位置。如图 3-1 所示,钻后盖上的 $\phi10$ mm 孔,其钻夹具如图 3-2 所示。夹具上的圆柱销 5、菱形销 9 和支承板 4 都是定位元件,通过它们使工件在夹具中占据正确的位置。

(2) 夹紧装置 夹紧装置的作用是将工件压紧夹牢,保证工件在加工过程中受到外力(切削力等)作用时不离开已经占据的正确位置。图 3-2 中的螺杆 8(与圆柱销合成一个零件)、螺母 7 和开口垫圈 6 就起到了上述作用。

(3) 对刀或导向装置　对刀或导向装置用于确定刀具相对于定位元件的正确位置。如图3-2中钻套1和钻模板2组成导向装置,确定了钻头轴线相对定位元件的正确位置。铣床夹具上的对刀块和塞尺为对刀装置。

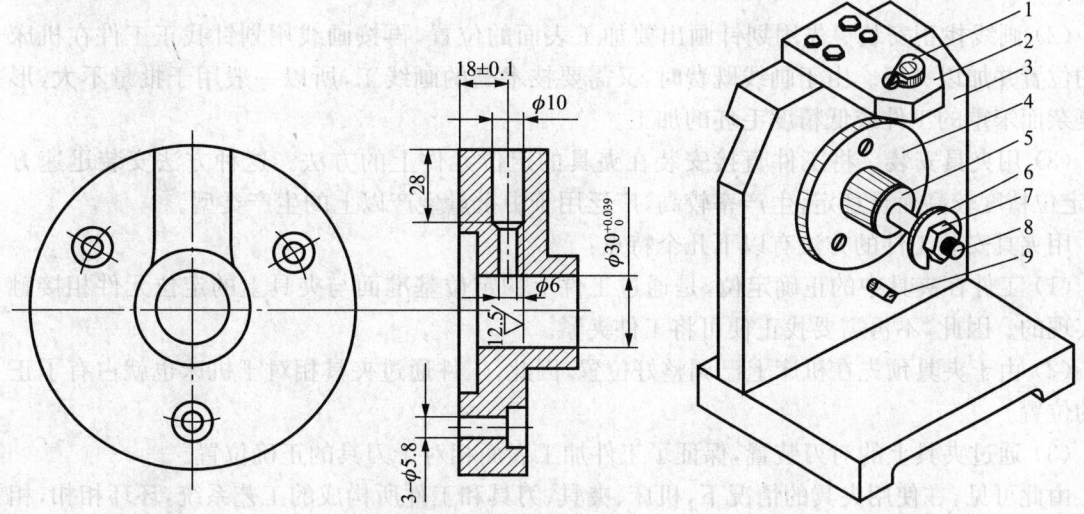

图3-1　后盖零件钻径向孔的工序图　　　图3-2　后盖钻夹具

1—钻套；2—钻模板；3—夹具体；4—支承板；5—圆柱销；6—开口垫圈；7—螺母；8—螺杆；9—菱形销

(4) 连接元件　连接元件是确定夹具在机床上正确位置的元件。如图3-2中夹具体3的底面为安装基面,保证了钻套1的轴线垂直于钻床工作台以及圆柱销5的轴线平行于钻床工作台。因此,夹具体可兼作连接元件。车床夹具上的过渡盘、铣床夹具上的定位键都是连接元件。

(5) 夹具体　夹具体是机床夹具的基础件,通过它将夹具的所有元件连接成一个整体。

(6) 其他装置或元件　它们是指夹具中因特殊需要而设置的装置或元件。若需加工按一定规律分布的多个表面时,常设置分度装置；为了能方便、准确地定位,常设置预定位装置；对于大型夹具,常设置吊装元件等。

3.1.2　工件的安装

在机械加工中,必须使机床、夹具、刀具和工件之间保持正确的相互位置,才能加工出合格的零件。这种正确的相互位置关系,是通过工件在夹具中的定位,夹具在机床上的安装,刀具相对于夹具的调整来实现的。

1. 工件的安装

工件的安装包含了两个方面的内容。

(1) 定位　使同一工序中的一批工件都能准确地安放在机床的合适位置上。使工件相对于刀具及机床占有正确的加工位置。

(2) 夹紧　工件定位后,还需对工件压紧夹牢。使其在加工过程中不发生位置变化。

2. 工件的安装方法

当零件较复杂、加工面较多时,需要经过多道工序的加工,其位置精度取决于工件的安装方式和安装精度。工件常用的安装方法如下。

(1) 直接找正安装　用划针、百分表等工具直接找正工件位置并加以夹紧的方法称直接找正安装法。此法生产率低,精度取决于工人的技术水平和测量工具的精度,一般只用于单件小批生产。

(2) 画线找正安装　先用划针画出要加工表面的位置,再按画线用划针找正工件在机床上的位置并加以夹紧。由于画线既费时,又需要技术高的画线工,所以一般用于批量不大,形状复杂而笨重的工件或低精度毛坯的加工。

(3) 用夹具安装　将工件直接安装在夹具的定位元件上的方法。这种方法安装迅速方便,定位精度较高而且稳定,生产率较高,广泛用于中批量生产以上的生产类型。

用夹具安装工件的方法有以下几个特点:

(1) 工件在夹具中的正确定位,是通过工件上的定位基准面与夹具上的定位元件相接触而实现的。因此,不再需要找正便可将工件夹紧。

(2) 由于夹具预先在机床上已调整好位置,因此,工件通过夹具相对于机床也就占有了正确的位置。

(3) 通过夹具上的对刀装置,保证了工件加工表面相对于刀具的正确位置。

由此可见,在使用夹具的情况下,机床、夹具、刀具和工件所构成的工艺系统,环环相扣,相互之间保持正确的加工位置,从而保证工序的加工精度。显然,工件的定位是其中极为重要的一个环节。

3.1.3　基准及其分类

基准是零件上用来确定其他点、线、面位置所依据的那些点、线、面。按其功用不同,基准可分为设计基准和工艺基准两大类。

1. 设计基准

设计基准是在零件图上所采用的基准。它是标注设计尺寸的起点。如图3-3(a)所示的零件,平面2、3的设计基准是平面1,平面5、6的设计基准是平面4,孔7的设计基准是平面1和平面4,而孔8的设计基准是孔7的中心和平面4。在零件图上不仅标注的尺寸有设计基准,而且标注的位置精度同样具有设计基准,如图3-3(b)所示的钻套零件,轴心线$O-O$是各外圆和内孔的设计基准,也是两项跳动误差的设计基准,端面A是端面B、C的设计基准。

2. 工艺基准

工艺基准是在工艺过程中所使用的基准。工艺过程是一个复杂的过程,按用途不同工艺基准又可分为定位基准、工序基准、测量基准和装配基准。

工艺基准是在加工、测量和装配时所使用的,必须是实在的。然而作为基准的点、线、面有时并不一定具体存在(如孔和外圆的中心线,两平面的对称中心面等),往往通过具体的表面来体现,用以体现基准的表面称为基面。例如图3-3(b)所示钻套的中心线是通过内孔表面来体现的,内孔表面就是基面。

(1) 定位基准　在加工中用作定位的基准,称为定位基准。它是工件上与夹具定位元件直接接触的点、线或面。如图3-3(a)所示零件,加工平面3和6时是通过平面1和4放在夹具上定位的,所以,平面1和4是加工平面3和6的定位基准;如图3-3(b)所示的钻套,用内孔装在心轴上磨削$\phi40h6$外圆表面时,内孔表面是定位基面,孔的中心线就是定位基准。

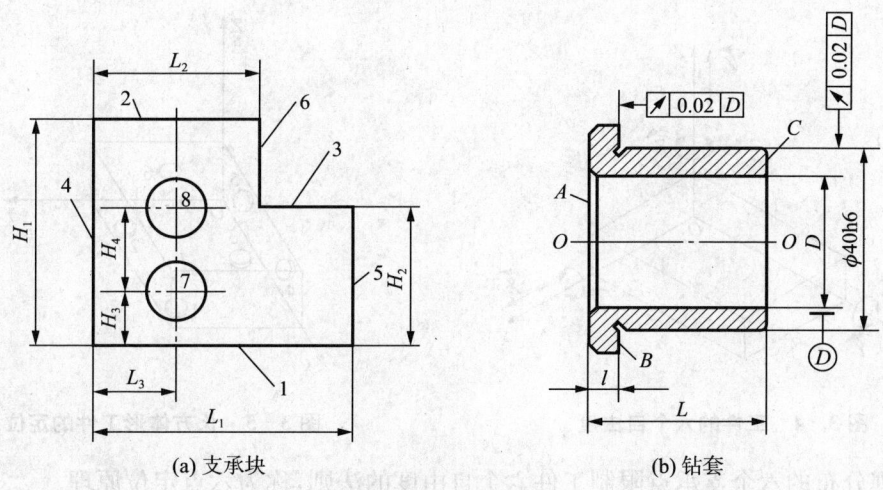

图 3-3 基准分析

定位基准又分为粗基准和精基准。用作定位的表面,如果是没有经过加工的毛坯表面,称为粗基准;若是已加工过的表面,则称为精基准。

(2) 工序基准 在工序图上,用来标定本工序被加工面尺寸和位置所采用的基准,称为工序基准。它是某一工序所要达到加工尺寸(即工序尺寸)的起点。如图 3-3(a)所示零件,加工平面 3 时按尺寸 H_2 进行加工,则平面 l 即为工序基准,加工尺寸 H_2 叫做工序尺寸。

工序基准应当尽量与设计基准相重合,当考虑定位或试切测量方便时也可以与定位基准或测量基准相重合。

(3) 测量基准 零件测量时所采用的基准,称为测量基准。如图 3-3(b)所示,钻套以内孔套在心轴上测量外圆的径向圆跳动,则内孔表面是测量基面,孔的中心线就是外圆的测量基准;用卡尺测量尺寸 1 和 L,表面 A 是表面 B、C 的测量基准。

(4) 装配基准 装配时用以确定零件在机器中位置的基准,称为装配基准。如图 3-3(b)所示的钻套,φ40h6 外圆及端面 B 即为装配基准。

3.2 工件定位的基本原理

3.2.1 六点定位原理

一个尚未定位的工件,其空间位置是不确定的,均有六个自由度,如图 3-4 所示,即沿空间坐标轴 X、Y、Z 三个方向的移动和绕这三个坐标轴的转动(分别以 $\vec{X}$、$\vec{Y}$、$\vec{Z}$;和 $\hat{X}$、$\hat{Y}$、$\hat{Z}$ 表示)。

定位,就是限制自由度。如图 3-5 所示的长方体工件,欲使其完全定位,可以设置六个固定点,工件的三个面分别与这些点保持接触,在其底面设置三个不共线的点 1、2、3(构成一个面),限制工件的三个自由度:$\vec{Z}$、$\hat{X}$、$\hat{Y}$;侧面设置两个点 4、5(成一条线),限制了 $\hat{Y}$、$\vec{Z}$ 两个自由度;端面设置一个点 6,限制 $\vec{X}$ 自由度。于是工件的六个自由度便都被限制了。这些用来限制工件自由度的固定点,称为定位支承点,简称支承点。

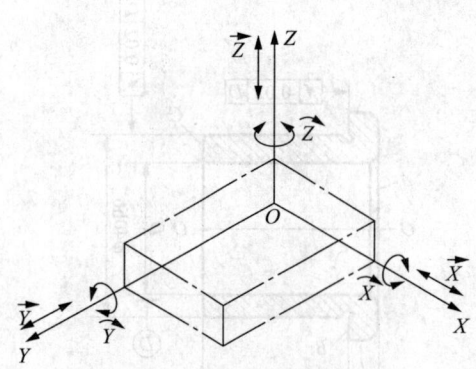 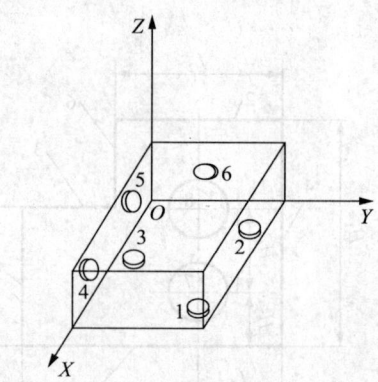

图 3-4 工件的六个自由度　　　　图 3-5 长方体形工件的定位

用合理分布的六个支承点限制工件六个自由度的法则,称为六点定位原理。

在应用"六点定位原理"分析工件的定位时,应注意以下几点:

(1) 定位支承点限制工件自由度的作用,应理解为定位支承点与工件定位基准面始终保持紧贴接触。若两者脱离,则意味着失去定位作用。

(2) 一个定位支承点仅限制一个自由度,一个工件仅有六个自由度,所设置的定位支承点数目,原则上不应超过六个。

(3) 分析定位支承点的定位作用时,不考虑力的影响。工件的某一自由度被限制,并非指工件在受到使其脱离定位支承点的外力时,不能运动。欲使其在外力作用下不能运动,是夹紧的任务;反之,工件在外力作用下不能运动,即被夹紧,也并非是说工件的所有自由度都被限制了。所以,定位和夹紧是两个概念,绝不能混淆。

3.2.2 六点定位原理的应用

六点定位原理对于任何形状工件的定位都是适用的,如果违背这个原理,工件在夹具中的位置就不能完全确定。然而,用工件六点定位原理进行定位时,必须根据具体加工要求灵活运用,工件形状不同,定位表面不同,定位点的布置情况会各不相同,宗旨是使用最简单的定位方法,使工件在夹具中迅速获得正确的位置。

1. 完全定位

工件的六个自由度全部被限制的定位,称为完全定位。当工件在 X、Y、Z 三个坐标方向上均有尺寸要求或位置精度要求时,一般采用这种定位方式。

例如在图 3-6 所示的工件上铣槽,槽宽(20 ± 0.05)mm 取决于铣刀的尺寸;为了保证槽底面与 A 面的平行度和尺寸 $60^{0}_{-0.2}$ mm 两项加工要求,必须限制 $\vec{Z}$、$\hat{X}$、$\hat{Y}$ 三个自由度;为了保证槽侧面与 B 面的平行度和尺寸(30 ± 0.1)mm 两项加工要求,必须限制 $\vec{X}$、$\hat{Z}$ 两个自由度;由于所铣的槽不是通槽,在长度方向上,槽的端部距离工件右端面的尺寸是 50 mm,所以必须限制 $\vec{Y}$ 自由度。为此,应对工件采用完全定位的方式,选 A 面、B 面和右端面作定位基准。

2. 不完全定位

根据工件的加工要求,并不需要限制工件的全部自由度,这样的定位,称为不完全定位。

如图 3-7 所示。图 3-7(a)为在车床上加工通孔,根据加工要求,不需要限制 $\vec{X}$ 和 $\hat{X}$ 两

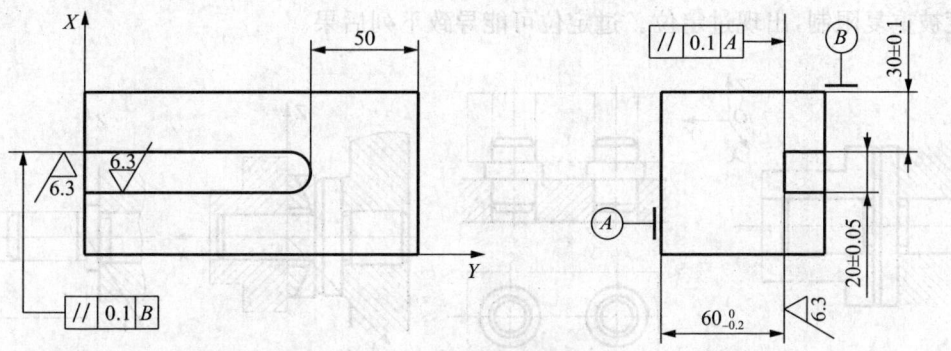

图 3-6 完全定位示例分析

个自由度,故用三爪卡盘夹持限制其余四个自由度,就能实现四点定位。图 3-7(b)为平板工件磨平面,工件只有厚度和平行度要求,故只需限制 $\vec{Z}$、$\hat{X}$、$\hat{Y}$ 三个自由度,在磨床上采用电磁工作台即可实现三点定位。

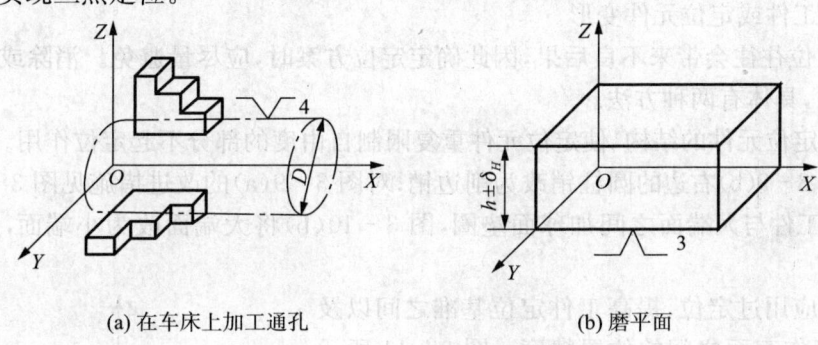

图 3-7 不完全定位示例

3. 欠定位

根据工件的加工要求,应该限制的自由度没有完全被限制的定位,称为欠定位。欠定位将无法保证加工要求,所以是绝不允许的。如图 3-8 所示,工件在支承 1 和两个圆柱销 2 上定位,按此定位方式,$\vec{X}$ 自由度没被限制,属欠定位。工件在 X 方向上的位置不确定,如图中的双点画线位置和虚线位置,因此钻出孔的位置也不确定,无法保证尺寸 A 的精度。只有在 X 方向设置一个止推销后,工件在 X 方向才能取得确定的位置。

4. 过定位

夹具上的两个或两个以上的定位元件,重复限制工件的同一个或几个自由度的现象,称为过定位。如图 3-9 所示两种过定位的例子。

图 3-9(a)为孔与端面联合定位情况,由于大端面限制 $\vec{Y}$、$\hat{X}$、$\hat{Z}$ 三个自由度,长销限制 $\vec{X}$、$\vec{Z}$ 和 $\hat{X}$、$\hat{Z}$ 四个自由度,可见 $\hat{X}$、$\hat{Z}$ 被两个定位元件重复限制,出现过定位。图 3-9(b)为平面与两个短圆柱销联合定位情况,平面限制 $\vec{Z}$、$\hat{X}$、$\hat{Y}$ 三个自由度,两个短圆柱销分别限制 $\vec{X}$、$\vec{Y}$ 和 $\vec{Y}$、$\vec{Z}$ 共 4 个自由度,则 $\vec{Y}$

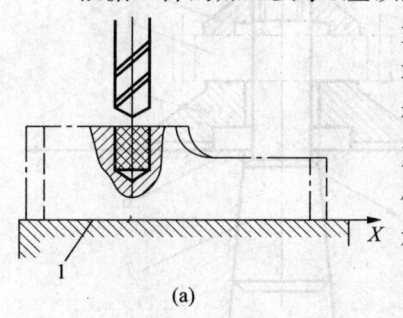

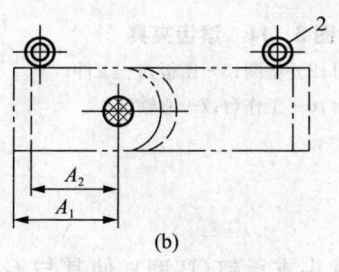

图 3-8 欠定位示例

自由度被重复限制,出现过定位。过定位可能导致下列后果。

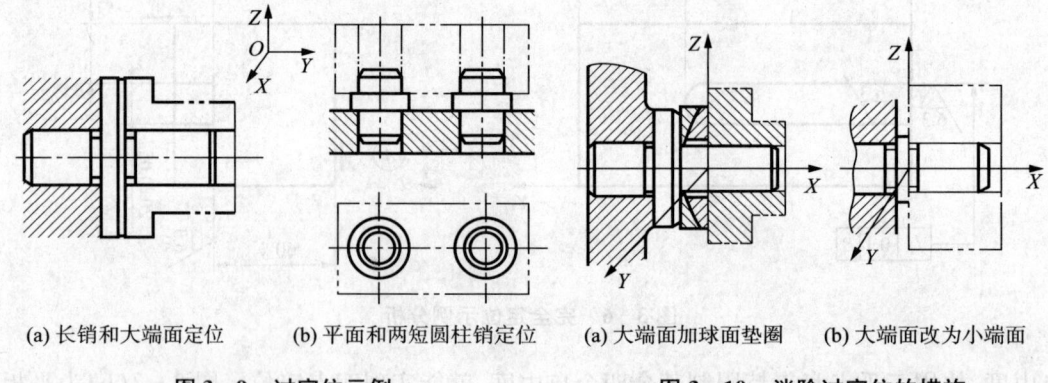

(a) 长销和大端面定位　　(b) 平面和两短圆柱销定位　　(a) 大端面加球面垫圈　　(b) 大端面改为小端面

图 3-9　过定位示例　　　　　　　　　图 3-10　消除过定位的措施

(1) 工件无法安装;
(2) 造成工件或定位元件变形。

由于过定位往往会带来不良后果,因此确定定位方案时,应尽量避免。消除或减小过定位所引起的问题,具体有两种方法。

(1) 改变定位元件的结构,使定位元件重复限制自由度的部分不起定位作用。

例如将图 3-9(b)右边的圆柱销改为削边销;对图 3-9(a)的改进措施见图 3-10,其中图 3-10(a)是在工件与大端面之间加球面垫圈,图 3-10(b)将大端面改为小端面,从而避免过定位。

(2) 合理应用过定位,提高工件定位基准之间以及定位元件的工作表面之间的位置精度。图 3-11 所示滚齿夹具,是可以使用过定位这种定位方式的典型实例,其前提是齿坯加工时工艺上已保证了作为定位基准用的内孔和端面具有很高的垂直度,而且夹具上的定位心轴和支承凸台之间也保证了很高的垂直度。此时,不必刻意消除被重复限制的 $\vec{X}$、$\vec{Y}$ 自由度,利用过定位装夹工件,还提高了齿坯在加工中的刚性和稳定性,有利于保证加工精度,反而可以获得良好的效果。

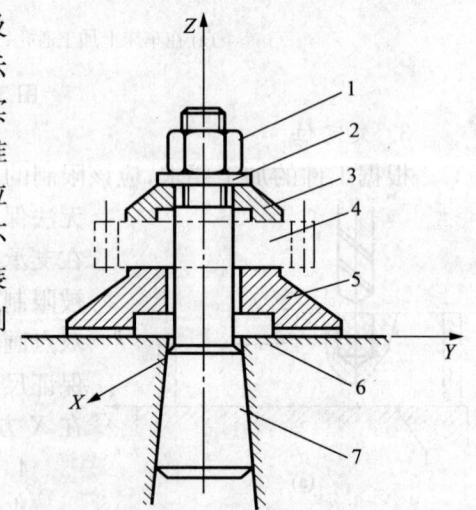

3.2.3　定位方法及定位元件

工件上的定位基准面与相应的定位元件合称为定位副。定位副的选择及其制造精度直接影响工件的定位精度和夹具的工作效率以及制造使用性能等。下面按不同的定位基准面分别介绍其所用定位元件的结构型式。

图 3-11　滚齿夹具
1—压紧螺母;2—垫圈;3—压板;4—工件;
5—支承凸台;6—工作台;7—心轴

1. 工件以平面定位

(1) 支承钉

如图 3-12 所示。当工件以粗糙不平的毛坯面定位时,采用球头支承钉(B 型),使其与毛坯良好接触。齿纹头支承钉(C 型)用在工件的侧面,能增大摩擦系数,防止工件滑动。当工件以加工过的平面定位时,可采用平头支承钉(A 型)。

在支承钉的高度需要调整时,应采用可调支承。可调支承主要用于工件以粗基准面定位,或定位基准面的形状复杂,以及各批毛坯的尺寸、形状变化较大时。如图 3-13 是在规格化的销轴端部铣槽,用可调支承 3 轴向定位,达到了使用同一夹具加工不同尺寸的相似件的目的。可调支承在一批工件加工前调整一次,调整后需要锁紧,其作用与固定支承相同。

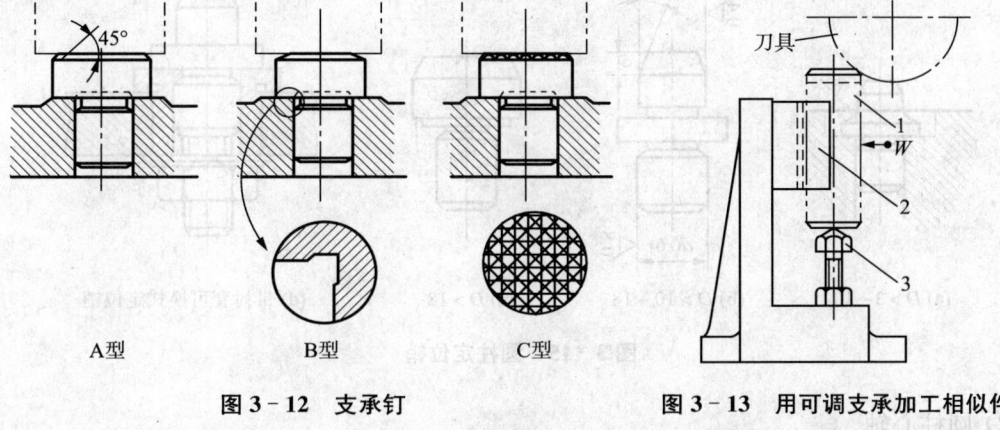

图 3-12 支承钉

图 3-13 用可调支承加工相似件
1—销轴;2—V 形块;3—可调支承

在工件定位过程中能自动调整位置的支承称为自位支承。其作用相当于 1 个固定支承,只限制 1 个自由度。由于增加了接触点数,可提高工件的装夹刚度和稳定性,但夹具结构稍复杂,自位支承一般适用于毛面定位或刚性不足的场合。

工件因尺寸形状或局部刚度较差,使其定位不稳或受力变形等原因,需增设辅助支承,用以承受工件重力、夹紧力或切削力。辅助支承的工作特点是:待工件定位夹紧后,再调整辅助支承,使其与工件的有关表面接触并锁紧。而且辅助支承是每安装一个工件就调整一次。但此支承不限制工件的自由度,也不允许破坏原有定位。

(2) 支承板

工件以精基准面定位时,除采用上述平头支承钉外,还常用图 3-14 所示的支承板作定位元件。A 型支承板结构简单,便于制造,但不利于清除切屑,故适用于顶面和侧面定位;B 型支承板则易保证工作表面清洁,故适用于底面定位。

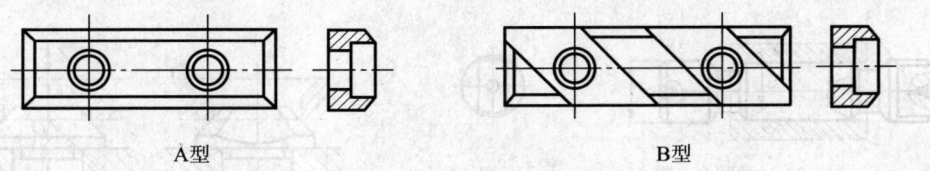

图 3-14 支承板

夹具装配时,为使几个支承钉或支承板严格共面,装配后,需将其工作表面一次磨平,从而保证各定位表面的等高性。

2. 工件以圆柱孔定位

各类套筒、盘类、杠杆、拨叉等零件,常以圆柱孔定位。所采用的定位元件有圆柱销和各种心轴。这种定位方式的基本特点是:定位孔与定位元件之间处于配合状态,并要求确保孔中心线与夹具规定的轴线相重合。孔定位还经常与平面定位联合使用。

（1）圆柱销

图3-15为常用的标准化的圆柱定位销结构。图3-15(a)、(b)、(c)是最简单的定位销，用于不经常需要更换的情况下。图3-15(d)带衬套可换式定位销。

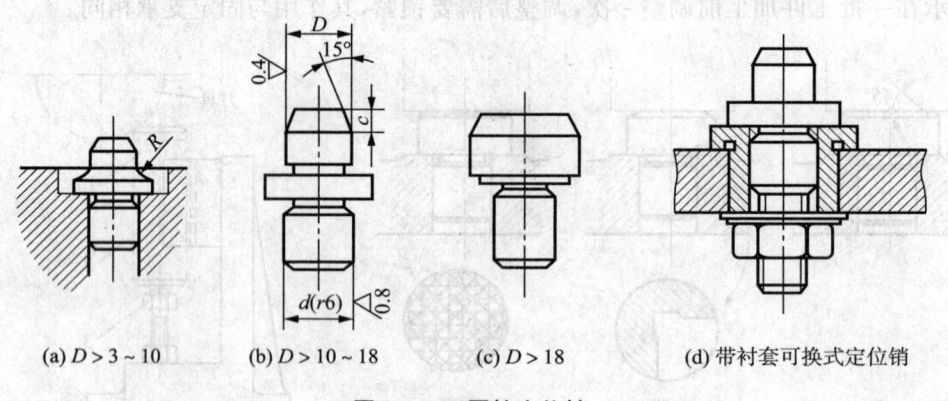

图3-15　圆柱定位销

（2）圆柱心轴

心轴主要用于套筒类和空心盘类工件的车、铣、磨及齿轮加工。图3-16为常用圆柱心轴的结构型式。其中图3-16(a)为间隙配合心轴，图3-16(b)为过盈配合心轴，图3-16(c)为花键心轴。

（3）圆锥销

如图3-17所示，工件以圆柱孔在圆锥销上定位。孔端与锥销接触，其交线是一个圆，相当于三个止推定位支承，限制了工件的三个自由度（$\vec{X}$、$\vec{Y}$、$\vec{Z}$）。图3-17(a)用于粗基准，图3-17(b)用于精基准。但是工件以单个圆锥销定位时易倾斜，故在定位时可成对使用，或与其他定位元件联合使用。如图3-18采用圆锥销组合定位，均限制了工件的五个自由度。

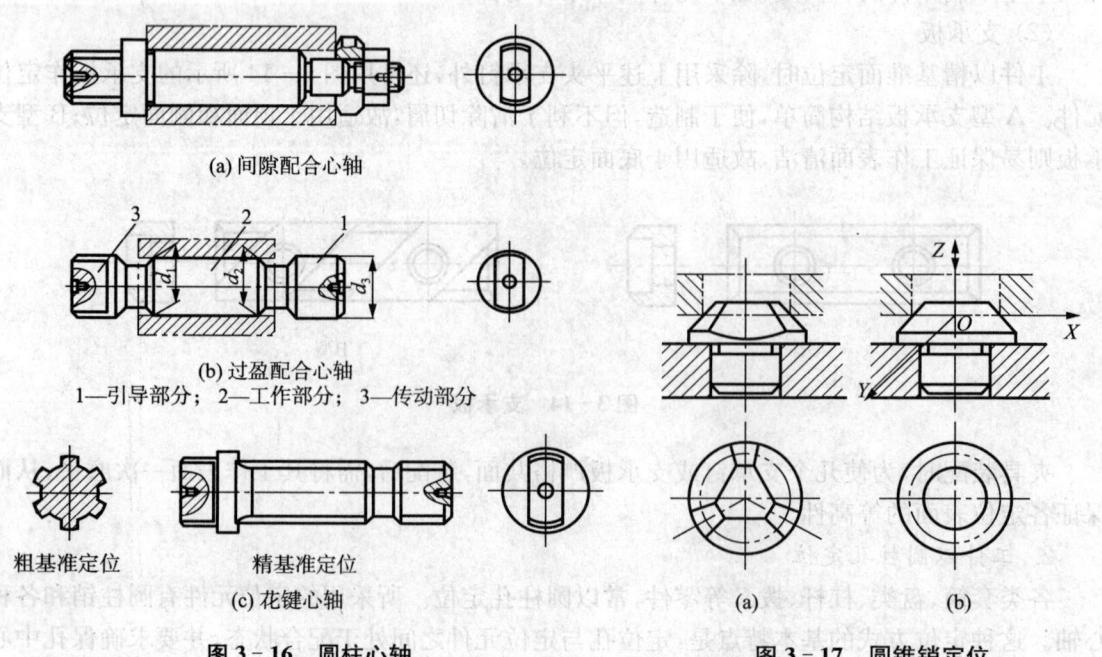

图3-16　圆柱心轴　　　　　　　　图3-17　圆锥销定位

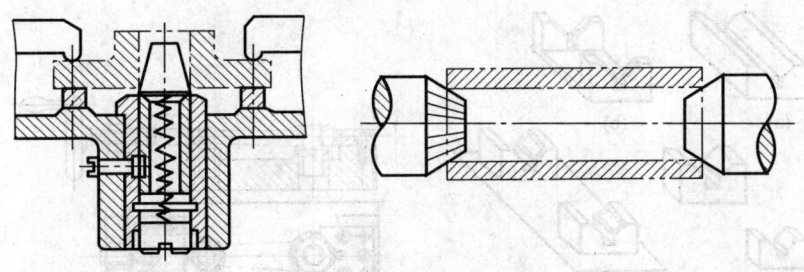

图 3-18 圆锥销组合定位

(4) 小锥度心轴

这种定位方式的定心精度较高,但工件的轴向位移误差较大,适用于工件定位孔精度不低于 IT7 的精车和磨削加工,不能加工端面。

3. 工件以圆锥孔定位

(1) 圆锥形心轴

圆锥形心轴限制了工件除绕轴线转动自由度以外的其他五个自由度。

(2) 顶尖

在加工轴类或某些要求准确定心的工件时,在工件上专为定位加工出工艺定位面——中心孔。中心孔与顶尖配合,即为锥孔与锥销配合。两个中心孔是定位基准,所体现的定位基准是由两个中心孔确定的中心线。如图 3-19 所示,左中心孔用轴向固定的前顶尖定位,限制了 $\vec{X}$、$\vec{Y}$、$\vec{Z}$ 三个自由度;右中心孔用活动的后顶尖定位,与左中心孔一起联合限制了 $\vec{Y}$、$\vec{Z}$ 两个自由度。中心孔定位的优点是定心精度高,还可实现定位基准统一,并能加工出所有的外圆表面。这是轴类零件加工普遍采用的定位方式。

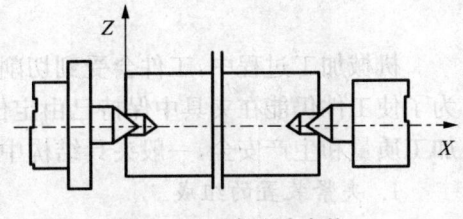

图 3-19 中心孔定位

4. 工件以外圆柱表面定位

(1) V 形架

V 形架定位的最大优点是对中性好。即使作为定位基面的外圆直径存在误差,仍可保证一批工件的定位基准轴线始终处在 V 形架的对称面上;并且使安装方便。见图 3-20。

图 3-21 为常用 V 形架结构。图 3-21(a) 用于较短的精基准面的定位,图 3-21(b) 和图 3-21(c) 用于较长的或阶梯轴的圆柱面,其中图 3-21(b) 用于粗基准面,图 3-21(c) 用于精基准面;图 3-21(d) 用于工件较长且定位基面直径较大的场合,在 V 形架作成在铸铁底座上镶装淬火钢垫板的结构。

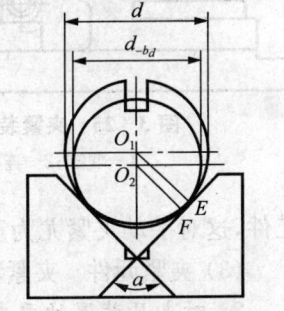

图 3-20 V 形架对中性分析

V 形架可分为固定式和活动式。固定式 V 形架在夹具体上的装配,一般用螺钉和两个定位销连接。活动 V 形架除限制工件一个自由度外,还兼有夹紧作用,其应用见图 3-22。

(2) 定位套

工件以外圆柱面在圆孔中定位,这种定位方法一般适用于精基准定位,常与端面联合定位。所用定位件结构简单,通常做成钢套装于夹具中,有时也可在夹具体上直接做出定位孔。工件以外圆柱面定位,有时也可用半圆套或锥套作为定位元件。

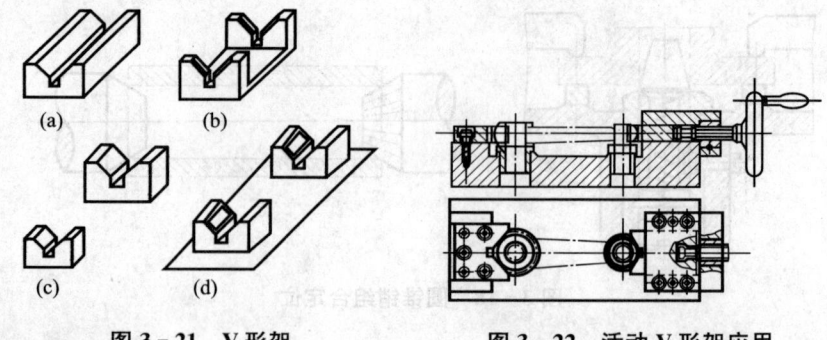

图3-21 V形架 　　图3-22 活动V形架应用

3.3 工件的夹紧

3.3.1 夹紧装置的组成及基本要求

机械加工过程中,工件会受到切削力、离心力、重力、惯性力等的作用,在这些外力作用下,为了使工件仍能在夹具中保持已由定位元件所确定的加工位置,而不致发生振动或位移,保证加工质量和生产安全,一般夹具结构中都必须设置夹紧装置将工件可靠夹牢。

1. 夹紧装置的组成

图3-23为夹紧装置组成示意图,它主要由以下三部分组成:

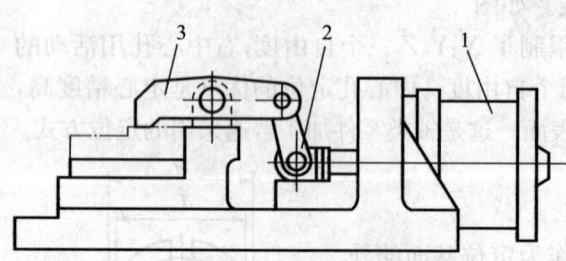

图3-23 夹紧装置组成示意图
1—气缸;2—连杆;3—压板

(1) 力源装置　产生夹紧作用力的装置。所产生的力称为原始力,如气动、液动、电动等,图中的力源装置是气缸1。对于手动夹紧来说,力源来自人力。

(2) 中间传力机构　介于力源和夹紧元件之间传递力的机构,如图3-23中的连杆2。在传递力的过程中,它能够改变作用力的方向和大小,起增力作用;还能使夹紧实现自锁,保证力源提供的原始力消失后,仍能可靠地夹紧工件,这对手动夹紧尤为重要。

(3) 夹紧元件　夹紧装置的最终执行件,与工件直接接触完成夹紧作用,如图中的压板3。

2. 对夹具装置的要求

必须指出,夹紧装置的具体组成并非一成不变,须根据工件的加工要求、安装方法和生产规模等条件来确定。但无论其组成如何,都必须满足以下基本要求:

(1) 夹紧时应保持工件定位后所占据的正确位置。

(2) 夹紧力大小要适当。夹紧机构既要保证工件在加工过程中不产生松动或振动。同时,又不得产生过大的夹紧变形和表面损伤。

(3) 夹紧机构的自动化程度和复杂程度应和工件的生产规模相适应,并有良好的结构工艺性,尽可能采用标准化元件。

(4) 夹紧动作要迅速、可靠,且操作要方便、省力、安全。

3.3.2 夹紧力三要素确定

设计夹紧机构,必须首先合理确定夹紧力的三要素:大小、方向和作用点。

1. 夹紧力方向的确定

确定夹紧力作用方向时,应与工件定位基准的配置及所受外力的作用方向等结合起来考虑。其确定原则是:

(1) 夹紧力的作用方向应垂直于主要定位基准面。图 3-24 所示直角支座以 A、B 面定位镗孔,要求保证孔中心线垂直于 A 面。为此应选择 A 面为主要定位基准,夹紧力 Q 的方向垂直于 A 面。这样,无论 A 面与 B 面有多大的垂直度误差,都能保证孔中心线与 A 面垂直。否则,如图 3-24(b) 所示夹紧力方向垂直于 B 面,则因 A、B 面间有垂直度误差($\alpha>90°$或$\alpha<90°$),使镗出的孔不垂直于 A 面而可能报废。

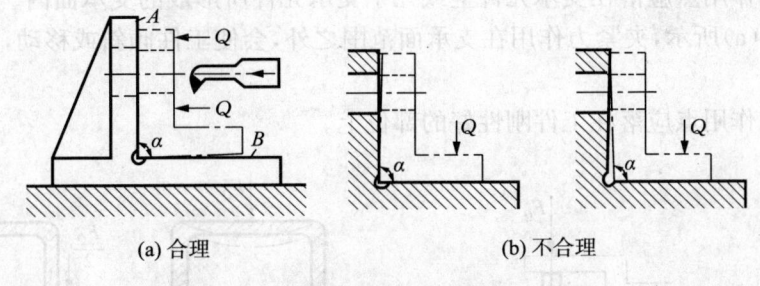

(a) 合理　　　　　　　(b) 不合理

图 3-24　夹紧力方向对镗孔垂直度的影响

(2) 夹紧力作用方向应使所需夹紧力最小。这样可使机构轻便、紧凑,工件变形小,对手动夹紧可减轻工人劳动强度,提高生产效率。为此,应使夹紧力 Q 的方向最好与切削力 F、工件的重力 G 的方向重合,这时所需要的夹紧力为最小。

图 3-25 表示了 F、G、Q 三力不同方向之间关系的几种情况。显然,图 3-25(a)最合理,图 3-25(f)情况最差。

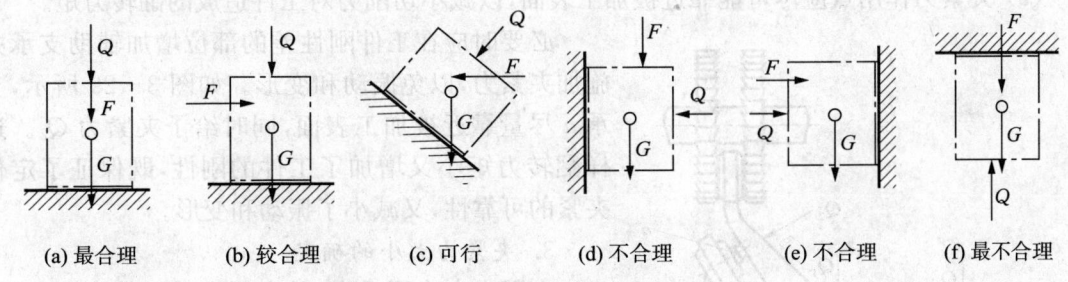

(a) 最合理　(b) 较合理　(c) 可行　(d) 不合理　(e) 不合理　(f) 最不合理

图 3-25　夹紧方向与夹紧力大小的关系

(3) 夹紧力作用方向应使工件变形最小。由于工件不同方向上的刚度是不一致的,不同的受力表面也因其接触面积不同而变形各异,尤其在夹紧薄壁工件时,更需注意。

如图 3-26 所示套筒,用三爪自定心卡盘夹紧外圆,显然要比用特制螺母从轴向夹紧工件的变形大得多。

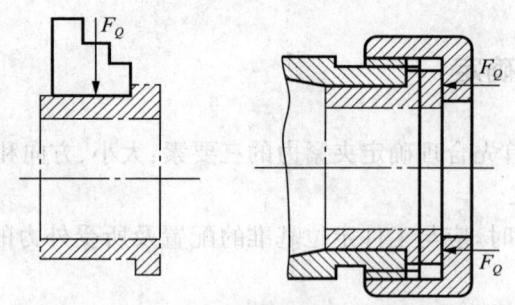

图 3-26　夹紧力方向与工件刚性关系

2. 夹紧力作用点的确定

选择作用点的问题是指在夹紧方向已定的情况下,确定夹紧力作用点的位置和数目。应依据以下原则:

(1) 夹紧力作用点应落在支承元件上或几个支承元件所形成的支承面内。

如图 3-27(a)所示,夹紧力作用在支承面范围之外,会使工件倾斜或移动,而图 3-27(b)则是合理的。

(2) 夹紧力作用点应落在工件刚性好的部位上。

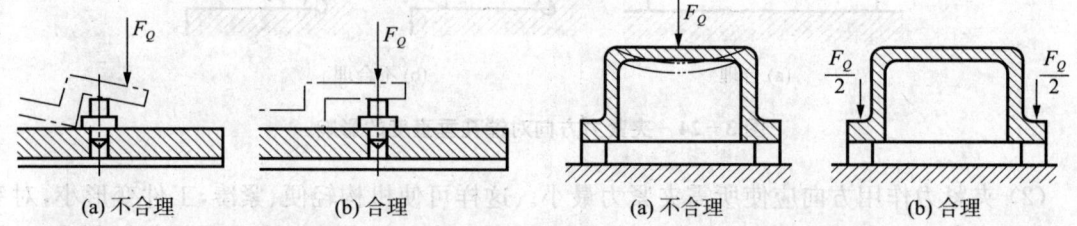

图 3-27　夹紧力作用点应在支承面内　　　图 3-28　夹紧力作用点应在刚性较好部位

如图 3-28 所示,将作用在壳体中部的单点改成在工件外缘处的两点夹紧,工件的变形大为改善,且夹紧也更可靠。该原则对刚度差的工件尤其重要。

(3) 夹紧力作用点应尽可能靠近被加工表面,以减小切削力对工件造成的翻转力矩。

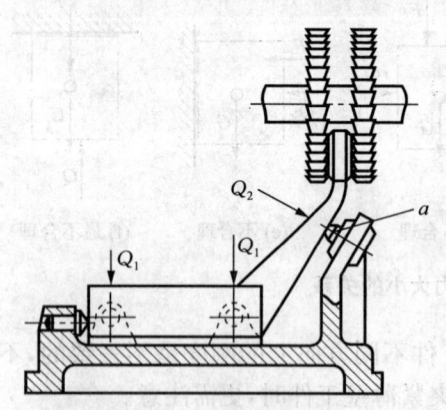

必要时应在工件刚性差的部位增加辅助支承并施加夹紧力,以免振动和变形。如图 3-29 所示,支承 a 尽量靠近被加工表面,同时给予夹紧力 Q_2。这样翻转力矩小又增加了工件的刚性,既保证了定位夹紧的可靠性,又减小了振动和变形。

3. 夹紧力大小的确定

夹紧力大小要适当,过大了会使工件变形,过小了则在加工时工件会松动,造成报废甚至发生事故。采用手动夹紧时,可凭人力来控制夹紧力的大小,一般不需要算出所需夹紧力的确切数值,只是必要时进行概略的估算。当设计机动(如气动、液压、电动

图 3-29　夹紧力作用点应靠近加工表面

等)夹紧装置时,则需要计算夹紧力的大小,以便决定动力部件(如气缸、液压缸直径等)的尺寸。

进行夹紧力计算时,通常将夹具和工件看作一个刚性系统,以简化计算。根据工件在切削力、夹紧力(重型工件要考虑重力,高速时要考虑惯性力)作用下处于静力平衡,列出静力平衡方程式,即可算出理论夹紧力,再乘以安全系数,作为所需的实际夹紧力。实际夹紧力一般比理论计算值大2~3倍。

夹紧力三要素的确定,是一个综合性问题。必须全面考虑工件的结构特点、工艺方法、定位元件的结构和布置等多种因素,才能最后确定并具体设计出较为理想的夹紧机构。

3.4 数控机床常用夹具

3.4.1 数控加工夹具简介

现代自动化生产中,数控机床的应用已愈来愈广泛。数控机床夹具必须适应数控机床的高精度、高效率、多方向同时加工、数字程序控制及单件小批生产的特点。为此,对数控机床夹具提出了一系列新的要求。

(1) 推行标准化、系列化和通用化;
(2) 发展组合夹具和拼装夹具,降低生产成本;
(3) 提高精度;
(4) 提高夹具的高效自动化水平。

根据所使用的机床不同,用于数控机床的通用夹具通常可分为以下几种。

1. 数控车床夹具

数控车床夹具主要有三爪自定心卡盘、四爪单动卡盘、花盘等。

三爪自定心卡盘的结构如图3-30所示,可自动定心,装夹方便,应用较广,但它夹紧力较小,不便于夹持外形不规则的工件。

图3-30 三爪自定心卡盘的结构

四爪单动卡盘如图3-31所示,其四个爪都可单独移动,安装工件时需找正,夹紧力大,适用于装夹毛坯及截面形状不规则和不对称的较重、较大的工件。

图3-31 四爪单动卡盘

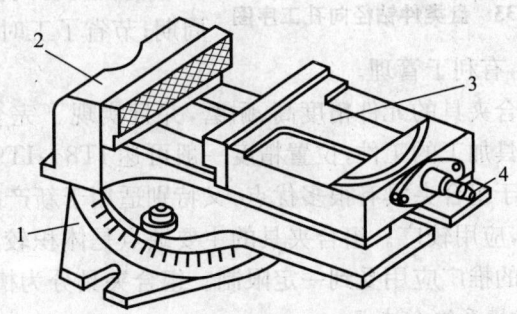

图3-32 平口钳
1—底座;2—固定钳口;3—活动钳口;4—螺杆

通常用花盘装夹不对称和形状复杂的工件,装夹工件时需反复校正和平衡。

2. 数控铣床夹具

数控铣床常用夹具是平口钳,先把平口钳固定在工作台上,找正钳口,再把工件装夹在平口钳上,这种装夹方式方便,应用广泛,适合装夹形状规则的小型工件。如图 3-32 所示。

3. 加工中心夹具

数控回转工作台是各类数控铣床和加工中心的理想配套附件,有立式工作台、卧式工作台和立卧两用回转工作台等不同类型产品。立卧回转工作台在使用过程中可分别以立式和水平两种方式安装于主机工作台上。工作台工作时,利用主机的控制系统或专门配套的控制系统,完成与主机相协调的各种必须的分度回转运动。

为了扩大加工范围,提高生产效率,加工中心除了沿 X、Y、Z 三个坐标轴的直线进给运动之外,往往还带有 A、B、C 三个回转坐标轴的圆周进给运动。数控回转工作台作为机床的一个旋转坐标轴由数控装置控制,并且可以与其他坐标联动,使主轴上的刀具能加工到工件除安装面及顶面以外的周边。回转工作台除了用来进行各种圆弧加工或与直线坐标进给联动进行曲面加工以外,还可以实现精确的自动分度。因此回转工作台已成为加工中心一个不可缺少的部件。

除以上通用夹具外,数控机床夹具主要采用拼装夹具、组合夹具、可调夹具和数控夹具。

3.4.2 组合夹具

组合夹具是一种标准化、系列化、通用化程度很高的工艺装备,我国目前已基本普及。组合夹具由一套预先制造好的不同形状、不同规格、不同尺寸的标准元件及部件组装而成。图3-33 为被加工盘类零件的工序图,用来钻径向分度孔的组合夹具立体图及其分解图见图3-34。

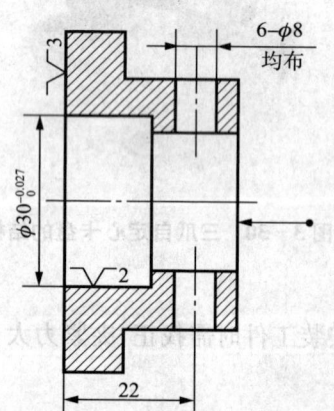

图 3-33 盘类件钻径向孔工序图

1. 组合夹具的特点

组合夹具一般是为某一工件的某一工序组装的专用夹具,也可以组装成通用可调夹具或成组夹具。组合夹具适用于各类机床,但以钻模和车床夹具用得最多。

组合夹具把专用夹具的设计、制造、使用、报废的单向过程变为组装、拆散、清洗入库、再组装的循环过程。可用几小时的组装周期代替几个月的设计制造周期,从而缩短了生产周期;节省了工时和材料,降低了生产成本;还可减少夹具库房面积,有利于管理。

组合夹具的元件精度高、耐磨,并且实现了完全互换,元件精度一般为 IT6~IT7 级。用组合夹具加工的工件,位置精度一般可达 IT8~IT9 级,若精心调整,可以达到 IT7 级。

由于组合夹具有很多优点,又特别适用于新产品试制和多品种小批量生产,所以近年来发展迅速,应用较广。组合夹具的主要缺点是体积较大,刚度较差,一次投资多,成本高,这使组合夹具的推广应用受到一定限制。组合夹具分为槽系和孔系两大类。

2. 槽系组合夹具

(1) 槽系组合夹具的规格

为了适应不同工厂、不同产品的需要,槽系组合夹具分大、中、小型三种规格,其主要参数

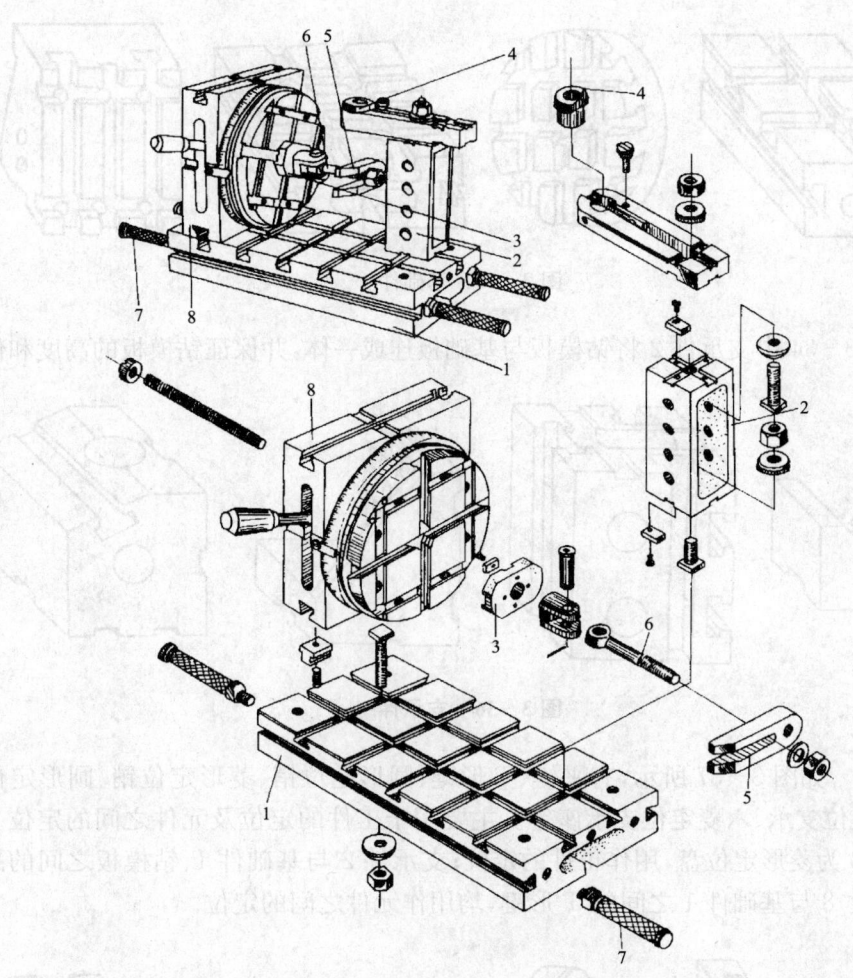

图 3-34 钻盘类零件径向孔的组合夹具
1—基础件；2—支承件；3—定位件；4—导向件；5—夹紧件；6—紧固件；7—其他件；8—合件

如表 3-1 所示。

表 3-1 槽系组合夹具的主要结构要素及性能

规格	槽宽/mm	槽距/mm	连接螺栓/(mm·mm)	键用螺钉/mm	支承件截面/mm²	最大载荷/N	工件最大尺寸/(mm·mm·mm)
大型	$16_0^{+0.08}$	75±0.01	M16×1.5	M5	75×75 90×90	200 000	2 500×2 500×1 000
中型	$12_0^{+0.08}$	60±0.01	M12×1.5	M5	60×60	100 000	1 500×1 000×500
小型	$8_0^{+0.015}$ $6_0^{+0.015}$	30±0.01	M8、M6	M3 M3、M2.5	30×30 22.5×22.5	50 000	500×250×250

(2) 组合夹具的元件

① 基础件 如图 3-35 所示，有长方形、圆形、方形及基础角铁等。它们常作为组合夹具的夹具体。如图 3-34 中的基础件1为长方形基础板做的夹具体。

② 支承件 如图 3-36 所示，有V形支承、长方支承、加肋角铁和角度支承等。它们是组合夹具中的骨架元件，数量最多，应用最广。它可作为各元件间的连接件，又可作为大型工件

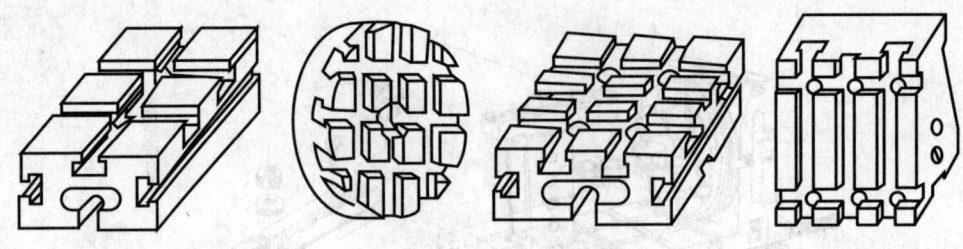

图 3-35 基础件

的定位件。图 3-34 中支承件 2 将钻模板与基础板连成一体,并保证钻模板的高度和位置。

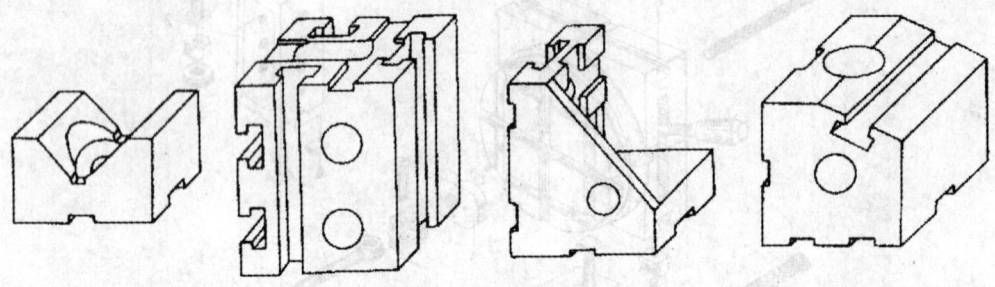

图 3-36 支承件

③ 定位件 如图 3-37 所示,有平键、T 形键、圆形定位销、菱形定位销、圆形定位盘、定位接头、方形定位支承、六菱定位支承座等。主要用于工件的定位及元件之间的定位。图 3-34 中,定位件 3 为菱形定位盘,用作工件的定位;支承件 2 与基础件 1、钻模板之间的平键、合件(端齿分度盘)8 与基础件 1 之间的 T 形键,均用作元件之间的定位。

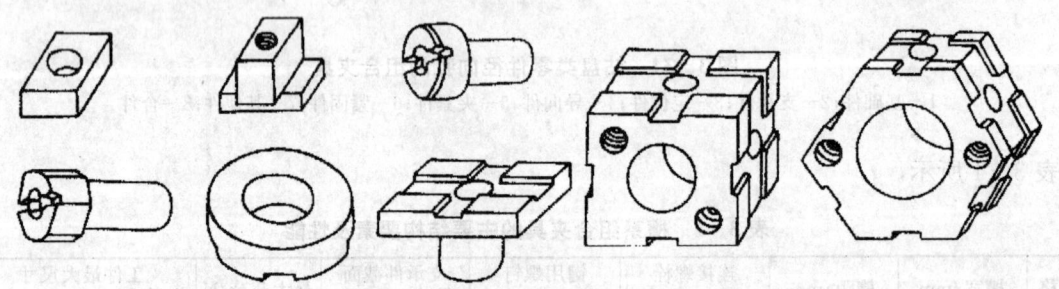

图 3-37 定位件

④ 导向件 如图 3-38 所示,有固定钻套、快换钻套、钻模板、左、右偏心钻模板、立式钻模板等。它们主要用于确定刀具与夹具的相对位置,并起引导刀具的作用。图 3-34 中,安装在钻模板上的导向件 4 为快换钻套。

⑤ 夹紧件 如图 3-39 所示,有弯压板、摇板、U 形压板、叉形压板等。它们主要用于压紧工件,也可用作垫板和挡板。图 3-34 中的夹紧件 5 为 U 形压板。

⑥ 紧固件 如图 3-40 所示,有各种螺栓、螺钉、垫圈、螺母等。它们主要用于紧固组合夹具中的各种元件及压紧被加工件。由于紧固件在一定程度上影响整个夹具的刚性,所以螺纹件均采用细牙螺纹,可增加各元件之间的连接强度。同时所选用的材料、制造精度及热处理等要求均高于一般标准紧固件。图 3-34 中紧固件 6 为关节螺栓,用来压紧工件,且各元件间

均采用方头螺栓、螺钉、螺母、垫圈等紧固件紧固。

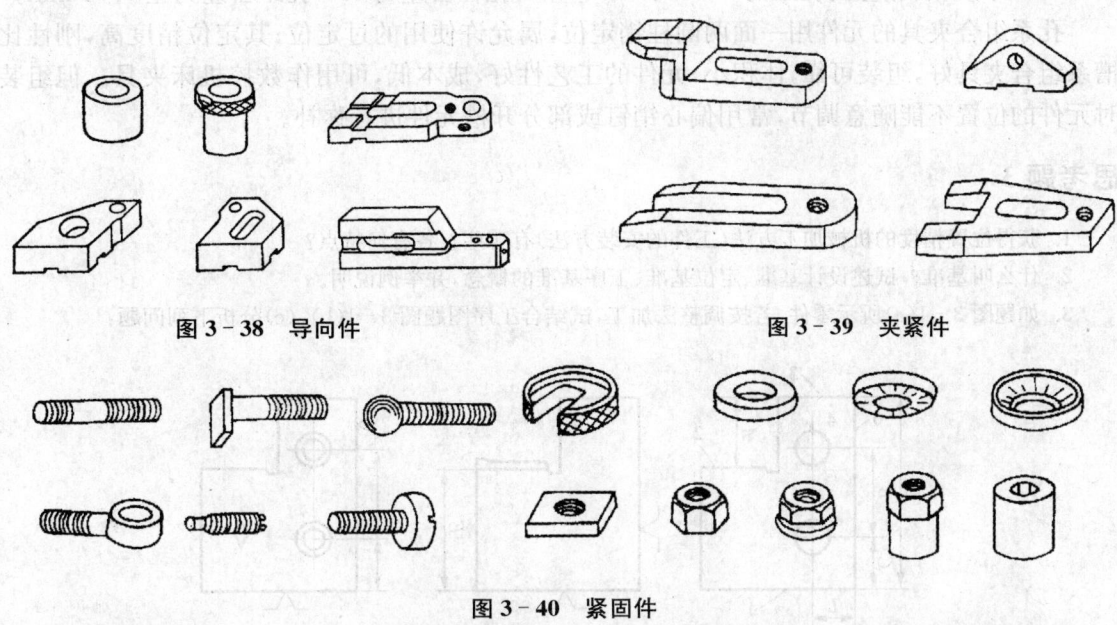

图 3-38 导向件   图 3-39 夹紧件

图 3-40 紧固件

⑦ 其他件　如图 3-41 所示,有三爪支承、支承环、手柄、连接板、平衡块等。它们是指以上六类元件之外的各种辅助元件。图 3-34 中四个手柄就属此类元件,用于夹具的搬运。

⑧ 合件　如图 3-42 所示,有尾座、可调 V 形块、折合板、回转支架等。合件由若干零件组合而成,在组装过程中不拆散使用的独立部件。使用合件可以扩大组合夹具的使用范围,加快组装速度,简化组合夹具的结构,减小夹具体积。图 3-34 中的合件 8 为端齿分度盘。

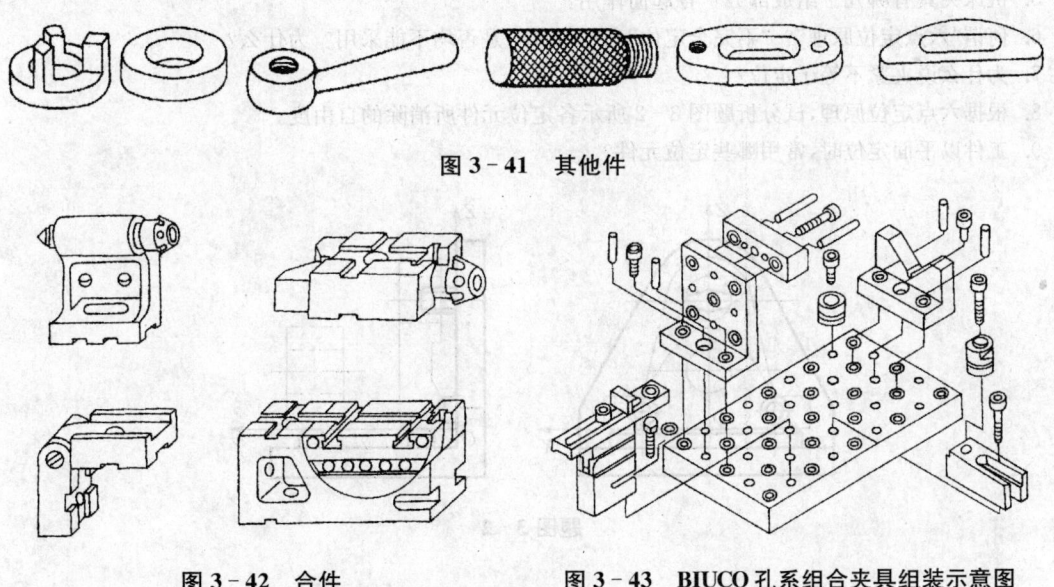

图 3-41 其他件

图 3-42 合件   图 3-43 BIUCO 孔系组合夹具组装示意图

3. 孔系组合夹具

目前许多发达国家都有自己的孔系组合夹具。图 3-43 为德国 BIUCO 公司的孔系组合夹具组装示意图。元件与元件间用两个销钉定位,一个螺钉紧固。定位孔孔径有 10、12、16、24 mm 四个规格;相应的孔距为 30、40、50、80 mm;孔径公差为 H7,孔距公差为±0.01 mm。

孔系组合夹具的元件用一面两圆柱销定位,属允许使用的过定位;其定位精度高,刚性比槽系组合夹具好,组装可靠,体积小,元件的工艺性好,成本低,可用作数控机床夹具。但组装时元件的位置不能随意调节,常用偏心销钉或部分开槽元件进行弥补。

思考题 3

1. 获得位置精度的机械加工方法(工件的安装方法)有哪些?各有何特点?
2. 什么叫基准?试述设计基准、定位基准、工序基准的概念,并举例说明。
3. 如题图 3-1(a)所示零件,若按调整法加工,试结合工序图题图 3-1(b)、(c)分析下列问题:

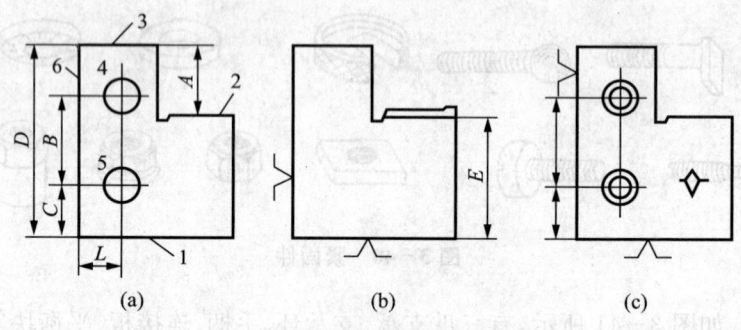

题图 3-1

(1) 加工平面 2 时的设计基准、定位基准、工序基准和测量基准;
(2) 镗孔 4 时的设计基准、定位基准、工序基准和测量基准。
4. 何谓机床夹具?夹具有哪些作用?
5. 机床夹具有哪几个组成部分?各起何作用?
6. 何谓"六点定位原理"?"不完全定位"和"欠定位"是否均不能采用?为什么?
7. 为什么说夹紧不等于定位?
8. 根据六点定位原理,试分析题图 3-2 所示各定位元件所消除的自由度。
9. 工件以平面定位时,常用哪些定位元件?

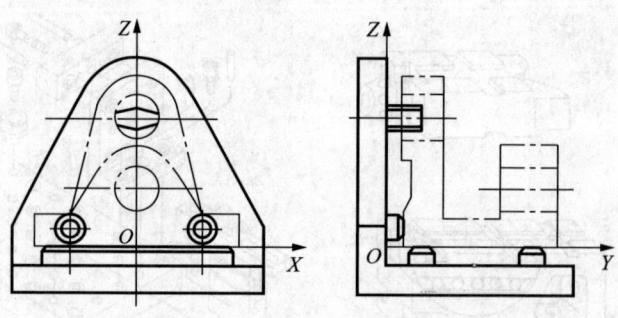

题图 3-2

4 数控机床的工艺规程设计

4.1 数控加工工艺的基本概念

4.1.1 数控加工工艺基本特点与加工工艺过程

数控加工工艺的基本特点无论是手工编程还是自动编程,在编程前都要对所加工的零件进行工艺分析,拟订加工方案,选择合适的刀具,确定切削用量。在编程中,对一些工艺问题(如对刀点、加工路线等)也需做一些处理。因此程序编制中的工艺分析是一项十分重要的工作。

在普通机床上加工零件时,是用工艺规程或工艺卡来规定每道工序的操作程序,操作者按工艺卡上规定的"程序"加工零件。而在数控机床上加工零件时,要把被加工的全部工艺过程、工艺参数和位移数据编制成程序,并以数字信息的形式记录在控制介质(如穿孔纸带、磁盘等)上,用它控制机床加工。由此可见,数控机床加工工艺与普通机床加工工艺在原则上基本相同,但数控加工的整个过程是自动进行的,因而使数控加工相应形成了下列特点。

(1) 数控加工工艺内容要求具体、详细

在用普通机床加工时,许多具体的工艺问题,如工艺中各工步的划分与安排、刀具的几何形状及尺寸、走刀路线、加工余量、切削用量等,在很大程度上都是由操作人员根据自己的实践经验自行考虑和决定的,一般无须工艺人员在设计工艺规程时进行过多的规定,零件的尺寸精度也可由试切保证。而在数控加工时,原在普通机床上可由操作工人灵活掌握并可通过适时调整来处理的上述工艺问题,不仅成为数控工艺设计时必须认真考虑的内容,而且编程人员必须事先设计和安排好并做出正确的选择编入加工过程中。数控工艺不仅包括详细描述的切削加工步骤,而且还包括工夹具型号、规格、切削用量和其他特殊要求的内容以及标有数控加工坐标位置的工序图等。在自动编程中更需要确定详细的各种工艺参数。

(2) 数控加工工艺要求更严密、精确

数控机床自适应性较差,它不能像普通机床加工时可以根据加工过程中出现的问题比较自由地进行人为调整。如在攻螺纹时,数控机床不知道孔中是否已挤满切屑,是否需要退刀清理一下切屑再继续进行,这些情况必须事先由工艺员精心考虑,否则可能会导致严重的后果。在普通机床加工零件时,通常是经过多次"试切"过程来满足零件的精度要求,而数控加工过程是严格按程序规定的尺寸进给的,因此要准确无误。在实际工作中,由于一个小数点或一个小事情的差错而酿成重大机床事故和质量事故的例子屡见不鲜。因此,数控加工工艺设计要求更加严密、精确。

1. 机械加工工艺过程

(1) 生产过程和工艺过程　在生产过程中,由原材料制成各种零件并装配成机器的全过程称为生产过程。其中包括原材料的运输、保管、生产准备、制造毛坯、切削加工、装配、检验及试车、油漆和包装等。而为保证工艺过程正常进行所需要的刀具、夹具制造、机床调整维修等则属于辅助过程。

工艺过程是指采用各种加工方法直接改变生产对象的形状、尺寸、表面质量、性质及相对位置等,使其成为成品或半成品的过程。如毛坯的制造(包括铸造工艺、锻压工艺、焊接工艺等)、机械加工、热处理和装配等。工艺过程是生产过程的核心组成部分。

机械加工工艺过程是指采用机械加工的方法按一定顺序直接改变毛坯的形状、尺寸及表面质量,使其成为合格零件的工艺过程。它是生产过程的重要内容。

(2) 机械加工工艺过程的组成 零件的机械加工工艺过程由许多工序组合而成,每个工序又可分为若干个安装、工位、工步和走刀。

① 工序 工序是机械加工工艺过程的基本单元,是指由一个或一组工人在同一台机床或同一个工作地,对一个或同时对几个工件所连续完成的那一部分工艺过程。工作地、工人、工件与连续作业构成了工序的四个要素,若其中任一要素发生变更,则构成了另一道工序。

一个工艺过程需要包括哪些工序,是由被加工零件的结构复杂程度、加工精度要求及生产类型所决定的。如图4-1所示的阶梯轴,因不同的生产批量,就有不同的工艺过程及工序,如表4-1与表4-2所列。

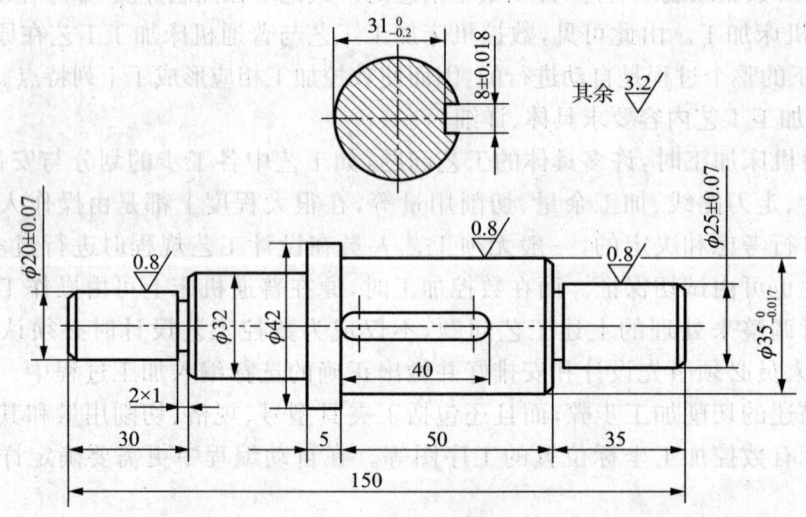

图 4-1 阶梯轴

表 4-1 单件生产阶梯轴的工艺过程

工序号	工序名称和内容	设备
1	车端面、打中心孔、车外圆、切退刀槽、倒角	车床
2	铣键槽	铣床
3	磨外圆	磨床
4	去毛刺	钳工台

表 4-2 大批量生产阶梯轴的工艺过程

工序号	工序名称和内容	设备
1	铣端面、打中心孔	铣钻联合机床
2	粗车外圆	车床
3	精车外圆、倒角、切退刀槽	车床
4	铣键槽	铣床
5	磨外圆	磨床
6	去毛刺	钳工台

② 安装 工件每经过一次装夹后所完成的那部分工序。在一道工序中,工件在加工位置上至少要装夹一次,但有的工件也可能会装夹几次。如表 4-2 中的第 2、3 及 5 工序,须调头经过两次安装才能完成其工序的全部内容。安装中应尽可能减少装夹次数,多一次装夹就多一次安装误差,又增加了装卸辅助时间。

③ 工位 工件在机床上占据每一个位置所完成的那部分工序。为减少装夹次数,常采用多工位夹具或多轴(多工位)机床,使工件在一次安装中先后经过若干个不同位置顺次进行加工。

④ 工步 工步是加工表面、切削刀具和切削用量(仅指主轴转速和进给量)都不变的情况下所完成的那一部分工艺过程。变化其中的一个就是另一个工步。

如图 4-2 所示车削阶梯轴 $\phi 85$ mm 外圆面为第一工步,车削 $\phi 65$ mm 外圆面为第二工步。这是因为加工的表面变了。有时为了提高生产率,把几个待加工表面用几把刀具同时加工,这也可看作一个工步,称为复合工步,如图 4-3 所示。

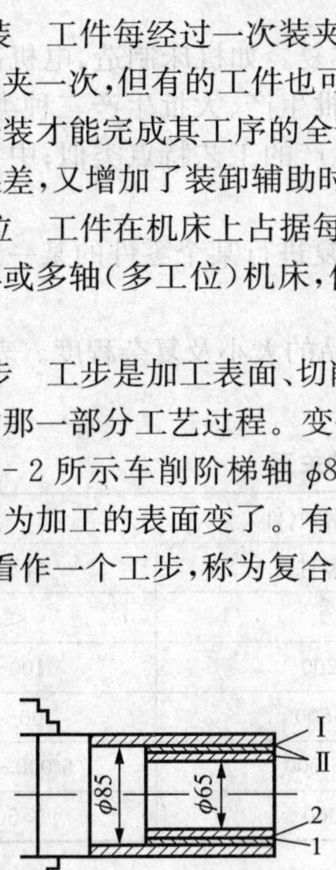

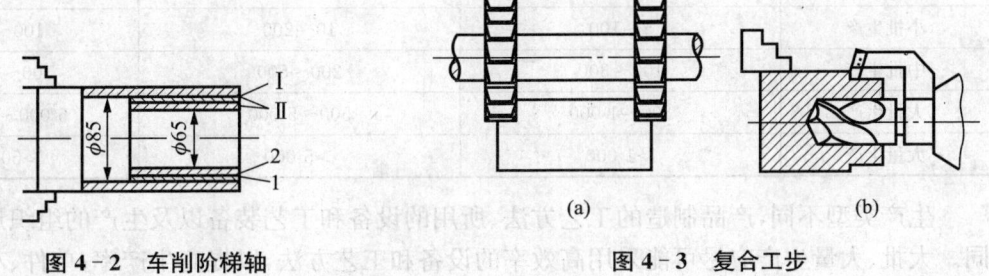

图 4-2 车削阶梯轴
Ⅰ—第一工步(在 $\phi 85$ mm);Ⅱ—第二工步(在 $\phi 65$ mm);
1—第二工步第一次走刀;2—第二工步第二次走刀

图 4-3 复合工步

⑤ 走刀 在一个工步中,如果要切掉的金属层很厚,可分几次切削,每切削一次就称为一次走刀。如图 4-2 所示车削阶梯轴的第二工步中,就包含了两次走刀。

2. 数控加工工艺规程

用工艺文件规定的机械加工工艺过程,称为机械加工工艺规程。机械加工工艺规程的详细程度与生产类型有关,不同的生产类型由产品的生产纲领及年产量来区别。

(1) 生产纲领 生产纲领是指企业在计划期内应当生产的产品产量和进度计划。

零件在计划期为一年的生产纲领 N 可按下式计算:

$$N = Qn(1+\alpha)(1+\beta)$$

式中 N——零件的年产量(件/年);

Q——产品的年产量(台/年);
n——每台产品中该零件的数量(件/台);
α、β——备品率(%)和废品率(%)。

当零件的生产纲领确定后,还要根据车间的情况按一定期限分批投产,每批投产的数量,称为生产批量。

(2) 生产类型　根据生产纲领的大小和产品品种的多少,机械制造企业的生产可分为单件生产、成批生产和大量生产三种生产类型。

① 单件生产　生产的产品种类繁多,每种产品的产量很少,而且很少重复生产。例如重型机械产品制造和新产品试制等都属于单件生产。

② 成批生产　分批生产相同的产品,生产呈周期性重复。如机床制造、电机制造等属于成批生产。成批生产又可按其批量大小分为小批生产、中批生产、大批生产三种类型。其中,小批生产和大批生产的工艺特点分别与单件生产和大量生产的工艺特点类似;中批生产的工艺特点介于小批生产和大批生产之间。

③ 大量生产　产量大、品种少,大多数工作长期地重复进行某个零件的某一道工序的加工。例如,汽车、拖拉机、轴承等的制造都属于大量生产。

生产类型的划分除了与生产纲领有关外,还应考虑产品的大小及复杂程度。表4-3所列为生产类型与生产纲领的关系,可供确定生产类型时参考。

表4-3　生产类型与生产纲领的关系

生产类型	零件的年生产纲领(件)		
	重型零件	中型零件	轻型零件
单件生产	<5	<10	<100
小批生产	5~100	10~200	100~500
中批生产	100~300	200~500	500~5 000
大批生产	300~1 000	500~5 000	5 000~50 000
大量生产	>1 000	>5 000	>50 000

生产类型不同,产品制造的工艺方法、所用的设备和工艺装备以及生产的组织形式等均不同。大批、大量生产应尽可能采用高效率的设备和工艺方法,以提高生产率;单件、小批生产应采用通用设备和工艺装备,也可采用先进的数控机床,以降低生产成本。各种生产类型的工艺特点可参考表4-4。

表4-4　各种生产类型的工艺特征

工艺特征	生产类型		
	单件、小量	中批	大批、大量
零件的互换性	用修配法,钳工修配,缺乏互换性	大部分具有互换性。装配精度要求高时,灵活应用分组装配法,同时还保留某些修配法	具有广泛的互换性。少数装配精度较高处,采用分组装配法和调整法
毛坯的制造方法与加工余量	木模手工制造或自由锻造。毛坯精度低,加工余量大	部分采用金属模铸造或模锻。毛坯精度和加工余量中等	广泛采用金属模机器造型、模锻或其他高效方法。毛坯精度高,加工余量小

续表

工艺特征	生产类型		
	单件小量	中批	大批大量
机床设备及其布置形式	通用机床。按机床类别采用机群式布置	部分通用机床和高效机床。按工件类别分工段排列设备	广泛采用高效专用机床及自动机床。按流水线和自动线排列设备
工艺工装	大多采用通用夹具、标准附件、通用刀具和万能量具。靠画线和试切法达到精度要求	广泛采用夹具,部分靠找正装夹,达到精度要求。较多采用专用刀具和量具	广泛采用专用高效夹具、复合刀具、专用量具或自动检验装置。靠调整法达到精度要求
对工人技术要求	需技术水平较高的工人	需一定技术水平的工人	对调整工的技术水平要求高,对操作工的技术水平要求较低
工艺文件	有工艺过程卡,关键工艺要工序卡	有工艺过程卡,关键零件要工序卡	有工艺过程卡和工序卡,关键工序要调整卡和检验卡
成本	较高	中等	较低

4.1.2 数控加工工艺内容和加工步骤

1. 数控加工工艺内容的选择

数控加工工艺内容的选择,对于一个需要加工的零件来说,并非全部的加工工艺过程都适合在数控机床上完成,往往只是其中的一部分工艺内容适合使用数控加工的方法来加工工艺零件。这就需要对零件图样进行仔细的工艺分析,选择那些最适合、最需要进行数控加工的内容和工序。在考虑选择内容时,应结合本企业设备的实际,立足于解决难题、攻克关键问题和提高生产效率,充分发挥数控加工的优势。

在选择时,一般可按下列顺序考虑:

(1) 通用机床无法加工的内容应作为优先选择内容;

(2) 通用机床难加工,质量也难以保证的内容应作为重点选择内容;

(3) 通用机床加工效率低、工人手工操作劳动强度大的内容,可在数控机床尚存在富裕加工能力时选择。

一般来说,上述这些加工内容采用数控加工后,在产品质量、生产效率与综合效益等方面都会得到明显提高。相比之下,下列一些内容不宜选择采用数控加工:

(1) 占机调整时间长。如以毛坯的粗基准定位加工第一个精基准,需用专用工装协调的内容;

(2) 加工部位分散,需要多次安装、设置原点。这时,采用数控加工很麻烦,效果不明显,可安排通用机床补加工;

(3) 按某些特定的制造依据(如样板等)加工的型面轮廓。主要原因是获取数据困难,易与检验依据发生矛盾,增加程序编制的难度。

此外,在选择和决定加工内容时,也要考虑生产批量、生产周期、工序间周转情况等。总之,要尽量做到合理,达到多、快、好、省的目的。要防止把数控机床降格为通用机床使用。

2. 选择并确定进行数控加工的步骤

图 4-4 是数控机床加工过程框图。从框图中可以看出在数控机床上加工零件所涉及的范围比较广,与相关的配套技术有密切的关系。合格的编程员首先应该是一个很好的工艺员,应熟练地掌握工艺分析、工艺设计和切削用量的选择,能正确地选择刀辅具并提出零件的装夹方案,了解数控机床的性能和特点,熟悉程序编制方法和程序的输入方式。一般来说数控加工的步骤包括如下内容:

(1) 对零件图纸进行数控加工的工艺分析;
(2) 对零件图纸的数学处理及编程尺寸值的确定;
(3) 数控加工工艺方案的设计;
(4) 机床类型、刀具、夹具的选择;
(5) 切削参数的确定;
(6) 程序的校验与修改;
(7) 首件试加工与现场问题处理;
(8) 数控加工工艺文件的定型与归档。

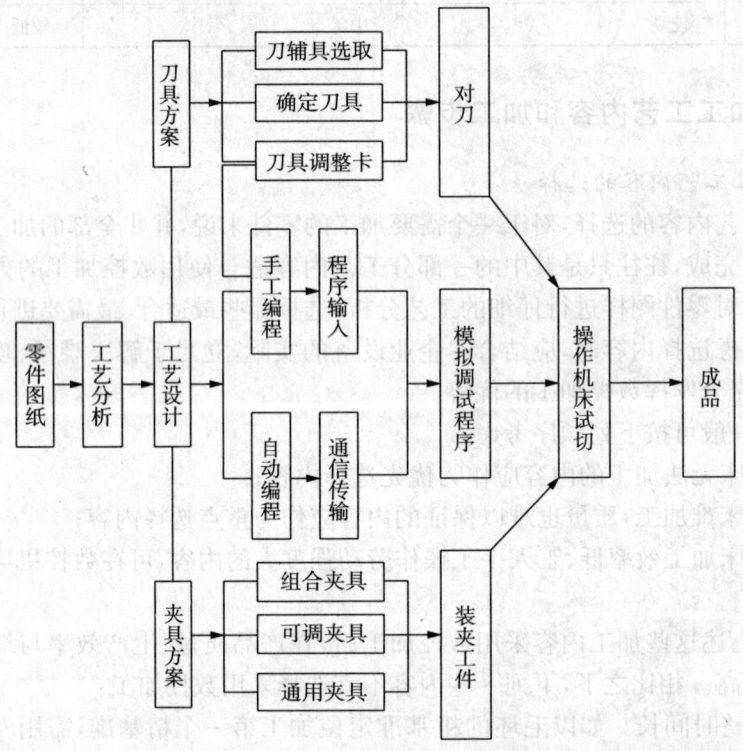

图 4-4 数控机床加工过程框图

4.2 机械加工工艺规程设计

4.2.1 零件图工艺性分析

在制订零件的机械加工工艺规程之前,对零件进行工艺性分析,以及对产品零件图提出修改意见,是制订工艺规程的一项重要工作。

1. 分析零件图

首先应熟悉零件在产品中的作用、位置、装配关系和工作条件,搞清楚各项技术要求对零件装配质量和使用性能的影响,找出主要的和关键的技术要求,然后对零件图样进行分析。

(1) 检查零件图的完整性和正确性

在了解零件形状和结构之后,应检查零件视图是否正确、足够,表达是否直观、清楚,绘制是否符合国家标准,尺寸、公差以及技术要求的标注是否齐全、合理等。

(2) 零件的技术要求分析

零件的技术要求包括下列几个方面:加工表面的尺寸精度,主要加工表面的形状精度,主要加工表面之间的相互位置精度,加工表面的粗糙度以及表面质量方面的其他要求,热处理要求,其他要求(如动平衡、未注圆角或倒角、去毛刺、毛坯要求等)。

要注意分析这些要求在保证使用性能的前提下是否经济合理,在现有生产条件下能否实现。特别要分析主要表面的技术要求,因为主要表面的加工确定了零件工艺过程的大致轮廓。

(3) 零件的材料分析

即分析所提供的毛坯材质本身的机械性能和热处理状态,毛坯的铸造品质和被加工部位的材料硬度,是否有白口、夹砂、疏松等。判断其加工的难易程度,为选择刀具材料和切削用量提供依据。所选的零件材料应经济合理,切削性能好,满足使用性能的要求。

(4) 合理的标注尺寸

① 零件图上的重要尺寸应直接标注,而且在加工时应尽量使工艺基准与设计基准重合,并符合尺寸链最短的原则。如图 4-5 中活塞环槽的尺寸为重要尺寸,其宽度应直接标注。

② 零件图上标注的尺寸应便于测量,不要从轴线、中心线、假想平面等难以测量的基准标注尺寸。如图 4-6 中轮毂键槽的深度,只有尺寸 c 的标注才便于用卡尺或样板测量。

③ 零件图上的尺寸不应标注成封闭式,以免产生矛盾。如图 4-7 所示,已标注了孔距尺寸 $a±\delta_a$ 和角度 $\alpha±\delta_\alpha$,则 X、Y 轴的坐标尺寸就不能随便标注。有时为了方便加工,可按尺寸链计算出来,并标注在圆括号内,作为加工时的参考尺寸。

④ 零件上非配合的自由尺寸,应按加工顺序尽量从工艺基准标注。如图 4-8 的齿轮轴,图 4-8(a) 的表示方法大部分尺寸要经过换算,且不能直接测量。而图 4-8(b) 的标注方式,与加工顺序一致,又便于加工测量。

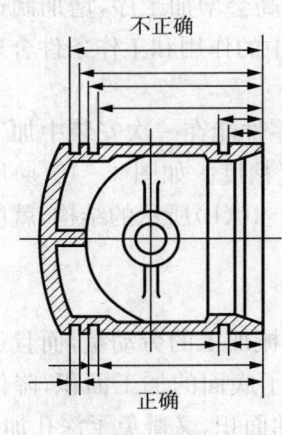
图 4-5 直接标注重要尺寸

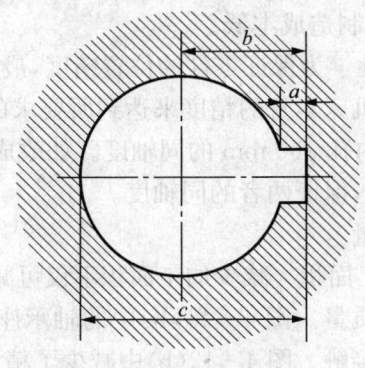
图 4-6 键槽深度的标注

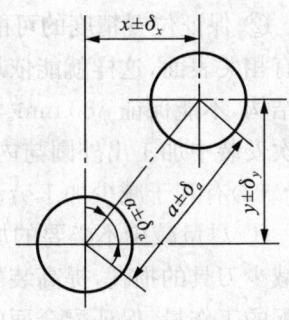
图 4-7 孔中心距的标注

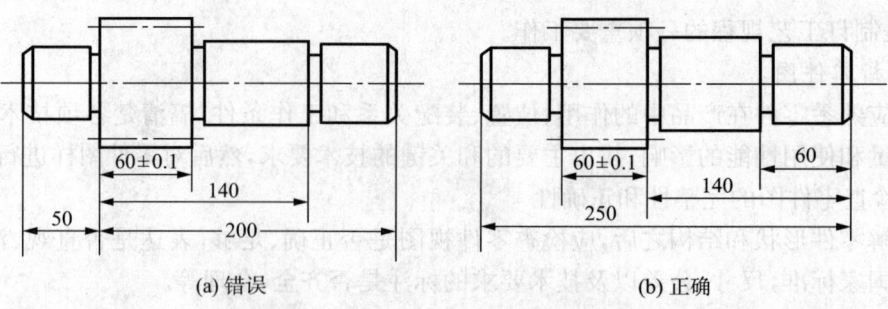

图 4-8 按加工顺序标注自由尺寸

⑤ 零件上各非加工表面的位置尺寸应直接标注,而非加工面与加工面之间只能有一个联系尺寸。如图 4-9 所示,图 4-9(a)中的标注不合理,只能保证一个尺寸符合图样要求,其余尺寸可能会超差。而图 4-9(b)中标注尺寸 A 在加工Ⅳ面时予以保证,其他非加工面的位置直接标注,在铸造时给以保证。

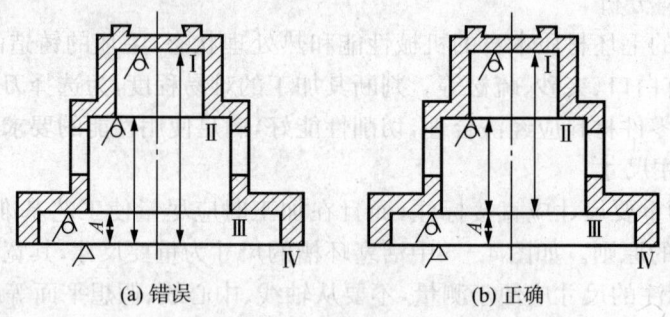

图 4-9 非加工面与加工面之间的尺寸标注

2. 零件的结构工艺性分析

零件的结构工艺性是指在满足使用性能的前提下,是否能以较高的生产率和最低的成本方便地加工出产品的特性。为了多快好省地把所设计的零件加工出来,就必须对零件的结构工艺性进行详细的分析。主要考虑如下几方面。

(1) 有利于达到所要求的加工质量

① 合理确定零件的加工精度与表面质量 加工精度若定得过高会增加工序,增加制造成本,定得过低会影响机器的使用性能,故必须根据零件在整个机器中的作用和工作条件合理地确定,尽可能使零件加工方便、制造成本低。

② 保证位置精度的可能性 为保证零件的位置精度,最好使零件能在一次安装中加工出所有相关表面,这样就能依靠机床本身的精度来达到所要求的位置精度。如图 4-10(a)所示的结构,不能保证 $\phi 80$ mm 与内孔 $\phi 60$ mm 的同轴度。如改成图 4-10(b)所示的结构,就能在一次安装中加工出外圆与内孔,保证两者的同轴度。

(2) 有利于减少加工劳动量

① 尽量减少不必要的加工面积 减少加工面积不仅可减少机械加工的劳动量,而且还可以减少刀具的损耗,提高装配质量。图 4-11(b)中的轴承座减少了底面的加工面积,降低了修配的工作量,保证配合面的接触。图 4-12(b)中减少了精加工的面积,又避免了深孔加工。

② 尽量避免或简化内表面的加工 因为外表面的加工要比内表面加工方便经济,又便于

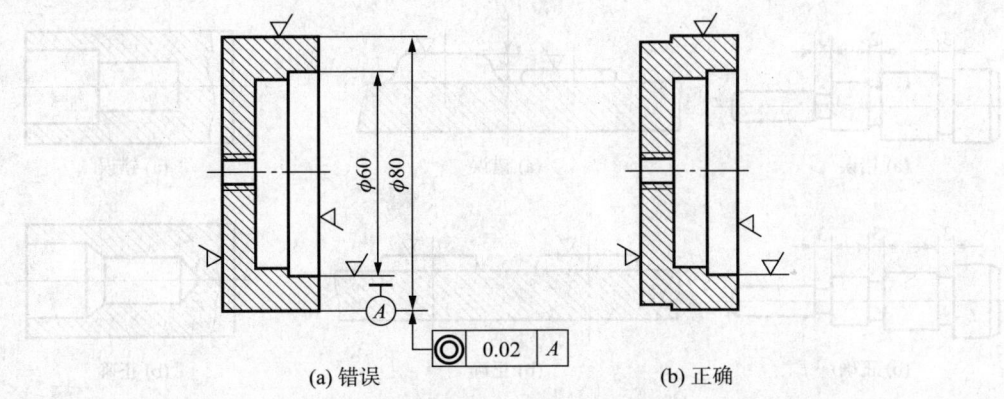

图 4-10 有利于保证位置精度的工艺结构

测量。因此,在零件设计时应力求避免在零件内腔进行加工。如图 4-13 所示箱体,将图 4-13(a)的结构改成图 4-13(b)所示的结构,这样不仅加工方便而且还有利于装配。再如图 4-14 所示,将图 4-14(a)中件 2 上的内沟槽 a 加工,改成图 4-14(b)中件 1 的外沟槽 a 加工,这样加工与测量就都很方便。

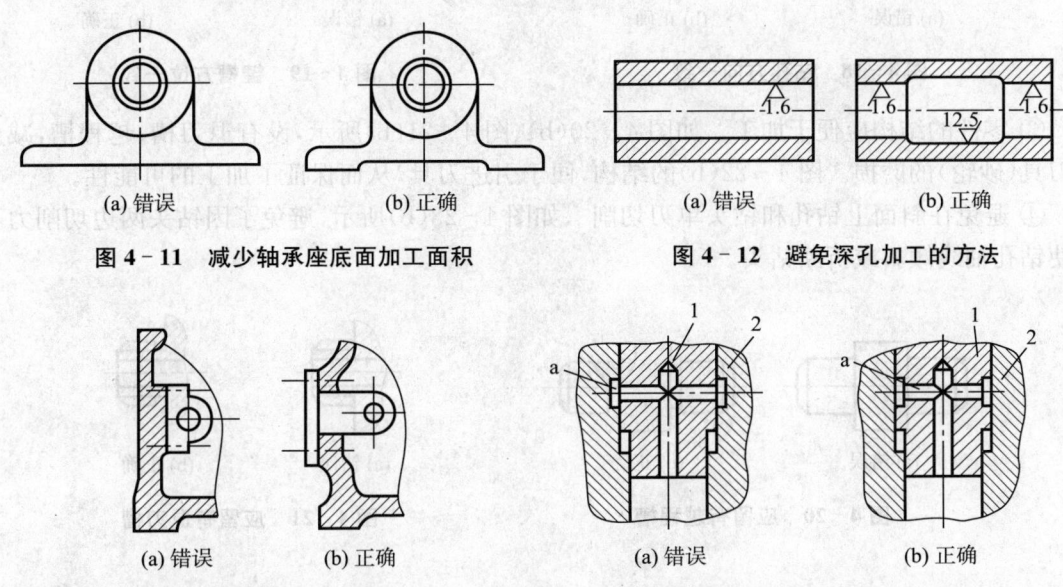

图 4-11 减少轴承座底面加工面积   图 4-12 避免深孔加工的方法

图 4-13 将内表面转化为外表面加工   图 4-14 将内沟槽转化为外沟槽加工

(3) 有利于提高劳动生产率

① 零件的有关尺寸应力求一致,并能用标准刀具加工 如图 4-15(b)中改为退刀槽尺寸一致,则减少了刀具的种类,节省了换刀时间。如图 4-16(b)采用凸台高度等高,则减少了加工过程中刀具的调整。如图 4-17(b)的结构,能采用标准钻头钻孔,从而方便了加工。

② 减少零件的安装次数 零件的加工表面应尽量分布在同一方向,或互相平行或互相垂直的表面上;次要表面应尽可能与主要表面分布在同一方向上,以便在加工主要表面时,同时将次要表面也加工出来;孔端的加工表面应为圆形凸台或沉孔,以便在加工孔的同时将凸台或沉孔全锪出来。如图 4-18(b)中的钻孔方向应一致;图 4-19(b)中键槽的方位应一致。

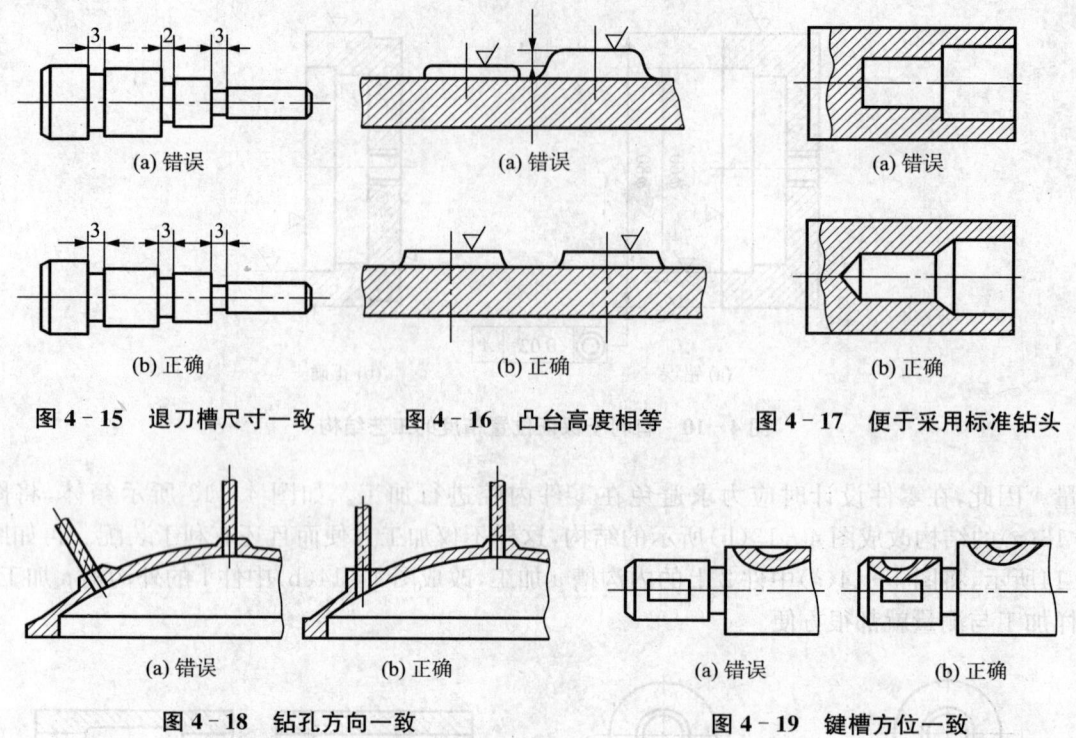

图 4-15 退刀槽尺寸一致　　图 4-16 凸台高度相等　　图 4-17 便于采用标准钻头

图 4-18 钻孔方向一致　　图 4-19 键槽方位一致

③ 零件的结构应便于加工　如图 4-20(b)、图 4-21(b)所示,设有退刀槽、越程槽,减少了刀具(砂轮)的磨损。图 4-22(b)的结构,便于引进刀具,从而保证了加工的可能性。

④ 避免在斜面上钻孔和钻头单刃切削　如图 4-23(b)所示,避免了因钻头两边切削力不等使钻孔轴线倾斜或折断钻头。

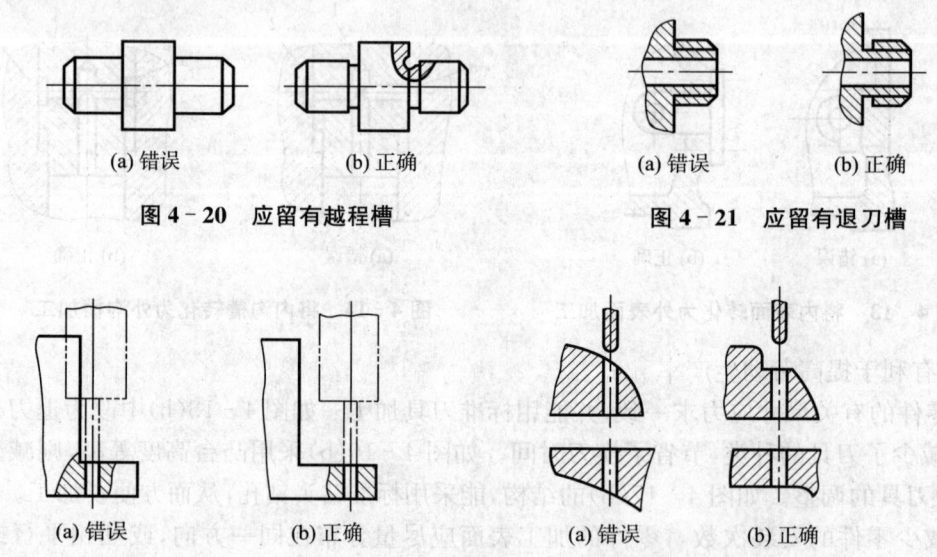

图 4-20 应留有越程槽　　　　　　图 4-21 应留有退刀槽

图 4-22 钻头应能接近加工表面　　图 4-23 避免在斜面上钻孔和钻头单刃切削

⑤ 便于多刀或多件加工　如图 4-24(b)所示,为适应多刀加工,阶梯轴各段长度应相似或成整数倍;直径尺寸应沿同一方向递增或递减,以便调整刀具。

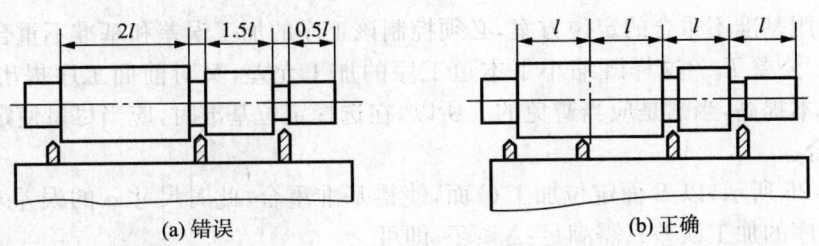

(a) 错误　　　　　　　　　　(b) 正确

图 4-24　便于多刀加工

4.2.2　定位基准的选择

在制订工艺规程时,定位基准选择得正确与否,对能否保证零件的尺寸精度和相互位置精度要求,以及对零件各表面间的加工顺序安排都有很大影响,当用夹具安装工件时,定位基准的选择还会影响到夹具结构的复杂程度。因此,定位基准的选择是一个很重要的工艺问题。

选择定位基准时,是从保证工件加工精度要求出发的,因此,定位基准的选择应先选择精基准,再选择粗基准。

1. 精基准的选择原则

选择精基准时,主要应考虑保证加工精度和工件安装方便可靠。其选择原则如下:

(1) 基准重合原则

即选用设计基准作为定位基准,以避免定位基准与设计基准不重合而引起的基准不重合误差。

图 4-25 所示的零件,设计尺寸为 a 和 c,设顶面 B 和底面 A 已加工好(即尺寸 a 已经保证),现在用调整法铣削一批零件的 C 面。为保证设计尺寸 c,以 A 面定位,则定位基准 A 与设计基准 B 不重合,见图 4-25(b)。由于铣刀是相对于夹具定位面(或机床工作台面)调整的,对于一批零件来说,刀具调整好后位置不再变动。加工后尺寸 c 的大小除受本工序加工误差(Δ_j)的影响外,还与上道工序的加工误差(T_a)有关。这一误差是由于所选的定位基准与设计基准不重合而产生的,这种定位误差称为基准不重合误差。它的大小等于设计(工序)基准与定位基准之间的联系尺寸 a(定位尺寸)的公差 T_a。

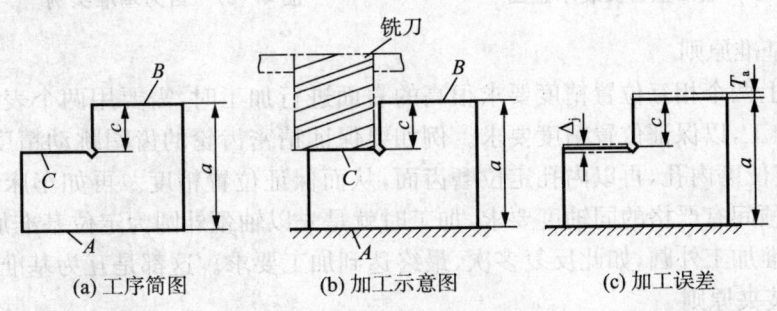

(a) 工序简图　　　　(b) 加工示意图　　　　(c) 加工误差

图 4-25　基准不重合误差示例

从图 4-25(c)中可看出,欲加工尺寸 c 的误差包括 Δ_j 和 T_a,为了保证尺寸 c 的精度,应使:

$$\Delta_j + T_a \leqslant T_c$$

显然，采用基准不重合的定位方案，必须控制该工序的加工误差和基准不重合误差的总和不超过尺寸 c 公差 T_c。这样既缩小了本道工序的加工允差，又对前面工序提出了较高的要求，使加工成本提高，当然是应当避免的。所以，在选择定位基准时，应当尽量使定位基准与设计基准相重合。

如图 4-26 所示，以 B 面定位加工 C 面，使得基准重合，此时尺寸 a 的误差对加工尺寸 c 无影响，本工序的加工误差只需满足：$\Delta_j \leqslant T_c$ 即可。

显然，这种基准重合的情况能使本工序允许出现的误差加大，使加工更容易达到精度要求，经济性更好。但是，这样往往会使夹具结构复杂，增加操作的困难。而为了保证加工精度，有时不得不采取这种方案。

(2) 基准统一原则

应采用同一组基准定位加工零件上尽可能多的表面，这就是基准统一原则。这样做可以简化工艺规程的制订工作，减少夹具设计、制造工作量和成本，缩短生产准备周期；由于减少了基准转换，便于保证各加工表面的相互位置精度。例如加工轴类零件时，采用两中心孔定位加工各外圆表面，就符合基准统一原则。箱体零件采用一面两孔定位，齿轮的齿坯和齿形加工多采用齿轮的内孔及一端面为定位基准，均属于基准统一原则。

(3) 自为基准原则

某些要求加工余量小而均匀的精加工工序，选择加工表面本身作为定位基准，称为自为基准原则。如图 4-27 所示，磨削车床导轨面，用可调支承支承床身零件，在导轨磨床上，用百分表找正导轨面相对机床运动方向的正确位置，然后加工导轨面以保证其余量均匀，满足对导轨面的质量要求。还有浮动镗刀镗孔、珩磨孔、拉孔、无心磨外圆等也都是自为基准的实例。

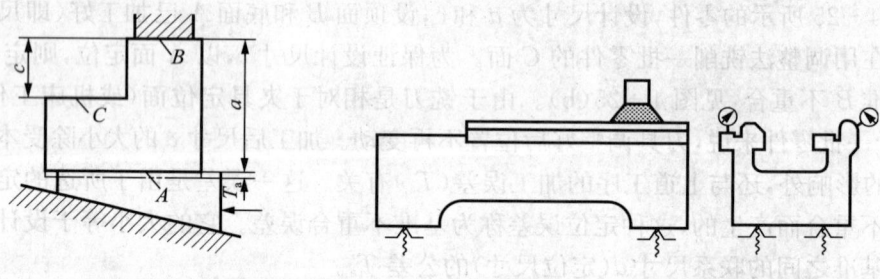

图 4-26 基准重合安装示意图　　图 4-27 自为基准实例

(4) 互为基准原则

当对工件上两个相互位置精度要求很高的表面进行加工时，需要用两个表面互相作为基准，反复进行加工，以保证位置精度要求。例如要保证精密齿轮的齿圈跳动精度，在齿面淬硬后，先以齿面定位磨内孔，再以内孔定位磨齿面，从而保证位置精度。再如车床主轴的前锥孔与主轴支承轴颈间有严格的同轴度要求，加工时就是先以轴颈外圆为定位基准加工锥孔，再以锥孔为定位基准加工外圆，如此反复多次，最终达到加工要求。这都是互为基准的典型实例。

(5) 便于装夹原则

所选精基准应保证工件安装可靠，夹具设计简单、操作方便。

2. 粗基准选择原则

选择粗基准时，主要要求保证各加工面有足够的余量，使加工面与不加工面间的位置符合图样要求，并特别注意要尽快获得精基准。具体选择时应考虑下列原则：

(1) 选择重要表面为粗基准　为保证工件上重要表面的加工余量小而均匀，则应选择该表面为粗基准。所谓重要表面一般是工件上加工精度以及表面质量要求较高的表面,如床身的导轨面、车床主轴箱的主轴孔,都是各自的重要表面。因此,加工床身和主轴箱时,应以导轨面或主轴孔为粗基准。如图4-28所示。

（2）选择不加工表面为粗基准　为了保证加工面与不加工面间的位置要求,一般应选择不加工面为粗基准。如果工件上有多个不加工面,则应选其中与加工面位置要求较高的不加工面为粗基准,以便保证精度要求,使外形对称等。

如图4-29所示的工件,毛坯孔与外圆之间偏心较大,应当选择不加工的外圆为粗基准,将工件装夹在三爪自定心卡盘中,把毛坯的同轴度误差在镗孔时切除,从而保证其壁厚均匀。

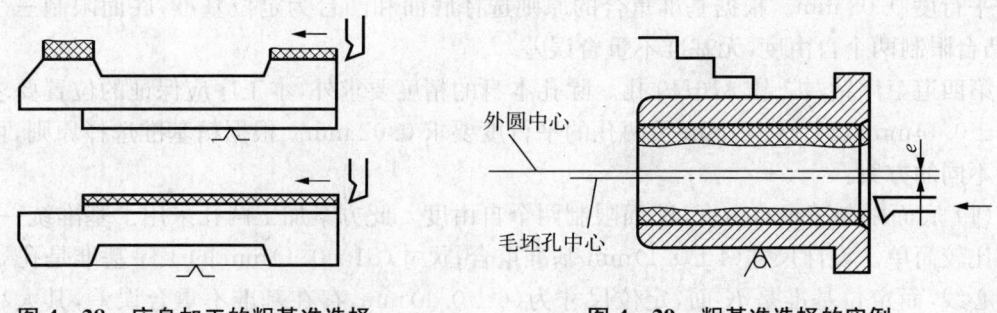

图4-28　床身加工的粗基准选择　　　图4-29　粗基准选择的实例

（3）选择加工余量最小的表面为粗基准　在没有要求保证重要表面加工余量均匀的情况下,如果零件上每个表面都要加工,则应选择其中加工余量最小的表面为粗基准,以避免该表面在加工时因余量不足而留下部分毛坯面,造成工件废品。

（4）选择较为平整光洁、加工面积较大的表面为粗基准　以便工件定位可靠、夹紧方便。

（5）粗基准在同一尺寸方向上只能使用一次　因为粗基准本身都是未经机械加工的毛坯面,其表面粗糙且精度低,若重复使用将产生较大的误差。

实际上,无论精基准还是粗基准的选择,上述原则都不可能同时满足,有时还是互相矛盾的。因此,在选择时应根据具体情况进行分析,权衡利弊,保证其主要的要求。

3. 定位基准选择示例

图4-30所示为车床进刀轴架零件,若已知其工艺过程为:

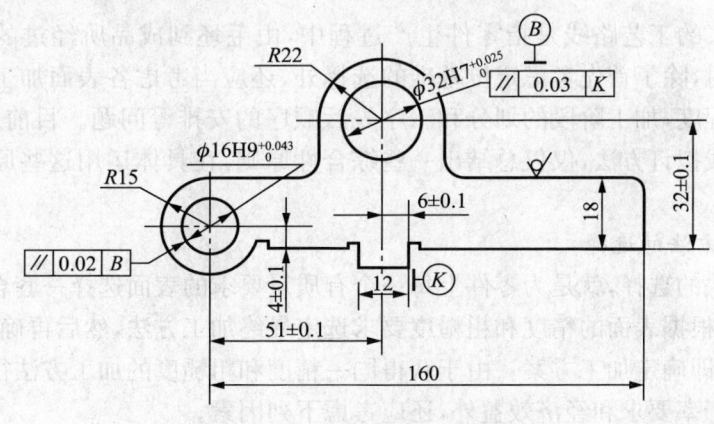

图4-30　车床进刀轴架

（1）画线;
（2）粗精刨底面和凸台;

(3) 粗精镗 ϕ32H7 孔；

(4) 钻、扩、铰 ϕ16H9 孔。

试选择各工序的定位基准并确定各限制几个自由度。

解：第一道工序画线。当毛坯误差较大时，采用画线的方法能同时兼顾到几个不加工面对加工面的位置要求。选择不加工面 R22 mm 外圆和 R15 mm 外圆为粗基准，同时兼顾不加工的上平面与底面距离 18 mm 的要求，画出底面和凸台的加工线。

第二道工序按画线找正，刨底面和凸台。

第三道工序粗精镗 ϕ32H7 孔。加工要求为尺寸(32±0.1)mm、(6±0.1)mm 及凸台侧面 K 的平行度 0.03 mm。根据基准重合的原则选择底面和凸台为定位基准，底面限制三个自由度，凸台限制两个自由度，无基准不重合误差。

第四道工序钻、扩、铰 ϕ16H9 孔。除孔本身的精度要求外，本工序应保证的位置要求为尺寸(4±0.1)mm、(51±0.1)mm 及两孔的平行度要求 0.02 mm。根据精基准选择原则，可以有三种不同的方案：

(1) 底面限制三个自由度，K 面限制两个自由度　此方案加工两孔采用了基准统一原则。夹具比较简单。设计尺寸(4±0.1)mm 基准重合；尺寸(51±0.1)mm 的工序基准是孔 ϕ32H7 的中心线，而定位基准是 K 面，定位尺寸为(6±0.1)mm，存在基准不重合误差，其大小等于 0.2 mm；两孔平行度 0.02 mm 也有基准不重合误差，其大小等于 0.03 mm。可见，此方案基准不重合误差已经超过了允许的范围，不可行。

(2) ϕ32H7 孔限制四个自由度，底面限制一个自由度　此方案对尺寸(4±0.1)mm 有基准不重合误差，且定位销细长，刚性较差，所以也不好。

(3) 底面限制三个自由度，ϕ32H7 孔限制两个自由度　此方案可将工件套在一个长的菱形销上来实现，对于三个设计要求均为基准重合，唯 ϕ32H7 孔对于底面的平行度误差将会影响两孔在垂直平面内的平行度，应当在镗 ϕ32H7 孔时加以限制。

综上所述，第三方案基准基本上重合，夹具结构也不太复杂，装夹方便，故应采用。

4.2.3 加工工艺路线的制订

零件机械加工的工艺路线是指零件生产过程中，由毛坯到成品所经过的工序先后顺序。在拟订工艺路线时，除了首先考虑定位基准的选择外，还应当考虑各表面加工方法的选择，工序集中与分散的程度，加工阶段的划分和工序先后顺序的安排等问题。目前还没有一套通用而完整的工艺路线拟订方法，仅仅总结出一些综合性原则，在具体运用这些原则时，要根据具体条件综合分析。

1. 表面加工方法的选择

表面加工方法的选择，就是为零件上每一个有质量要求的表面选择一套合理的加工方法。在选择时，一般先根据表面的精度和粗糙度要求选定最终加工方法，然后再确定精加工前准备工序的加工方法，即确定加工方案。由于获得同一精度和粗糙度的加工方法往往有几种，在选择时除了考虑生产率要求和经济效益外，还应考虑下列因素。

(1) 工件材料的性质

例如，淬硬钢零件的精加工要用磨削的方法；有色金属零件的精加工应采用精细车或精细镗等加工方法，而不应采用磨削。

(2) 工件的结构和尺寸

例如,对于IT7级精度的孔采用拉削、铰削、镗削和磨削等加工方法都可。但是箱体上的孔一般不用拉或磨,而常常采用铰孔和镗孔,直径大于60 mm的孔不宜采用钻、扩、铰。

(3) 生产类型

选择加工方法要与生产类型相适应。大批、大量生产应选用生产率高和质量稳定的加工方法。例如,平面和孔采用拉削加工。单件、小批生产则采用刨削、铣削平面和钻、扩、铰孔。又如为保证质量可靠和稳定,保证较高的成品率,在大批、大量生产中采用珩磨和超精加工工艺加工较精密零件。

(4) 具体生产条件

应充分利用现有设备和工艺手段,不断引进新技术,对老设备进行技术改造,挖掘企业潜力,提高工艺水平。表4-5～表4-8分别列出了外圆、内孔和平面的加工方案及经济精度,供选择加工方案时参考。

表4-5 外圆表面加工方案

序号	加工方案	经济精度	表面粗糙度 $R_a/\mu m$	适用范围
1	粗车	IT11以下	50～12.5	适用于淬火钢以外的各种金属
2	粗车—半精车	IT8～10	6.3～3.2	
3	粗车—半精车—精车	IT7～8	1.6～0.8	
4	粗车—半精车—精车—滚压(或抛光)	IT7～8	0.2～0.025	
5	粗车—半精车—磨削	IT7～8	0.8～0.4	主要用于淬火钢,也可用于未淬火钢,但不宜加工有色金属
6	粗车—半精车—粗磨—精磨	IT6～7	0.4～0.1	
7	粗车—半精车—粗磨—精磨—超精加工	IT5	0.1～R_z0.1	
8	粗车—半精车—精车—金刚石车	IT6～7	0.4～0.025	主要用于要求较高的有色金属加工
9	粗车—半精车—粗磨—精磨—超精磨或镜面磨	IT5以上	0.025～R_z0.05	极高精度的外圆加工
10	粗车—半精车—粗磨—精磨—研磨	IT5以上	0.1～R_z0.05	

表4-6 内孔表面加工方案

序号	加工方案	经济精度	表面粗糙度 $R_a/\mu m$	适用范围
1	钻	IT11～12	12.5	加工未淬火钢及铸铁的实心毛坯,也可用于加工有色金属(但表面粗糙度稍大,孔径小于15～20 mm)
2	钻—铰	IT9	3.2～1.6	
3	钻—铰—精铰	IT7～8	1.6～0.8	
4	钻—扩	IT10～11	12.5～6.3	同上,但孔径大于15～20 mm
5	钻—扩—铰	IT8～9	3.2～1.6	
6	钻—扩—粗铰—精铰	IT7	1.6～0.8	
7	钻—扩—机铰—手铰	IT6～7	0.4～0.1	
8	钻—扩—拉	IT7～9	1.6～0.1	大批、大量生产(精度由拉刀的精度而定)

续表

序号	加工方案	经济精度	表面粗糙度 $R_a/\mu m$	适用范围
9	粗镗(或扩孔)	IT11~12	12.5~6.3	除淬火钢外各种材料,毛坯有铸出孔或锻出孔
10	粗镗(粗扩)—半精镗(精扩)	IT8~9	3.2~1.6	
11	粗镗(扩)—半精镗(精扩)—精镗(铰)	IT7~8	1.6~0.8	
12	粗镗(扩)—半精镗(精扩)—精镗—浮动镗刀精镗	IT6~7	0.8~0.4	
13	粗镗(扩)—半精镗—磨孔	IT7~8	0.8~0.2	主要用于淬火钢,也可用于未淬火钢,但不宜用于有色金属
14	粗镗(扩)—半精镗—粗磨—精磨	IT6~7	0.2~0.1	
15	粗镗—半精镗—精镗—金钢镗	IT6~7	0.4~0.05	主要用于精度要求高的有色金属加工
16	钻—(扩)—粗铰—精铰—珩磨; 钻—(扩)—拉—珩磨; 粗镗—半精镗—精镗—珩磨	IT6~7	0.2~0.025	精度要求很高的孔
17	以研磨代替上述方案中的珩磨	IT6 以上		

表 4-7 平面加工方案

序号	加工方案	经济精度	表面粗糙度 $R_a/\mu m$	适用范围
1	粗车—半精车	IT9	6.3~3.2	端面
2	粗车—半精车—精车	IT7~8	1.6~0.8	
3	粗车—半精车—磨削	IT8~9	0.8~0.2	
4	粗刨(或粗铣)—精刨(或精铣)	IT8~9	6.3~1.6	一般不淬硬平面(端铣表面粗糙度较细)
5	粗刨(或粗铣)—精刨(或精铣)—刮研	IT6~7	0.8~0.1	精度要求较高的不淬硬平面;批量较大时宜采用宽刃精刨方案
6	以宽刃刨削代替上述方案刮研	IT7	0.8~0.2	
7	粗刨(或粗铣)—精刨(或精铣)—磨削	IT7		精度要求高的淬硬平面或不淬硬平面
8	粗刨(或粗铣)—精刨(或精铣)—粗磨—精磨	IT6~7	0.4~0.02	
9	粗铣—拉	IT7~9	0.8~0.2	大量生产,较小的平面(精度视拉刀精度而定)
10	粗铣—精铣—磨削—研磨	IT6 级以上	0.1~R_z0.05	高精度平面

表 4-8 各种加工方法的经济精度和表面粗糙度(中批生产)

被加工表面	加工方法	经济精度	表面粗糙度 $R_a/\mu m$
外圆和端面	粗车	IT11~13	50~12.5
	半精车	IT8~11	6.3~3.2
	精车	IT7~9	3.2~1.6
	粗磨	IT8~11	3.2~0.8
	精磨	IT6~8	0.8~0.2
	研磨	IT5	0.2~0.012
	超精加工	IT5	0.2~0.012
	精细车(金刚车)	IT5~6	0.8~0.05

续表

被加工表面	加工方法	经济精度	表面粗糙度 $R_a/\mu m$
孔	钻孔	IT11～13	50～6.3
	铸锻孔的粗扩(镗)	IT11～13	50～12.5
	精扩	IT9～11	6.3～3.2
	粗铰	IT8～9	6.3～1.6
	精铰	IT6～7	3.2～0.8
	半精镗	IT9～11	6.3～3.2
	精镗(浮动镗)	IT7～9	3.2～0.8
	精细镗(金刚镗)	IT6～7	0.8～0.1
	粗磨	IT9～11	6.3～3.2
	精磨	IT7～9	1.6～0.4
	研磨	IT6	0.2～0.012
	珩磨	IT6～7	0.4～0.1
	拉孔	IT7～9	1.6～0.8
平面	粗刨、粗铣	IT11～13	50～12.5
	半精刨、半精铣	IT8～11	6.3～3.2
	精刨、精铣	IT6～8	3.2～0.8
	拉削	IT7～8	1.6～0.8
	粗磨	IT8～11	6.3～1.6
	精磨	IT6～8	0.8～0.2
	研磨	IT5～6	0.2～0.012

2. 加工阶段的划分

对于那些加工质量要求较高或较复杂的零件,通常将整个工艺路线划分为以下几个阶段:

(1) 粗加工阶段——主要任务是切除各表面上的大部分余量,其关键问题是提高生产率。

(2) 半精加工阶段——完成次要表面的加工,并为主要表面的精加工做准备。

(3) 精加工阶段——保证各主要表面达到图样要求,其主要问题是如何保证加工质量。

(4) 光整加工阶段——对于表面粗糙度要求和尺寸精度要求很高的表面,还需要进行光整加工。这个阶段的主要目的是提高表面质量,一般不能用于提高形状精度和位置精度。常用的加工方法有金刚车(镗)、研磨、珩磨、超精加工、镜面磨、抛光及无屑加工等。

划分加工阶段的原因:

(1) 保证加工质量 粗加工时,由于加工余量大,所受的切削力、夹紧力也大,将引起较大的变形,如果不划分阶段连续进行粗、精加工,上述变形来不及恢复,将影响加工精度。所以,需要划分加工阶段,使粗加工产生的误差和变形,通过半精加工和精加工予以纠正,并逐步提高零件的精度和表面质量。

(2) 合理使用设备 粗加工要求采用刚性好、效率高而精度较低的机床,精加工则要求机床精度高。划分加工阶段后,可避免以精干粗,可以充分发挥机床的性能,延长使用寿命。

(3) 便于安排热处理工序,使冷热加工工序配合得更好 粗加工后,一般要安排去应力的时效处理,以消除内应力。精加工前要安排淬火等最终热处理,其变形可以通过精加工予以消除。

(4) 有利于及早发现毛坯的缺陷(如铸件的砂眼气孔等) 粗加工时去除了加工表面的大部分余量,若发现了毛坯缺陷,及时予以报废,以免继续加工造成工时的浪费。

应当指出:加工阶段的划分不是绝对的,必须根据工件的加工精度要求和工件的刚性来决定。一般说来,工件精度要求越高、刚性越差,划分阶段应越细;当工件批量小、精度要求不太高、工件刚性较好时也可以不分或少分阶段；重型零件由于输送及装夹困难，一般在一次装夹下完成粗、精加工，为了弥补不分阶段带来的弊端，常常在粗加工工步后松开工件，然后以较小的夹紧力重新夹紧，再继续进行精加工工步。

3．加工顺序的安排

(1) 切削加工顺序的安排

① 先粗后精　先安排粗加工，中间安排半精加工，最后安排精加工和光整加工。

② 先主后次　先安排零件的装配基面和工作表面等主要表面的加工，后安排如键槽、紧固用的光孔和螺纹孔等次要表面的加工。由于次要表面加工工作量小，又常与主要表面有位置精度要求，所以一般放在主要表面的半精加工之后，精加工之前进行。

③ 先面后孔　对于箱体、支架、连杆、底座等零件，先加工用作定位的平面和孔的端面，然后再加工孔。这样可使工件定位夹紧稳定可靠，利于保证孔与平面的位置精度，减小刀具的磨损，同时也给孔加工带来方便。

④ 基面先行　用作精基准的表面，要首先加工出来。所以，第一道工序一般是进行定位面的粗加工和半精加工(有时包括精加工)，然后再以精基面定位加工其他表面。例如，轴类零件顶尖孔的加工。

(2) 热处理工序的安排

热处理可以提高材料的力学性能，改善金属的切削性能以及消除残余应力。在制订工艺路线时，应根据零件的技术要求和材料的性质，合理地安排热处理工序。

① 退火与正火　退火或正火的目的是为了消除组织的不均匀，细化晶粒，改善金属的加工性能。对高碳钢零件用退火降低其硬度，对低碳钢零件用正火提高其硬度，以获得适中的较好的可切削性，同时能消除毛坯制造中的应力。退火与正火一般安排在机械加工之前进行。

② 时效处理　以消除内应力、减少工件变形为目的。为了消除残余应力，在工艺过程中需安排时效处理。对于一般铸件，常在粗加工前或粗加工后安排一次时效处理；对于要求较高的零件，在半精加工后尚需再安排一次时效处理；对于一些刚性较差、精度要求特别高的重要零件(如精密丝杠、主轴等)，常常在每个加工阶段之间都安排一次时效处理。

③ 调质　对零件淬火后再高温回火，能消除内应力、改善加工性能并能获得较好的综合力学性能。调质一般安排在粗加工之后进行。对一些性能要求不高的零件，调质也常作为最终热处理。

④ 淬火、渗碳淬火和渗氮　它们的主要目的是提高零件的硬度和耐磨性，常安排在精加工(磨削)之前进行，其中渗氮由于热处理温度较低，零件变形很小，也可以安排在精加工之后。

(3) 辅助工序的安排

检验工序是主要的辅助工序，除每道工序由操作者自行检验外，在粗加工之后，精加工之前，零件转换车间时，以及重要工序之后和全部加工完毕、进库之前，一般都要安排检验工序。

除检验外，其他辅助工序有：表面强化和去毛刺、倒棱、清洗、防锈等。正确地安排辅助工序是十分重要的。如果安排不当或遗漏，将会给后续工序和装配带来困难，甚至影响产品的质量，所以必须给予重视。

4．工序的集中与分散

经过以上所述，零件加工的工步顺序已经排定，如何将这些工步组成工序，就需要考虑采用工序集中还是工序分散的原则。

(1) 工序集中　就是将零件的加工集中在少数几道工序中完成，每道工序加工内容多，工艺路线短。其主要特点是：
① 可以采用高效机床和工艺装备，生产率高；
② 减少了设备数量以及操作工人人数和占地面积，节省人力、物力；
③ 减少了工件安装次数，利于保证表面间的位置精度；
④ 采用的工装设备结构复杂，调整维修较困难，生产准备工作量大。

(2) 工序分散　工序分散就是将零件的加工分散到很多道工序内完成，每道工序加工的内容少，工艺路线很长。其主要特点是：
① 设备和工艺装备比较简单，便于调整，容易适应产品的变换；
② 对工人的技术要求较低；
③ 可以采用最合理的切削用量，减少机动时间；
④ 所需设备和工艺装备的数目多，操作工人多，占地面积大。

在拟订工艺路线时，工序集中或分散的程度，主要取决于生产规模、零件的结构特点和技术要求，有时，还要考虑各工序生产节拍的一致性。一般情况下，单件、小批生产时，只能工序集中，在一台普通机床上加工出尽量多的表面；大批、大量生产时，既可以采用多刀、多轴等高效、自动机床，将工序集中，也可以将工序分散后组织流水生产。批量生产应尽可能采用效率较高的半自动机床，使工序适当集中，从而有效地提高生产率。

对于重型零件，为了减少工件装卸和运输的劳动量，工序应适当集中；对于刚性差且精度高的精密工件，则工序应适当分散。

据统计，在我国的机械产品中，属于中小批量生产性质的企业已超过了企业总数的90%，单件中小批量生产方式占绝对优势。随着数控技术的普及，多品种中小批量生产中，越来越多地使用加工中心机床，从发展趋势来看，倾向于采用工序集中的方法来组织生产。

4.3　数控机床的程序编制

4.3.1　程序编制的基本知识

加工程序编制，就是将零件的工艺过程、工艺参数（主运动和进给运动速度、切削深度等）、工件与刀具相对运动轨迹的尺寸数据及其他辅助动作（换刀、冷却、工件的松夹等），按运动顺序和所用数控系统规定的指令代码及程序格式编成加工程序单，再将程序单中的全部内容记录在控制介质（如穿孔纸带、磁带、磁盘等）上，然后输送给数控装置，从而指挥数控设备运动。这种从零件图纸到编制零件加工程序和制作控制介质的全部过程，称为数控加工的程序编制。

4.3.2　程序编制的内容和步骤

数控加工编程的一般步骤如图4-31所示。

1. 工艺处理

数控编程的首要任务是全面细致地分析零件图样。根据零件图样的技术要求，明确加工内容及技术要求，并在此基础上确定零件的加工方式和加工路线。

在分析零件图样的基础上，考虑工件的装夹、对刀点选择、加工工序划分、确定切削用量及刀具,确定工艺参数(主轴转速、进给速度、换刀及冷却润滑等)。

2. 数学处理

完成工艺处理后,即可进行数学处理。根据零件的几何尺寸、加工路线和所设定的坐标系来计算刀具运动轨迹的坐标值,以获得刀位的数据。诸如几何元素的起点、终点、圆弧的圆心、几何元素的交点或切点等坐标尺寸,有时还包括由这些数据转化而来的刀具中心轨迹的坐标尺寸,并按脉冲当量(或最小设定单位)转换成相应的数字量,以这些坐标值作为编程的尺寸。

3. 编写零件加工程序单及初步校验

根据所确定的各项工艺内容和计算出的运动轨迹的坐标值,再考虑某些辅助工艺处理,按照数控系统规定使用的程序指令和程序格式,逐段编写零件加工程序单,并需校核,检查前两个步骤中的错误。

将程序单上的内容记录在控制介质上,作为数控装置的输入信息(若程序较简单,也可直接将其通过键盘输入)。所制备的控制介质必须经过进一步的校验才能用于正式加工。在具有图形显示的机床上可以用图形的静态

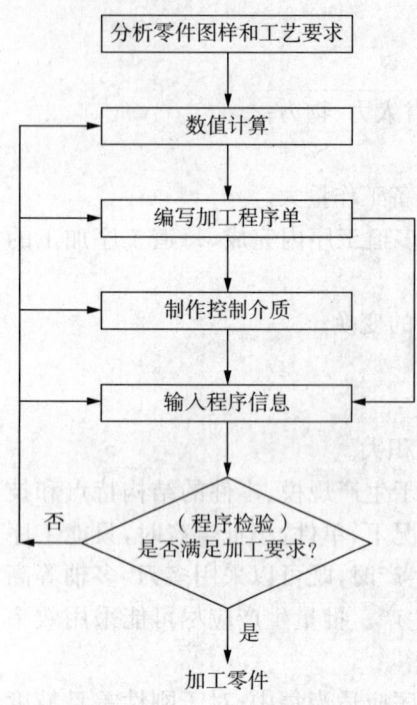

图 4-31 数控加工编程的一般步骤

显示(在机床闭锁的状态下形成的运动轨迹)或动态显示(模拟刀具和工件的加工过程)来检验其正确性,很方便。但这种方法只能检查运动轨迹的正确性,无法检查工件的加工误差。采用首件试切削方法不仅可查出程序单和控制介质是否有误,还可知道加工精度是否符合要求。常用的方法是,将控制介质上的内容输入数控装置进行机床的空运转检查。对平面轮廓零件,可以在机床上用笔代替刀具,坐标纸代替工件进行运行绘图;对空间曲面零件,可用木料或塑料工件进行试切削,以此完成校验工作。

经校验,若发现程序中有错误,则应回到工艺处理等阶段,及时修改程序,并再次校验,直到程序能正确无误地加工出所要求的零件为止。

经过上述过程,一个零件的数控加工程序的编制工作也就完成了,可以进行实际加工。

4.3.3 程序编制的方法

程序编制可分为手工编程和计算机自动编程两类。手工编程要求编程人员不仅要熟悉数控代码及编程规则,而且必须具备机械加工工艺知识和数值计算能力。

1. 手工编程

手工编程主要由人工完成数控编程中各个阶段的工作。一般对于几何形状不太复杂的零件,所需的加工程序不长,计算比较简单,用手工编程比较合适。

手工编程的特点是:要求编程人员不仅要熟悉数控代码及编程规则,而且必须具备机械加工工艺知识和数值计算能力,加工形状较简单的零件时,非常快捷简便;不需要具备特别的条件(如价格较高的自动编程机及相应的硬件和软件等);机床操作者不受特别条件的制约,具有较大的灵活性和编程量少等优点。但在进行复杂零件加工时,耗费时间较长,容易出现错误,

此时需采用计算机自动编程。

2. 计算机自动编程

采用计算机自动编程时,编程人员要根据零件图纸的要求,按照某个自动编程系统的规定,编写一个零件加工源程序,送入编程计算机,由计算机自动进行程序编制,编程系统能自动打印出程序单和制备控制介质。

采用计算机自动编程时,数学处理、编写程序、检验程序等工作是由计算机自动完成的,由于计算机可自动绘制出刀具中心运动轨迹,使编程人员可及时检查程序是否正确,需要时可及时修改,以获得正确的程序。又由于计算机自动编程代替程序编制人员完成了烦琐的数值计算,可提高编程效率几十倍乃至上百倍,因此解决了手工编程无法解决的许多复杂零件的程序编制。因此,自动编程的特点是:既可减轻劳动强度,缩短编程时间,提高工作效率;又可减少差错,可靠地解决复杂形状零件的编程难题。

根据输入方式的不同,可将自动编程分为图形数控自动编程、语言数控自动编程和语音数控自动编程等。图形数控自动编程是指将零件的图形信息直接输入计算机,通过自动编程软件的处理,得到数控加工程序。它通常以机械计算机辅助设计(CAD)为基础,利用CAD软件的图形编辑功能将零件的几何图形绘制到计算机上形成零件的图形文件,然后调用数控编程模块,采用人机交互的方式在计算机屏幕上指定被加工的部位,输入加工参数,计算机便可自动进行数学处理并编制数控加工程序。

目前,图形数控自动编程是使用最为广泛的自动编程方式。语言数控自动编程是将加工零件的几何尺寸、工艺要求、切削参数及辅助信息等用数控语言编写成源程序后,输入计算机中,再由计算机进一步处理得到零件加工程序。语音数控自动编程是采用语音识别器,将编程人员发出加工指令的声音转变为加工程序。

4.3.4 数控机床坐标系

数控机床的坐标系是十分重要的。每一个数控机床的编程员和操作者都必须对其有一个统一正确的理解,这样将给程序编制和使用维护带来极大的便利,保证机床运动的正确性。否则,程序编制将发生混乱,操作时会发生事故。

1. 坐标系统

ISO标准和我国国家标准都统一规定了数控机床坐标轴及其运动方向,这给数控系统和机床的设计、使用及维修带来了极大的方便。

(1) 机床坐标系与运动方向

为了确定机床的运动方向和移动距离,就要在机床上建立一个坐标系,该坐标系就叫机床坐标系,也叫标准坐标系。

数控机床上的坐标系采用右手直角笛卡儿坐标系,如图 4-32 所示。右手的大拇指、食指和中指保持相互垂直,拇指的方向为 X 轴的正方向,食指为 Y 轴的正方向,中指为 Z 轴的正方向。

A、B、C 分别表示其轴线平行于 X、Y 和 Z 坐标的旋转运动。根据右手螺旋定则,分别以大拇指指向 $+X$、$+Y$、$+Z$ 方向,其余四指则分别指向 $+A$、$+B$、$+C$ 轴的旋转方向。

Z 轴 通常把传递切削力的主轴定为 Z 轴。对于工件旋转的机床,如车床、磨床等,工件转动的轴为 Z 轴;对于刀具旋转的机床,如镗床、铣床、钻床等,刀具转动的轴为 Z 轴;如图

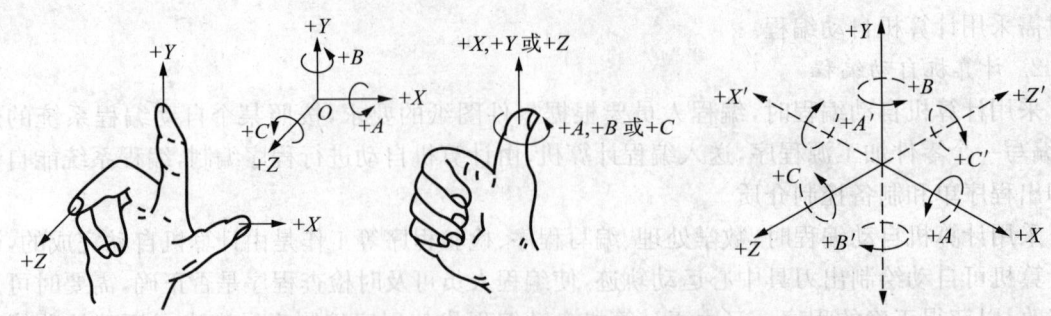

图 4-32 右手直角笛卡儿坐标系

4-33所示。Z轴的正方向取为刀具远离工件的方向。

X 轴 X轴一般平行于工件装夹面且与Z轴垂直。对于工件旋转的机床(如车床、磨床等),X坐标的方向是在工件的径向上,且平行于横向滑座,刀具远离工件旋转中心的方向为X轴的正向;对于刀具旋转的机床(如铣床、镗床、钻床等),若Z轴是垂直的,当从刀具主轴向立柱看时,X轴正向指向右;若Z轴是水平的,当从主轴向工件看时,X轴正向指向右。

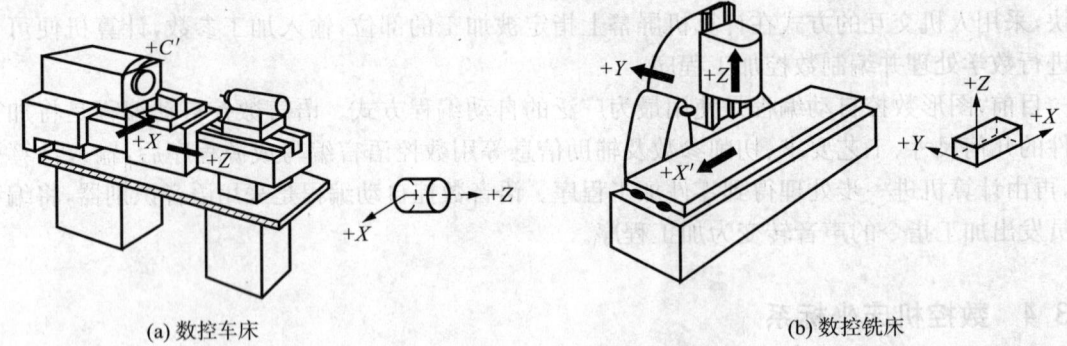

(a) 数控车床　　　　　　　　　　　(b) 数控铣床

图 4-33 数控机床的标准坐标系

Y 轴 当X轴与Z轴确定之后,Y轴垂直于X轴和Z轴,其方向可按右手定则确定。

(2) 工件坐标系

工件坐标系是由编程人员根据零件图样及加工工艺,以零件上某一固定点为原点建立的坐标系,又称为编程坐标系或工作坐标系。

工件坐标系一般供编程使用,确定工件坐标系时不必考虑工件在机床上的实际装夹位置。

(3) 附加坐标系

为了编程和加工的方便,如果还有平行于X、Y、Z坐标轴的坐标,有时还需设置附加坐标系,可以采用的附加坐标系有:第二组U、V、W坐标,第三组P、Q、R坐标。

2. 几个重要术语

(1) 机床原点

机床原点又称为机械原点,是机床坐标系的原点。该点是机床上一个固定的点,其位置是由机床设计和制造单位确定的,通常不允许用户改变。机床原点是工件坐标系、机床参考点的基准点,也是制造和调整机床的基础。数控车床的机床原点一般设在卡盘后端面的中心,如图4-34(a)所示。数控铣床的机床原点,各生产厂不一致,有的设在机床工作台的中心,有的设在进给行程的终点,如图4-34(b)所示。

(2) 机床参考点

机床参考点是机床上的一个固定点,用于对机床工作台、滑板与刀具相对运动的测量系

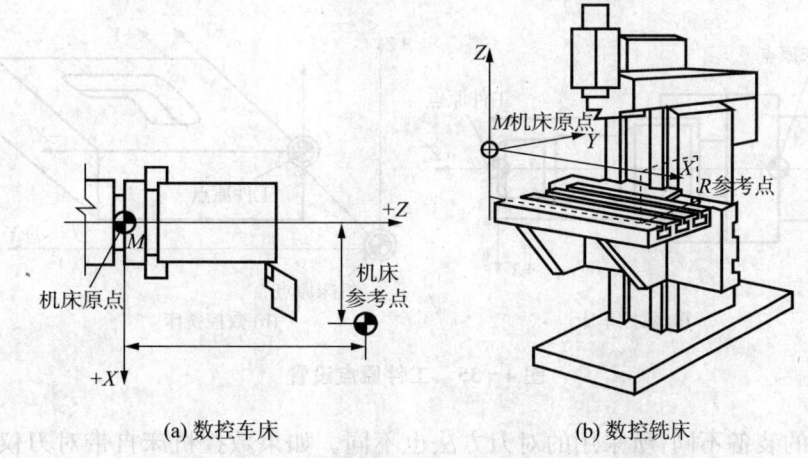

(a) 数控车床　　　　(b) 数控铣床

图 4-34　数控机床的机床原点与机床参考点

统进行标定和控制。其位置由机械挡块或行程开关来确定。机床参考点对机床原点的坐标是一个已知定值,也就是说,可以根据机床参考点在机床坐标系中的坐标值间接确定机床原点的位置。在机床接通电源后,通常都要做回零操作,使刀具或工作台退离到机床参考点。当回零操作完成后,显示器即显示出机床参考点在机床坐标系中的坐标值,表明机床坐标系已自动建立。可以说回零操作是对基准的重新核定,可消除由于种种原因产生的基准偏差。机床参考点已由机床制造厂测定后输入数控系统,并且记录在机床说明书中,用户不得更改。

一般数控车床、数控铣床的机床原点和机床参考点位置如图 4-34 所示。也有些数控机床的机床原点与机床参考点重合。

(3) 工件原点

工件坐标系的原点称为工件原点或编程原点。工件原点在工件上的位置虽可任意选择,但一般应遵循以下原则:

① 工件原点选在工件图样的设计基准或工艺基准上,以利于编程;
② 工件原点尽量选在尺寸精度高、粗糙度低的工件表面上;
③ 工件原点最好选在工件的对称中心上;
④ 要便于测量和检验。

数控车床上加工工件时,工件原点一般设在主轴中心线与工件右端面(或左端面)的交点处,如图 4-35(a)所示。数控铣床上加工工件时,工件原点一般设在进刀方向一侧工件外轮廓表面的某个角上或对称中心上,如图 4-35(b)所示。

(4) 绝对坐标与相对坐标

绝对坐标是指所有点的坐标值都是相对于坐标原点计量的;相对坐标又叫增量坐标,是指运动终点的坐标值是以前一个点的坐标作为起点来计量的。在数控程序中绝对坐标与相对坐标可单独使用,也可在不同程序段上交叉使用,数控车床上还可以在同一程序段中混合使用,使用原则主要是看哪种方式编程更方便。

(5) 对刀与对刀点

在数控加工中,工件坐标系确定后,还要确定刀尖点在工件坐标系中的位置。每把刀具的

半径与长度尺寸都是不同的,刀具装在机床上后,应在控制系统中设置刀具的基本位置,即常说的对刀问题。

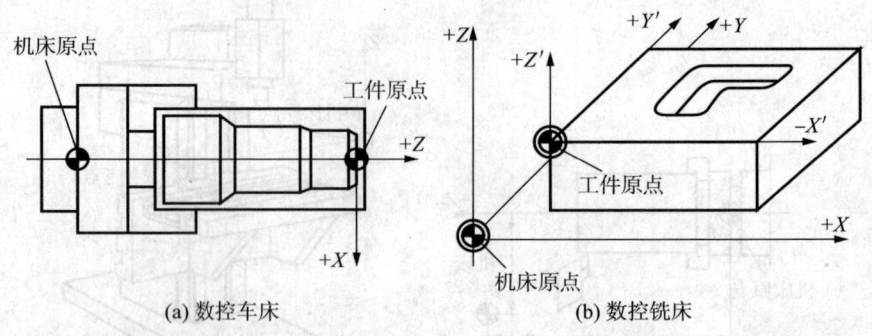

图 4-35 工件原点设置

数控机床的装备不同,所采用的对刀方法也不同。如果数控机床自带对刀仪或配有机外对刀仪,那么对刀问题会比较简单,对刀精度也较高;否则,只能采用手动对刀,对刀过程相对复杂,效率也低。在数控车床上,常用的对刀方法为试切对刀。对于数控铣床来说,通常工件坐标系的确定,是通过对刀的过程来实现的,即使用对刀点来确定工件原点。

对刀点是指通过对刀确定刀具与工件相对位置的基准点。对刀点可以设在工件上,也可以设在与工件的定位基准有一定关系的夹具某一位置上。其选择原则是:

① 所选的对刀点应使程序编制简单;
② 对刀点应选在容易找正、便于确定零件加工原点的位置;
③ 对刀点应选在加工过程中检查方便、可靠的位置;
④ 对刀点的选择应有利于提高加工精度。

当对刀精度要求较高时,对刀点应尽量选在零件的设计基准或工艺基准上,对于以孔定位的工件,一般取孔的中心作为对刀点。对刀点往往与工件原点重合。若两者不重合,在设置机床零点偏置时,应当考虑到两者的差值。

(6) 换刀点

换刀点是为加工中心、数控车床等采用多刀加工的机床而设置的,因为这些机床在加工过程中要自动换刀,在编程时应考虑选择合适的换刀位置。对于手动换刀的数控铣床,也应确定相应的换刀位置。为防止换刀时碰伤零件、刀具或夹具,换刀点常常设置在被加工零件的轮廓之外,并留有一定的安全量。

4.4 数控加工程序的结构和指令

为了满足设计、制造、维修和普及数控机床的需要,机床坐标系、加工指令、辅助功能及程序的结构和格式等方面的标准逐步趋向统一。目前形成两种国际上广泛采用的标准代码:① ISO 国际标准化组织标准代码;②EIA 美国电子工业协会标准代码。尽管数控代码是国际通用的,但不同的生产厂家一般都有自定的一些编程规则,因此,编程人员在编制加工程序时,必须按照数控机床使用说明书及编程手册的相关规定进行编写。

4.4.1 程序的结构与格式

1. 程序的组成

加工程序是数控加工中的核心部分,是一系列指令的有序集合,通过这些指令使刀具按直线、圆弧或其他曲线运动,以完成对零件的加工。一个完整的加工程序由若干个程序段组成,一个程序段又由若干个字组成,每个字又由字母(地址符)和数字(有些数字还带有符号)组成,而字母、数字、符号统称为字符。

例如:
O0023
N10 G90 G54 G00 X60. Y−70. Z100.；
N20 M03 S500；
N30 Z−28.；
N40 G42 D01 X56. Y−60.；
N50 G01 Z−30. F50；
N60 Y42. F100；
N70 G03 X56. Y−42. R−70.；
N80 G01 Y−60.；
N90 G00 Z100.；
N100 G40 X0 Y0 M05；
N110 M30；

上例为一完整的零件加工程序。它由程序号和 11 个程序段组成,其中 O0023 是程序编号,便于区别其他程序和从数控装置的程序存储器中检索、调用该加工程序。M30 是程序的结束指令,放在程序的结尾。每个程序段都包括了开始、内容及结束部分。程序段都以序号"N"开头,后跟 2～4 位数字,以"；"结束。

每个程序段有若干个字,如第一个程序段有 7 个字。每个程序段都表示一个完整的加工工步或动作。大多数系统规定了一个程序段的字符数小于或等于 90 个,90 个字符对于一个程序段来说基本足够。

一个数控系统所允许的加工程序的最大长度取决于该系统中的零件程序存储区的容量。如日本的 FANUC−7M 系统,零件主程序存储区的最大容量为 4K 字节,另外还可以根据用户要求扩大存储区的容量,所以该系统可适应大型程序的编制。

2. 程序段格式

(1) 表示地址符的英文字母的含义

一个数控加工程序是由若干个程序段组成的,程序段是其中的一条语句。程序段由程序段号、地址、数字、符号等组成。在程序段中表示地址的英文字母的含义见表 4 - 9。

表 4 - 9 表示地址符的英文字母的含义

功　能	地址字母	意　义
程序号	O,P	程序编号,子程序号的指定
程序段号	N	程序段顺序编号

续表

功 能	地址字母	意 义
准备功能	G	指令动作的方式
坐标字	X、Y、Z	坐标轴的移动指令
	A、B、C;U、V、W	附加轴的移动指令
	I、J、K	圆弧圆心坐标
进给速度	F	进给速度的指令
主轴功能	S	主轴转速指令(r/min)
刀具功能	T	刀具编号指令
辅助功能	M、B	主轴、冷却液的开关,工作台分度等
补偿功能	H、D	补偿号指令
暂停功能	P、X	暂停时间指定
循环次数	L	子程序及固定循环的重复次数
圆弧半径	R	实际是一种坐标字

(2) 程序段格式

程序段中每个字都以地址符开始,其后再跟符号和数字,代码字的排列顺序没有严格的要求,不需要的代码字以及与上段相同的续效字可以不写,前面举例介绍的就是这种格式。这种格式的特点是:程序简单,可读性强,易于检查。因此,现代数控机床广泛采用这种格式。可变程序段格式如下:

N(顺序号)　G(准备功能)　X(±坐标运动尺寸)　Y(±坐标运动尺寸)　Z(±坐标运动尺寸)　F(进给速度)　S(主轴转速)　M(辅助功能)　(附加指令)　(结束代码)。

每个程序段的开头是程序的序号,以字母 N 和四位(有的机床不用四位)数字表示;接着是准备功能指令,由 G 和两位数字组成;再接着是坐标运动尺寸(包括圆弧半径等尺寸);再往后是 F 进给速度指令、S 主轴转速指令、T 指令、M 辅助功能指令等属于工艺指令;还可以有其他的附加指令;最后是程序段结束代码。

在程序段中,不用的字可省略不写,上一个程序段中已有的续效指令而本段又不必改变的字仍然有效,可不必重写。例如,上例中 N60 程序段中的准备功能与 N50 中的相同,虽然不写,仍为 G01。

3. 加工程序格式

加工程序由程序号、程序段及程序结束指令所组成。

(1) 程序号

在计算机数控装置中,一般来说,每个加工程序都需要进行编号。这是因为在计算机的存储器中可以事先存入多个加工程序,给每个加工程序进行编号,便于数控系统对这多个加工程序的管理。如上例中的"O0023"就是程序号,它表示:执行到该程序指令码"O"及其后边的号码时,就从数控装置的存储器中自动调出编号为 0023 的加工程序,以便执行。

不同的数控系统程序号指令码也有所不同。有的程序号以"O"指定,也有的以"%"指定,而西门子数控系统可以以任意符号作为程序名。

(2) 程序段

关于程序段的格式已说明。这里提出注意的是:一个程序段的字符数一般都有限制(大多为90),一旦字符数大于限制的字符数时,应把它分成两个或多个程序段。

(3) 程序结束指令

程序结束指令可以用 M02 或 M30。一般要求单列一段。

4.4.2 常用编程指令的应用

数控代码是数控加工程序的基本单元,它由规定的文字、数字和符号组成。我国制定的有关准备功能 G 代码和辅助功能 M 代码的标准,与国际上使用的 ISO 标准基本一致。

1. 常用的准备功能指令

(1) 与坐标系有关的指令

① 绝对坐标指令——G90:表示程序段中的编程尺寸是按绝对坐标给定的,即按照固定的机床原点 $O_{机}$ 或工件坐标原点 $O_{工}$。

② 相对坐标指令——G91:表示程序段中的编程尺寸是按相对坐标给定的,即运动轨迹的终点坐标是相对该段运动轨迹起点计量的。

③ 机床坐标系指令——G53:机床坐标原点是固定不变的一个点。因此,机床坐标系建立后,不会因复位、工件坐标系或局部坐标系的设定以及除断电外的其他任何操作而发生改变。机床坐标系由 G53 设定,其指令格式为:

G53 G90 X_Y_Z_;

G53 指令使刀具快速定位到机床坐标系中的指定位置上,式中 X、Y、Z 后的值为机床坐标系中的坐标值,其尺寸均为负值。

例:G53 G90 X−100 Y−100 Z−20

则执行后刀具在机床坐标系中的位置如图 4 - 36 所示。

④ 坐标系设定的预置寄存指令——G92:当用绝对尺寸编程时,必须先用指令 G92 设定机床坐标系与工件编程坐标的关系,确定零件的绝对坐标原点,同时要把这个原点设定值存储在数控装置中的存储器内,以作为后续各程序绝对尺寸的基准。

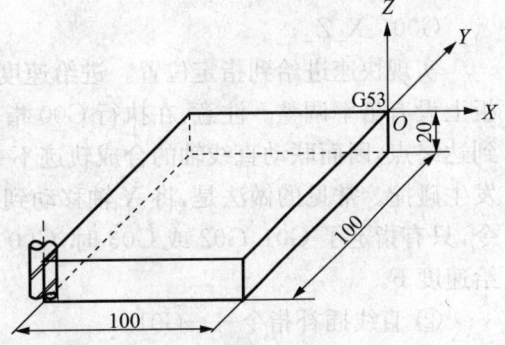

图 4 - 36 G53 选择机床坐标系

G92 是续效指令,即只要后边没有重新设定机床坐标系与工件坐标之间的关系(在整个程序中可设定一次或多次),那么先前的设定继续有效,直到后边重新设定时先前的设定才无效。

G92 的使用如图 4 - 37 所示,刀具起始点在机床原点,要求刀具快速移动到点 A,然后由点 A 沿直线切削加工到点 B。

在工件坐标系下,采用绝对坐标编程为:

N1 G92 X−15 Y−10;
N2 G90 G17 G00 X8 Y15;
N3 G01 X20 Y15 F100;
……

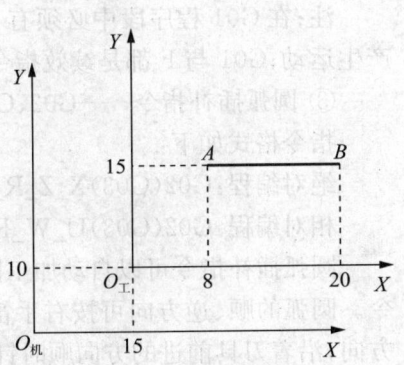

图 4 - 37 G92 的使用

采用相对坐标编程为：
N1 G91 G17 G00 X23 Y25；
N2 G01 X12 Y0 F100；
……

⑤ 坐标平面指令——G17、G18、G19：用 G17、G18、G19 分别表示在 XY、ZX、YZ 坐标平面内进行加工。这种指令用做直线与圆弧插补及刀具补偿时的平面选择。有的数控系统只有在一个坐标平面内加工的功能，则在程序中，只写出坐标地址符及其后面的尺寸，不必书写坐标平面指令。

该指令为模态指令，系统初始状态为 G17 状态，直线移动指令与平面选择无关。

⑥ 预置坐标系指令——G54～G59；机床可以预先设定特有的六个坐标系，使用 G54～G59 来选择它们。由设定各轴从机械原点到它们各自坐标原点之间的距离（即工件原点偏置值）来确定六个坐标系。各轴坐标原点在机床坐标系中的值可用 MDI 方式输入，系统自动记忆。

工件坐标系一旦选定，后续程序段中的绝对坐标均为相对此工件坐标系原点的值。

注：使用 G54～G59 时，不用 G92 设定坐标系。G54～G59 和 G92 不能混用。

(2) 插补运动指令

① 快速点定位指令——G00。
指令格式：
G00 X_ Z_；

实现快速进给到指定位置。进给速度由系统指定，与程序中指定的进给速度无关，操作面板上设有倍率调整。注意：在执行 G00 指令时，由于各轴以各自速度移动，不能保证各轴同时到达终点，因而联动直线轴的合成轨迹不一定是直线。操作者必须格外小心以免刀具与工件发生碰撞。常见的做法是，将 X 轴移动到安全位置，再放心地执行 G00 指令。G00 是续效指令，只有指定了 G01、G02 或 G03 时，G00 才失效。另外，指定了 G00 的程序段不要再指定进给速度 F。

② 直线插补指令——G01。
指令格式：
G01 X_ Z_ F_；

G01 指令用以指定两个坐标（或三个坐标）以联动的方式，按程序段中指定的合成进给速度 F，从当前位置插补加工出程序段指令终点的直线。

注：在 G01 程序段中必须有 F 指令指定进给速度（或以前的程序段已指定），否则就不会产生运动；G01 与 F 都是续效指令。

③ 圆弧插补指令——G02、G03。
指令格式如下：
绝对编程：G02(G03)X_ Z_ R_(I_ K_)F_；
相对编程：G02(G03)U_ W_ R_(I_ K_)F

圆弧插补指令可以自动加工圆弧曲线，G02、G03 分别用于顺时针及逆时针的圆弧插补指令。圆弧的顺、逆方向可按右手笛卡儿法则找出数控机床的 Y 轴，然后从 Y 轴的正方向看负方向，沿着刀具前进的方向顺时针时用 G02，逆时针时用 G03。

(3) 暂停指令——G04

该暂停指令可使刀具作暂短的无进给光整加工，以获得圆整而光滑的表面。编程格式为：

G04 β_：

其中：β为地址符，常用 X 或 P 表示，后跟暂停时间，其中 X 后面可用带小数点的数，单位为 s，如 G04 X5 表示在前一程序执行完后，要经过 5s 以后，后一程序段才执行。

(4) 刀具补偿指令

① 刀具半径补偿指令——G41、G42、G40。

G41：左偏刀具半径补偿，是指顺着刀具前进的方向看，刀具位于工件轮廓的左边。

G42：右偏刀具半径补偿，是指顺着刀具前进的方向看，刀具位于工件轮廓的右边。

G40：为注销指令，即当 G41 或 G42 功能完成后用 G40 指令消去偏置值，使刀具中心与编程轨迹重合。

② 刀具长度补偿指令——G43、G44、G40。

G43 是刀具长度正补偿指令，它的作用是对刀具编程终点坐标值作加上一个刀具偏差量的运算，也就是使编程终点坐标向正方向移动一个偏移量。G44 为刀具长度负补偿指令，它的作用与 G43 正好相反。G40 是撤销刀具补偿的指令。

(5) 固定循环指令——G80～G89

在数控机床上一些常见的加工零件，如钻孔、攻丝、深孔钻削、切螺纹等，所完成的动作循环十分典型，将这些动作预先编好程序并存储在存储器中，选用 G80～G89 作为固定循环指令。例如，在钻孔时，刀具的快速定位、钻孔、退出几个固定的连续动作，可以用一条固定循环指令来指定。固定循环指令可以使程序编制简短、方便，提高编程效率。

2. 常用的辅助功能指令

(1) 程序停止指令——M00

在执行完含有 M00 的程序段后，机床的主轴、进给及冷却液都自动停止。该指令用于加工过程中测量刀具和工件的尺寸、工件调头、手动变速等固定操作。当程序运行停止时，全部现存的模态信息保持不变，固定操作完成后，重按启动键，便可继续执行后续的程序。

(2) 计划停止指令——M01

该指令与 M00 基本相似，所不同的是，只有在"计划停止"键被按下时，M01 才有效，否则系统继续执行后续的程序。该指令常用于工件关键尺寸的停机抽样检查等情况。当检查完成后，按启动键继续执行后续程序。

(3) 程序结束指令——M02

当全部程序结束后，用该指令使主轴、进给、冷却全部停止，并使机床复位。该程序只出现在程序的最后一个程序段中。

(4) 程序结束并返回开始处指令——M30

执行该指令后，除完成 M02 的内容外，还自动返回到程序开头的位置。为加工下一个工件做好准备。

(5) 与主轴有关的指令——M03、M04、M05

该指令分别指定主轴正转、反转和停转。所谓主轴正转是从主轴往正 Z 方向看去，主轴顺时针方向旋转，反之称为反转。主轴停转是在该程序段其他指令执行完成后才能停止。一般在主轴停止的同时，进行制动和关闭冷却液。

(6) 换刀指令——M06

手动或自动换刀的指令，常用于加工中心机床刀库换刀前的准备动作。

(7) 与冷却有关的指令——M07、M08、M09

M07用于指定2号冷却液（雾状）开，M08用于指定1号冷却液（液状）开。M09用于关闭冷却液。

(8) 运动部件的夹紧、松开指令——M10、M11

M10用于指定运动部件的夹紧；M11用于运动部件的松开。

(9) 主轴定向停止指令——M19

该指令用于指定主轴准停在预定的角度位置上。用于镗孔时，镗刀穿过小孔镗大孔、反镗孔和精镗孔退刀时使镗刀不划伤已加工表面。某些数控机床自动换刀时，也需要主轴定向停止。

4.5 数控加工工艺设计

4.5.1 数控加工工艺设计的主要内容

数控加工前对工件进行工艺设计是必不可少的准备工作。无论是手工编程还是自动编程，在编程前都要对所加工的工件进行工艺分析、拟订工艺路线、设计加工工序。因此，合理的工艺设计方案是编制加工程序的依据，工艺设计做不好是数控加工出差错的主要原因之一，往往造成工作反复、工作量成倍增加的后果。编程人员必须首先搞好工艺设计，再考虑编程。

1. 数控加工内容的选择

对于一个需要加工的零件来说，并非全部的加工工艺过程都适合在数控机床上完成，往往其中的一部分工艺内容适合使用数控加工的方法来加工零件。这就需要对零件图样进行仔细的工艺分析，选择那些最适合、最需要进行数控加工的内容和工序。在考虑选择内容时，应结合本企业设备的实际，立足于解决难题、提高生产效率，注意充分发挥数控加工的优势，选择那些最适合、最需要的内容和工序进行数控加工。一般可按下列原则选择数控加工内容：

(1) 普通机床无法加工的内容应作为优先选择内容。

(2) 普通机床难加工，质量也难以保证的内容应作为重点选择内容。

(3) 普通机床加工效率低，工人手工操作劳动强度大的内容，可在数控机床尚有加工能力的基础上进行选择。

相比之下，下列一些加工内容则不宜选择数控加工：

(1) 需要用较长时间占机调整的加工内容；

(2) 加工余量极不稳定，且数控机床上又无法自动调整零件坐标位置的加工内容；

(3) 不能在一次安装中加工完成的零星分散部位，采用数控加工很不方便、效果不明显，可以安排普通机床补充加工。

此外，在选择数控加工内容时，还要考虑生产批量、生产周期、工序间周转情况等因素，要尽量合理使用数控机床，达到产品质量、生产率及综合经济效益等指标都明显提高的目的，要防止将数控机床降格为普通机床使用。

2. 数控加工零件的工艺性分析

对数控加工零件的工艺性分析，主要包括产品的零件图样分析和结构工艺性分析两部分。

(1) 零件图样分析

① 零件图上尺寸标注方法应适应数控加工的特点，如图4-38(a)所示，在数控加工零件

图上,应以同一基准标注尺寸或直接给出坐标尺寸。这种标注方法既便于编程,也便于尺寸之间的相互协调,又有利于设计基准、工艺基准、测量基准和编程原点的统一。零件设计人员在尺寸标注时,一般总是较多地考虑装配等使用特性,因而常采用如图 4-38(b)所示的局部分散的标注方法,这样就给工序安排和数控加工带来诸多不便。由于数控加工精度和重复定位精度都很高,不会因产生较大的累积误差而破坏零件的使用特性,因此,可将局部的分散标注法改为同一基准标注或直接标注坐标尺寸。

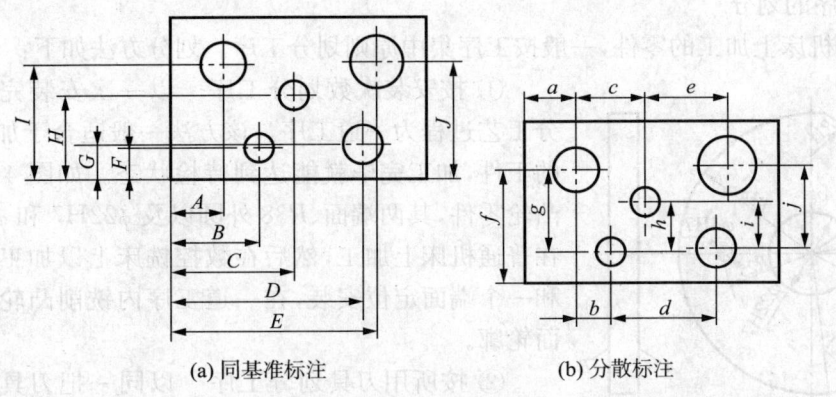

(a) 同基准标注 　　　　　(b) 分散标注

图 4-38　零件尺寸标注分析

② 分析被加工零件的设计图纸,根据标注的尺寸公差和形位公差等相关信息,将加工表面区分为重要表面和次要表面,并找出其设计基准,进而遵循基准选择的原则,确定加工零件的定位基准,分析零件的毛坯是否便于定位和装夹,夹紧方式和夹紧点的选取是否会有碍刀具的运动,夹紧变形是否对加工质量有影响等。为工件定位、安装和夹具设计提供依据。

③ 构成零件轮廓的几何元素(点、线、面)的条件(如相切、相交、垂直和平行等),是数控编程的重要依据。手工编程时,要依据这些条件计算每一个节点的坐标;自动编程时,则要根据这些条件对构成零件的所有几何元素进行定义,无论哪一个条件不明确,都会导致编程无法进行。因此,在分析零件图样时,务必要分析几何元素的给定条件是否充分,发现问题及时与设计人员协商解决。

(2) 零件的结构工艺性分析

① 零件的内腔与外形应尽量采用统一的几何类型和尺寸,这样可以减少刀具规格和换刀次数,方便编程,提高生产效益。

② 内槽圆角的大小决定着刀具直径的大小,所以内槽圆角半径不应太小。

③ 零件铣槽底平面时,槽底圆角半径 r 不要过大。

④ 应尽可能在一次装夹中完成所有能加工表面的加工,为此要选择便于各个表面都能加工的定位方式;若需要二次装夹,应采用统一的基准定位。在数控加工中若没有统一的定位基准,会因工件重新安装产生定位误差,从而使加工后的两个面上的轮廓位置及尺寸不协调,因此,为保证二次装夹加工后其相对位置的准确性,应采用统一的定位基准。

3. 数控加工的工艺路线设计

与常规工艺路线拟定过程相似,数控加工工艺路线的设计,最初也需要找出零件所有的加工表面并逐一确定各表面的加工方法,其每一步相当于一个工步。然后将所有工步内容按一定原则排列成先后顺序。再确定哪些相邻工步可以划为一个工序,即进行工序的划分。最后再将所需的其他工序如常规工序、辅助工序、热处理工序等插入,衔接于数控加工工序序列之中,就得到了要求的工艺路线。

数控加工的工艺路线设计与普通机床加工的常规工艺路线拟定的区别主要在于它仅是几道数控加工工艺过程的概括,而不是指从毛坯到成品的整个工艺过程,由于数控加工工序一般均穿插于零件加工的整个工艺过程之中,因此在工艺路线设计中,一定要兼顾常规工序的安排,使之与整个工艺过程协调吻合。

(1) 工序的划分

在数控机床上加工的零件,一般按工序集中原则划分工序。划分方法如下:

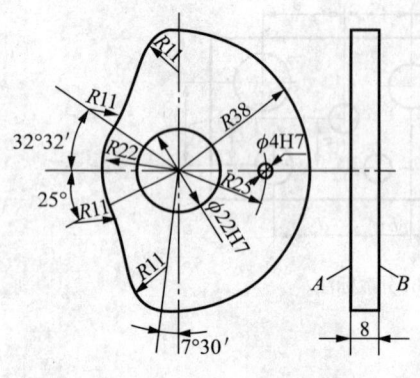

图 4-39 凸轮零件图

① 按安装次数划分工序 以一次安装完成的那一部分工艺过程为一道工序。该方法一般适合于加工内容不多的工件,加工完毕就能达到待检状态。如图 4-39 所示的凸轮零件,其两端面、R38 外圆以及 $\phi 22H7$ 和 $\phi 4H7$ 两孔均在普通机床上加工,然后在数控铣床上以加工过的两个孔和一个端面定位安装,在一道工序内铣削凸轮剩余的外表面轮廓。

② 按所用刀具划分工序 以同一把刀具完成的那一部分工艺过程为一道工序。这种方法适用于工件的待加工表面较多,机床连续工作时间过长,加工程序的编制和检查难度较大等情况。在专用数控机床和加工中心上常用这种方法。

③ 按粗、精加工划分工序 考虑工件的加工精度要求、刚度和变形等因素来划分工序时,可按粗、精加工分开的原则来划分工序,即以粗加工中完成的那部分工艺过程为一道工序,精加工中完成的那部分工艺过程为另一道工序。一般来说,在一次安装中不允许将工件的某一表面粗、精不分地加工至精度要求后再加工工件的其他表面。

④ 按加工部位划分工序 以完成相同型面的那一部分工艺过程为一道工序。有些零件加工表面多而复杂,构成零件轮廓的表面结构差异较大,可按其结构特点(如内形、外形、曲面或平面等)划分成多道工序。

综上所述,在划分工序时,一定要视零件的结构与工艺性、机床的功能、零件数控加工内容的多少、安装次数以及生产组织等实际情况灵活掌握。

(2) 加工顺序的安排

加工顺序安排得合理与否,将直接影响到零件的加工质量、生产率和加工成本。应根据零件的结构和毛坯状况,结合定位及夹紧的需要综合考虑,重点应保证工件的刚度不被破坏,尽量减少变形。加工顺序的安排除遵循 4.2.3 节中"3.加工顺序的安排"原则外,还应遵循下列原则:

① 尽量使工件的装夹次数、工作台转动次数、刀具更换次数及所有空行程时间减至最少,提高加工精度和生产率。

② 先内后外原则,即先进行内形、内腔加工,后进行外形加工。

③ 为了及时发现毛坯的内在缺陷,精度要求较高的主要表面的粗加工一般应安排在次要表面粗加工之前;大表面加工时,因内应力和热变形对工件影响较大,一般也需先加工。

④ 在同一次安装中进行的多个工步,应先安排对工件刚性破坏较小的工步。

⑤ 为了提高机床的使用效率,在保证加工质量的前提下,可将粗加工和半精加工合为一道工序。

⑥ 加工中容易损伤的表面(如螺纹等),应放在加工路线的后面。

下面通过一个实例来说明这些原则的应用:

如图 4-40 所示零件,可以先在普通机床上把底面和四个轮廓面加工好("基面先行"),其余的顶面、孔及沟槽安排在立式加工中心上完成(工序集中原则),加工中心工序按"先粗后精"、"先主后次"、"先面后孔"等原则可以划分为如下 15 个工步:

- 粗铣顶面;
- 钻 ϕ32 mm、ϕ12 mm 等孔的中心孔(预钻凹坑);
- 钻 ϕ32 mm、ϕ12 mm 孔至 ϕ11.5 mm;
- 扩 ϕ32 mm 孔至 ϕ30 mm;
- 钻 3 mm×ϕ6 mm 的孔至尺寸;
- 粗铣 ϕ60 mm 沉孔及沟槽;
- 钻 4×M8 底孔至 ϕ6.8 mm;
- 镗 ϕ32 mm 孔至 ϕ31.7 mm;
- 精铣顶面;
- 铰 ϕ12 mm 孔至尺寸;
- 精镗 ϕ32 mm 孔至尺寸;
- 精铣 ϕ60 mm 沉孔及沟槽至尺寸;
- ϕ12 mm 孔口倒角;
- 3 mm×ϕ6 mm、4×M8 孔口倒角;
- 攻 4×M8 螺纹完成。

(3) 数控加工工序与普通工序的衔接

这里所说的普通工序是指常规的加工工序、热处理工序和检验等辅助工序。数控工序前后一般都穿插其他普通工序,若衔接不好就容易产生矛盾。较好的解决办法是建立工序间的相互状态联系,在工艺文件中做到互审会签。例如是否预留加工余量,留多少、定位基准的要求、零件的热处理等,这些问题都需要前后衔接,统筹兼顾。

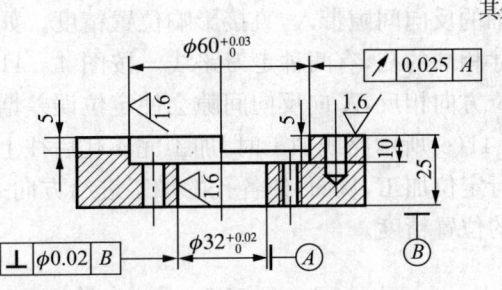

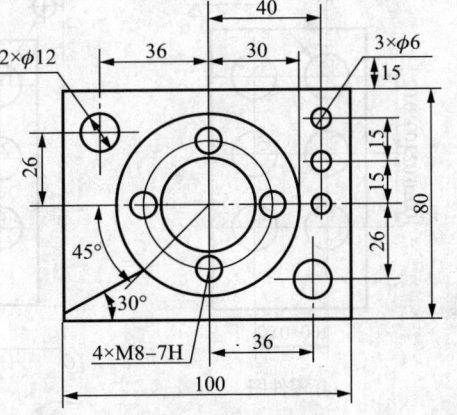

图 4-40 零件简图

4. 数控加工工序的设计

数控加工工序设计的主要任务是为每一道工序选择机床、夹具、刀具及量具,确定定位夹紧方案、走刀路线、工步顺序、加工余量、工序尺寸及其公差、切削用量和工时定额等,为编制加工程序做好充分准备。

(1) 确定走刀路线和工步顺序

走刀路线是刀具在整个加工工序中相对于工件的运动轨迹,不但包括了工步的内容,而且也反映出工步的顺序。走刀路线是编写程序的依据之一。在确定走刀路线时,主要遵循以下原则:

① 保证零件的加工精度和表面粗糙度 例如在铣床上进行加工时,因刀具的运动轨迹和方向不同,可能是顺铣或逆铣,其不同的加工路线所得到的零件表面的质量就不同。究竟采用

哪种铣削方式,应视零件的加工要求、工件材料的特点以及机床刀具等具体条件综合考虑,确定原则与普通机械加工相同。数控机床一般采用滚珠丝杠传动,其运动间隙很小,并且顺铣优点多于逆铣,所以应尽可能采用顺铣。在精铣内外轮廓时,为了改善表面粗糙度,应采用顺铣的走刀路线加工方案。

对于铝镁合金、钛合金和耐热合金等材料,建议也采用顺铣加工,这对于降低表面粗糙度和提高刀具耐用度都有利。但如果零件毛坯为黑色金属锻件或铸件,表皮硬而且余量较大,这时采用逆铣较为有利。

加工位置精度要求较高的孔系时,应特别注意安排孔的加工顺序。若安排不当,就可能将坐标轴的反向间隙带入,直接影响位置精度。如图4-41所示,镗削图4-41(a)所示零件上六个尺寸相同的孔,有两种走刀路线。按图4-41(b)所示路线加工时,由于5、6孔与1、2、3、4孔定位方向相反,X向反向间隙会使定位误差增加,从而影响5、6孔与其他孔的位置精度。按图4-41(c)所示路线加工时,加工完4孔后往上多移动一段距离至点P,然后折回来在5、6孔处进行定位加工,从而,使各孔的加工进给方向一致,避免反向间隙的引入,提高了5、6孔与其他孔的位置精度。

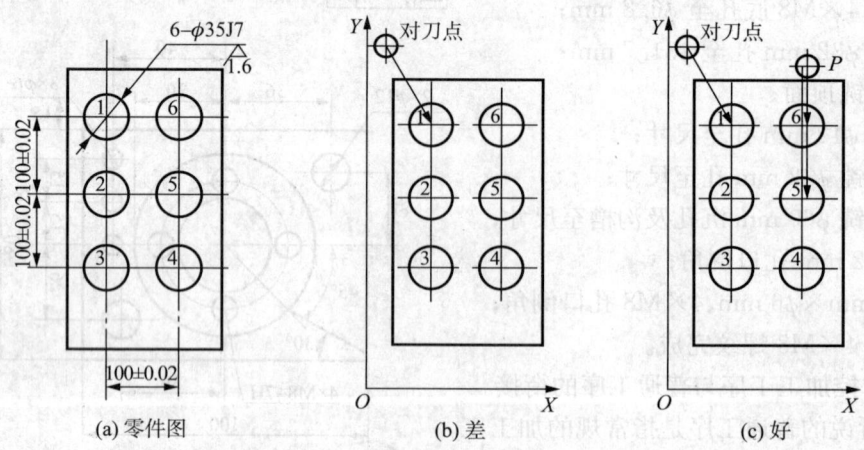

图4-41 镗削孔系走刀路线比较

刀具的进退刀路线要尽量避免在轮廓处停刀或垂直切入切出工件,以免留下刀痕。

② 使走刀路线最短,减少刀具空行程时间,提高加工效率 图4-42所示为正确选择钻孔加工路线的例子。按照一般习惯,总是先加工均布于同一圆周上的一圈孔后,再加工另一圈孔,如图4-42(a)所示,但这不是最好的走刀路线。对点位控制的数控机床而言,要求定位精度高,定位过程尽可能快。若按图4-42(b)所示的进给路线加工,可使各孔间距的总和最小,空程最短,从而节省定位时间。

③ 最终轮廓一次走刀完成 图4-43(a)所示为采用行切法加工内轮廓。加工时不留死角,在减少每次进给重叠量的情况下,走刀路线较短,但两次走刀的起点和终点间留有残余高度,影响表面粗糙度。图4-43(b)是采用环切法加工,表面粗糙度较小,但刀位计算略为复杂,走刀路线也较行切法长。采用图4-43(c)所示的走刀路线,先用行切法加工,最后再沿轮廓切削一周,使轮廓表面光整。三种方案中,图4-43(a)方案最差,图4-43(c)方案最佳。

(2)工件的定位与夹紧方案的确定

工件的定位基准与夹紧方案的确定,应遵循前面所述有关定位基准的选择原则与工件夹

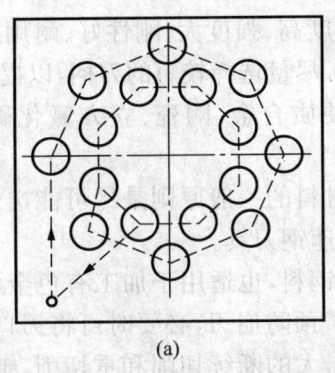 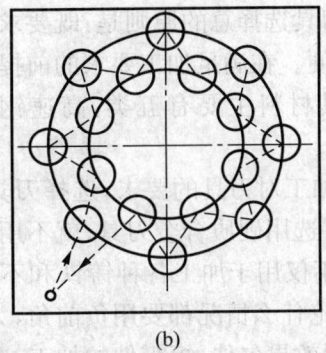

(a)　　　　　　　　　　　　　(b)

图 4-42　最短加工路线选择

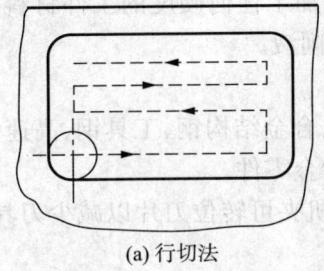 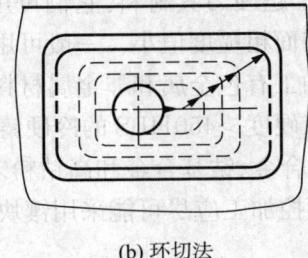 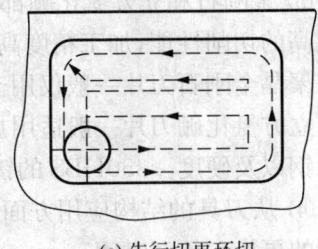

(a) 行切法　　　　　　　(b) 环切法　　　　　　　(c) 先行切再环切

图 4-43　封闭内轮廓加工走刀路线

紧的基本要求。此外,还应该注意下列三点:

① 力求设计基准、工艺基准与编程原点统一,以减少基准不重合误差和数控编程中的计算工作量。

② 设法减少装夹次数,尽可能做到在一次定位装夹中,能加工出工件上全部或大部分待加工表面,以减少装夹误差,提高加工表面之间的相互位置精度,充分发挥数控机床的效率。

③ 避免采用占机人工调整方案,以免占机时间太多,影响加工效率。

(3) 夹具的选择

数控加工的特点对夹具提出了两个基本要求:一是保证夹具的坐标方向与机床的坐标方向相对固定;二是要能协调零件与机床坐标系的尺寸。除此之外,重点考虑以下几点:

① 单件、小批量生产时,优先选用组合夹具、可调夹具和其他通用夹具,以缩短生产准备时间和节省生产费用;

② 在成批生产时,才考虑采用专用夹具,并力求结构简单;

③ 零件的装卸要快速、方便、可靠,以缩短机床的停顿时间,减少辅助时间;

④ 为满足数控加工精度,要求夹具定位、夹紧精度高;

⑤ 夹具上各零部件应不妨碍机床对零件各表面的加工,即夹具要敞开,其定位、夹紧元件不能影响加工中的走刀(如产生碰撞等);

⑥ 为提高数控加工的效率,批量较大的零件加工可采用气动或液压夹具、多工位夹具。

(4) 刀具的选择

刀具的选择是数控加工工艺中重要的内容之一,不仅影响机床的加工效率,而且直接影响加工质量。与传统加工方法相比,数控加工对刀具的要求,尤其在刚性和耐用度方面更为严格。应根据机床的加工能力、工件材料的性能、加工工序、切削用量以及其他相关因素正确选用刀具及刀柄。刀具选择总的原则是：既要求精度高、强度大、刚性好、耐用度高，又要求尺寸稳定，安装调整方便。在满足加工要求的前提下，尽量选择较短的刀柄，以提高刀具的刚性。

金属切削刀具材料主要有五类：高速钢、硬质合金、陶瓷、立方氮化硼（CBN）、聚晶金刚石。

① 根据数控加工对刀具的要求，选择刀具材料的一般原则是尽可能选用硬质合金刀具。只要加工情况允许选用硬质合金刀具，就不用高速钢刀具。

② 陶瓷刀具不仅用于加工各种铸铁和不同钢料，也适用于加工有色金属和非金属材料。使用陶瓷刀片，无论什么情况都要用负前角，为了预防崩刃，必要时可将刃口倒钝。陶瓷刀具在下列情况下使用效果欠佳：短零件的加工，冲击大的断续切削和重切削，铍、镁、铝和钛等的单质材料及其合金的加工（易产生亲和力，导致切削刃剥落或崩刃）。

③ 金刚石和立方氮化硼都属于超硬刀具材料，它们可用于加工任何硬度的工件材料，具有很高的切削性能，加工精度高，表面粗糙度值小。一般可用切削液。

聚晶金刚石刀片一般仅用于加工有色金属和非金属材料。

立方氮化硼刀片一般适用加工硬度≥450HBS的冷硬铸铁、合金结构钢、工具钢、高速钢、轴承钢以及硬度≥350HBS的镍基合金、钴基合金和高钴粉末冶金零件。

④ 从刀具的结构应用方面，数控加工应尽可能采用镶块式机夹可转位刀片以减少刀具磨损后的更换和预调时间。

⑤ 选用涂层刀具以提高耐磨性和耐用度。

（5）切削用量的确定

切削用量包括主轴转速（切削速度）、背吃刀量和进给量（进给速度）。主轴转速要根据机床和刀具允许的切削速度来确定；背吃刀量主要受机床刚度的制约，在机床刚度允许的情况下，尽可能加大背吃刀量；进给量要根据零件的加工精度、表面粗糙度、刀具和工件材料来选。切削用量的合理选择将直接影响加工精度、表面质量、生产率和经济性，其确定原则与普通加工相似。具体数据应根据机床使用说明书、切削用量手册，并结合实际经验加以修正确定。

切削用量的确定还应考虑如下因素：

① 刀具差异　不同厂家生产的刀具质量差异较大，因此切削用量须根据实际所用刀具和现场经验加以修正。

② 机床特性　切削用量受机床电动机的功率和机床刚性的限制，必须在机床说明书规定的范围内选取。避免因功率不够而发生闷车、刚性不足而产生大的机床变形或振动，影响加工精度和表面粗糙度。

③ 数控机床的生产率　数控机床的工时费用较高，刀具损耗费用所占比重较低，应尽量用高的切削用量，通过适当降低刀具寿命来提高数控机床的生产率。

5. 数控加工工艺守则

数控加工除遵守普通加工通用工艺守则的有关规定外，还应遵守"数控加工工艺守则"的规定（略）。

4.5.2　数控加工工艺文件编制

数控加工工艺文件不仅是进行数控加工和产品验收的依据，也是操作者遵守和执行的规程,同时还为产品零件重复生产积累了必要的工艺资料,完成了技术储备。这些技术文件是对数控加工的具体说明,目的是让操作者更明确加工程序的内容、装夹方式、各个加工部位所选用的刀具及其他技术问题。该文件包括了编程任务书、数控加工工序卡、数控刀具卡片、数控加工程序单等。以下提供了常用数据加工工艺文件格式,文件格式可根据企业实际情况自行设计。

1. 数控加工编程任务书

编程任务书阐明了工艺人员对数控加工工序的技术要求、工序说明和数控加工前应保证的加工余量,是编程员与工艺人员协调工作和编制数控程序的重要依据之一(表格格式略)。

2. 数控加工工序卡

数控加工工序卡与普通加工工序卡有许多相似之处,所不同的是:工序简图中应注明编程原点与对刀点,要进行简要编程说明(如:所用机床型号、程序编号、刀具半径补偿、镜向对称加工方式等)及切削参数(即程序编入的主轴转速、进给速度、最大背吃刀量或宽度等)的选择,它是操作人员进行数控加工的主要指导性工艺资料。工序卡应按已确定的工步顺序填写(表格格式略)。

3. 数控加工走刀路线图

在数控加工中,常常要注意并防止刀具在运动过程中与夹具或工件发生意外碰撞,为此必须设法告诉操作者关于编程中的刀具运动路线(如:从哪里下刀、在哪里抬刀、哪里是斜下刀等)。为简化走刀路线图,一般可采用统一约定的符号来表示。不同的机床可以采用不同的图例与格式(表格格式略)。

4. 数控加工刀具卡片

数控加工刀具卡片主要反映刀具名称、编号、规格、长度等内容。它是组装刀具、调整刀具的依据(表格格式略)。

5. 数控加工程序单

数控加工程序单是编程员根据工艺分析情况,按照机床特点的指令代码编制的。它是记录数控加工工艺过程、工艺参数的清单,有助于操作员正确理解加工程序内容(表格格式略)。

不同的机床或不同的加工目的可能会需要不同形式的数控加工专业技术文件。在工作中,可根据具体情况设计文件格式。加工工艺,即产品的制造方法。数控加工工艺是数控编程的核心和灵魂。应该在掌握普通机械加工工艺知识的基础上,抓住数控加工的特点,加深对数控加工工艺的理解,综合运用所学的知识,编制合理、实用、高效的数控加工程序。

思考题 4

1. 应从哪些方面入手对零件图进行审查?
2. 试指出题图 4-1(a)~(h)中各图在结构工艺性方面存在的问题,并提出改进意见。
3. 什么叫粗基准和精基准?试述它们的选择原则。
4. 简述数控加工的基本过程。
5. 数控加工工艺主要包括哪些内容?
6. 结合数控加工的特点和适应性分析:哪些情况下需要选择数控加工,哪些情况下不宜选用数控加工。
7. 应从哪些方面对数控加工的零件进行结构工艺性分析?
8. 数控加工工序设计的主要任务是什么?

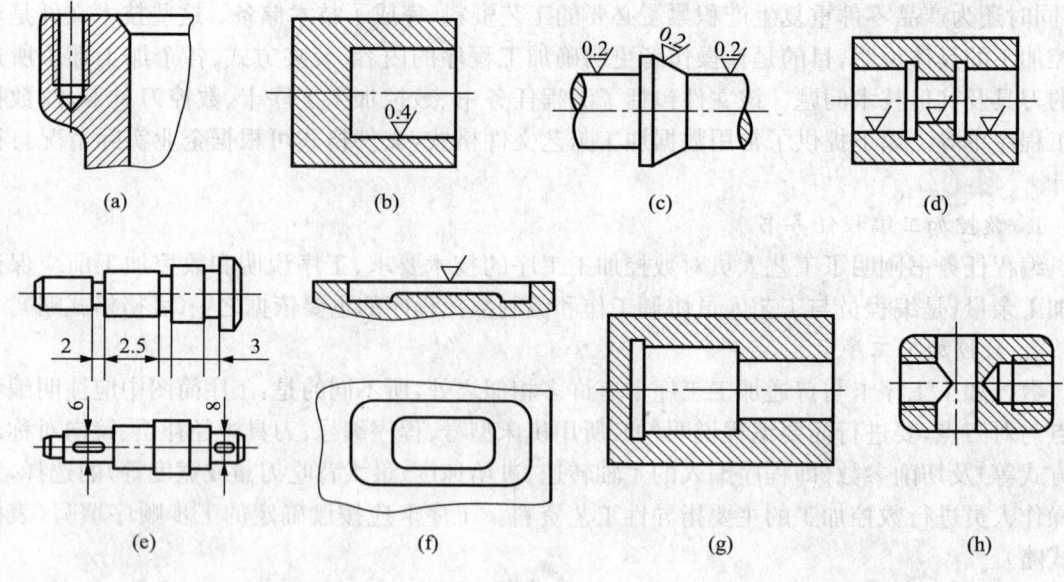

题图 4-1

9. 数控加工确定走刀路线的原则是什么？

10. 什么是机床坐标系？机床的坐标轴 Z 轴、X 轴、Y 轴如何确定？以数控车床和立式数控铣床为例说明。

11. 何谓机床原点？何谓机床参考点？两者的关系如何？

12. 什么是工件坐标系？选择工件原点的原则是什么？以数控车床和立式数控铣床为例说明其工件坐标系的建立。

13. 什么是准备功能指令和辅助功能指令？它们的作用如何？

14. M00、M02、M30 的区别是什么？

15. 什么是绝对坐标与增量坐标？

16. 什么是刀具自动补偿？具有这种功能的数控系统对编程工作有什么好处？

17. 在数控加工中如何确定切削用量？

18. 对刀点有何作用？应如何确定对刀点？

5 数控车削的加工工艺和编程

5.1 数控车削加工工艺概述

数控车床是目前使用最广泛的数控机床之一。数控车床主要用于加工轴类、盘类等回转体零件。通过数控加工程序的运行,可自动完成内外圆柱面、圆锥面、成型表面、螺纹和端面等工序的切削加工,并能进行车槽、钻孔、扩孔、铰孔等工作。车削中心与数控车床的主要区别是车削中心具有动力刀架和 C 轴功能,可在一次装夹中完成更多的加工工序,提高加工精度和生产效率,如法兰盘内外圆、端面及圆周均布的通孔或台阶孔的加工,同时还可以加工变节距变径螺纹、端面凸轮槽、交叉槽等,特别适合于复杂形状回转类零件的加工。工艺分析是数控车削加工的前期工艺准备工作。工艺制订得合理与否,对程序编制、机床的加工效率和零件的加工精度都有重要的影响。因此,应遵循一般的工艺原则并结合数控车床的特点,认真而详细地制订好零件的数控加工工艺。

5.1.1 数控车床的类型

数控车床的外形与普通车床相似,即由床身、主轴箱、刀架、进给系统、冷却和润滑系统等部分组成。数控车床的进给系统与普通车床有质的区别,传统普通车床有进给箱和交换齿轮架,而数控车床是直接用伺服电机通过滚珠丝杠驱动溜板和刀架实现进给运动,因而进给系统的结构大为简化。数控车床品种繁多,规格不一,可按如下方法进行分类。

1. 按车床主轴位置分类

(1) 立式数控车床 立式数控车床简称为数控立车,其车床主轴垂直于水平面,一个直径很大的圆形工作台,用来装夹工件。这类机床主要用于加工径向尺寸大、轴向尺寸相对较小的大型复杂零件(图 5-1)。

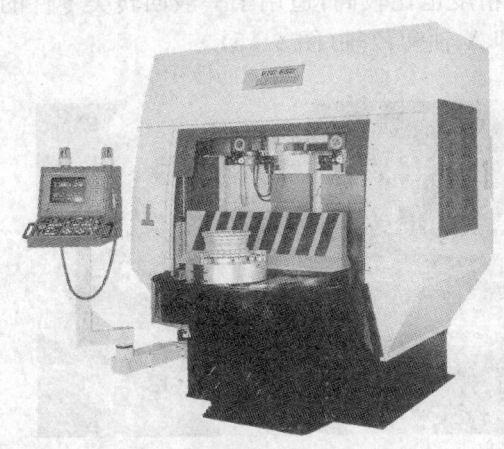

图 5-1 立式数控车床

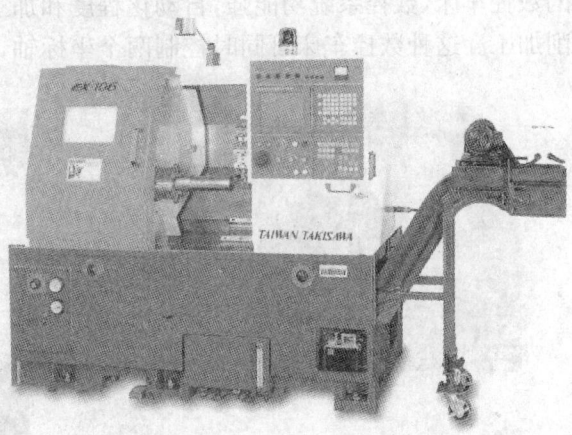

图 5-2 卧式数控车床

(2)卧式数控车床　卧式数控车床又分为数控水平导轨卧式车床和数控倾斜导轨卧式车床。其倾斜导轨结构可以使车床具有更大的刚性,并易于排除切屑(图5-2)。

2. 按加工零件的基本类型分类

(1)卡盘式数控车床　这类车床没有尾座,适合车削盘类(含短轴类)零件。夹紧方式多为电动或液动控制,卡盘结构多具有可调卡爪或不淬火卡爪(图5-3)。

(2)顶尖式数控车床　这类车床配有普通尾座或数控尾座,适合车削较长的零件及直径不太大的盘类零件。

3. 按刀架数量分类

(1)单刀架数控车床　数控车床一般都配置有各种型式的单刀架,如四工位卧动转位刀架或多工位转塔式自动转位刀架。

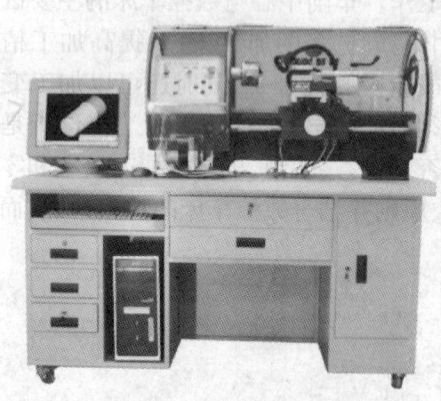
图5-3　卡盘式数控车床

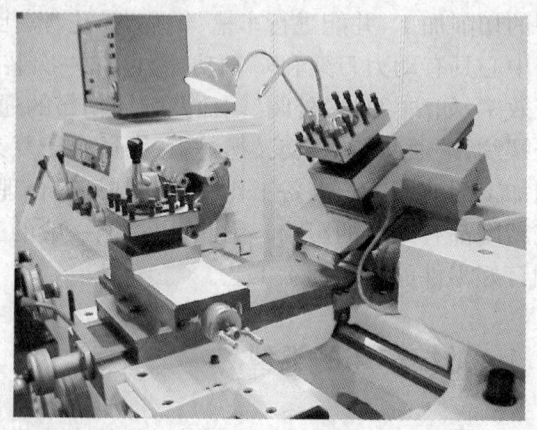
图5-4　双刀架数控车床

(2)双刀架数控车床　这类车床的双刀架配置平行分布,也可以是相互垂直分布(图5-4)。

4. 按功能分类

(1)经济型数控车床　采用步进电动机和单片机对普通车床的进给系统进行改造后形成的简易型数控车床,成本较低,但自动化程度和功能都比较差,车削加工精度也不高,适用于要求不高的回转类零件的车削加工。

(2)普通数控车床　根据车削加工要求在结构上进行专门设计并配备通用数控系统而形成的数控车床,数控系统功能强,自动化程度和加工精度也比较高,适用于一般回转类零件的车削加工。这种数控车床可同时控制两个坐标轴,即X轴和Z轴(图5-5)。

图5-5　普通数控车床

图5-6　车削加工中心

(3) 车削加工中心 在普通数控车床的基础上,增加了 C 轴和动力头,更高级的数控车床带有刀库,可控制 X、Z 和 C 三个坐标轴,联动控制轴可以是(X,Z)、(X,C)或(Z,C)。由于增加了 C 轴和铣削动力头,这种数控车床的加工功能大大增强,除可以进行一般车削外,还可以进行径向和轴向铣削、曲面铣削、中心线不在零件回转中心的孔和径向孔的钻削等加工(图 5-6)。

5. 其他分类方法

按数控系统的不同控制方式等指标,数控车床可以分很多种类,如直线控制数控车床、两主轴控制数控车床等;按特殊或专门工艺性能可分为螺纹数控车床、活塞数控车床、曲轴数控车床等多种。

5.1.2 数控车削的特点及加工对象

数控车削是数控加工中用得最多的加工方法之一。由于数控车床具有加工精度高、能作直线和圆弧插补以及在加工过程中能自动变速的特点,因此,其工艺范围较普通机床宽得多。凡是能在数控车床上装夹的回转体零件都能在数控车床上加工。针对数控车床的特点,下列几种零件最适合数控车削加工。

1. 精度要求高的的回转体零件

由于数控车床的刚性好,制造和对刀精度高,以及能方便和精确地进行人工补偿甚至自动补偿,所以它能够加工尺寸精度要求高的零件。一般来说,车削七级尺寸精度的零件应该没什么困难。在有些场合可以以车代磨。此外由于数控车削时刀具运动是通过高精度插补运算和伺服驱动来实现的,再加上机床的刚性好和制造精度高,所以它能加工对母线直线度、圆度、圆柱度要求高的零件。对圆弧以及其他曲线轮廓的形状,加工出的形状与图纸上的目标几何形状的接近程度比仿形车床要好得多。车削曲线母线形状的零件常采用数控线切割加工并稍加修磨的样板来检查。数控车削出来的零件形状精度,不会比这种样板本身的形状精度差。数控车削对提高位置精度特别有效。不少位置精度要求高的零件用传统的车床车削达不到要求,只能用随后的磨削或其他方法弥补。车削零件位置精度的高低主要取决于零件的装夹次数和机床的制造精度。在数控车床上加工如果发现位置精度较高,可以用修改程序内数据的方法来校正,这样可以提高其位置精度。而在传统车床上加工是无法作这种校正的。常见数控车削加工零件如图 5-7 所示。

2. 表面粗糙度小的回转体

数控车床能加工出表面粗糙度小的零件,不但是因为机床的刚性和制造精度高,还由于它具有恒线速度切削功能。在材质、精车留量和刀具已定的情况下,表面粗糙度取决于进刀量和切削速度。在传统的车床上车削端面时,由于转速在切削过程中恒定,理论上只有某一直径处的粗糙度最小。实际上也可发现端面内的粗糙度不一致。使用数控车床的恒线速度切削功能,就可选用最佳速度来切削端面,这样切出的粗糙度既小又一致。数控车床还适合于车削各部位表面粗糙度要求不同的零件。粗糙度小的部位可以用减小走刀量的方法来达到,而这在传统车床上是做不到的。

3. 超精密、超低表面粗糙度的零件

磁盘、录像机磁头、激光打印机的多面反射体、复印机的回转鼓、照相机等光学设备的透镜及其模具,以及隐形眼镜等要求超高的轮廓精度和超低的表面粗糙度,它们适合于在高精度、高功能的数控车床上加工,以往很难加工的塑料散光用的透镜,现在也可以用数控车床来加

图 5-7 常见数控车削加工零件

工。超精加工的轮廓精度可达 0.1 μm,表面的粗糙度可达 0.02 μm,超精加工所用数控系统的最小设定单位应达到 0.01 μm。超精车削零件的材质以前主要是金属,现已扩大到塑料和陶瓷。数控超精密车削零件如图 5-8 所示。

图 5-8 数控超精密车削零件

4. 表面形状复杂的回转体零件

由于数控车床具有直线和圆弧插补功能,部分车床数控装置还有某些非圆曲线插补功能,所以可以车削由任意直线和平面曲线组成的形状复杂的回转体零件和难以控制尺寸的零件,如具有封闭内成型面的壳体零件。图 5-9 所示壳体零件封闭内腔的成型面,"口小肚大",在普通车床上是无法加工的,而在数控车床上则很容易加工出来。

组成零件轮廓的曲线可以是数学方程式描述的曲线,也可以是列表曲线。对于由直线或圆弧组成的轮廓,直接利用机床的直线或圆弧插补功能。对于由非圆曲线组成的轮廓,可以用

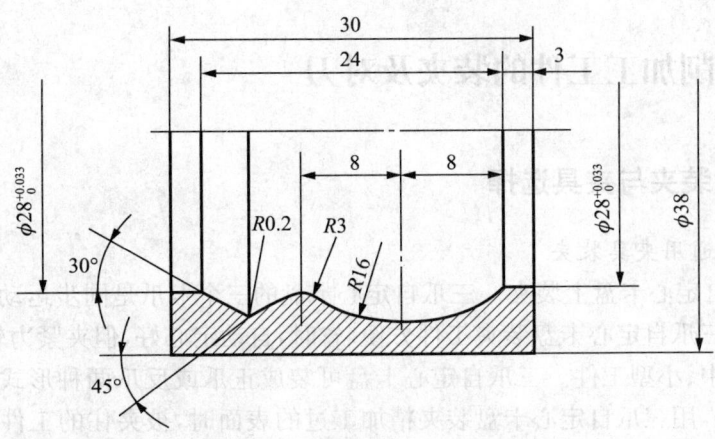

图 5-9 壳体零件成型内腔示例

非圆曲线插补功能；若所选机床没有曲线插补功能，则应先用直线或圆弧去逼近，然后再用直线或圆弧插补功能进行插补切削。如果说车削圆弧零件和圆锥零件既可选用传统车床，也可选用数控车床，那么车削复杂形状回转体零件（图 5-10）就只能使用数控车床了。

图 5-10 数控车床加工的典型零件

5. 带横向加工的回转体零件

带有键槽或径向孔、端面有分布的孔系以及有曲面的盘套或轴类零件，如带法兰的轴套、带有键槽或方头的轴类零件等，这类零件宜选车削加工中心加工。当然端面有分布的孔系、曲面的盘类零件也可选择立式加工中心加工，有径向孔的盘套或轴类零件也常选择卧式加工中心加工。这类零件如果采用普通机床加工，工序分散、工序数目多。采用加工中心加工后，由于有自动换刀系统，使得一次装夹可完成普通机床的多个工序的加工，减少了装夹次数，实现了工序集中的原则，保证了加工质量的稳定性，提高了生产率，降低了生产成本。

6. 带一些特殊类型螺纹的零件

普通车床所能切削的螺纹相当有限，它只能车等节距的直、锥面公、英制螺纹，而且一台车床只限定加工若干种节距。数控车床不但能车任何等节距的直、锥和端面螺纹，而且能车增节距、减节距，以及要求等节距、变节距之间平滑过渡的螺纹和变径螺纹。数控车床车削螺纹时主轴转向不必像传统车床那样交替变换，它可以一刀又一刀不停地循环，直到完成，所以它车削螺纹的效率很高。数控车床可以配备精密螺纹切削功能，再加上采用机夹硬质合金螺纹车刀，以及可以使用较高的转速，所以车削出来的螺纹精度较高、表面粗糙度小。可以说，包括丝杠在内的螺纹零件很适合于在数控车床上加工。

5.2 数控车削加工工件的装夹及对刀

5.2.1 工件的装夹与夹具选择

1. 工件采用通用夹具装夹

(1) 在三爪自定心卡盘上装夹　三爪自定心卡盘的三个卡爪是同步运动的,能自动定心,一般不需找正。三爪自定心卡盘装夹工件方便、省时,自动定心好,但夹紧力较小,所以适用于装夹外形规则的中、小型工件。三爪自定心卡盘可装成正爪或反爪两种形式。反爪用来装夹直径较大的工件。用三爪自定心卡盘装夹精加工过的表面时,被夹住的工件表面应包一层铜皮,以免夹伤工件表面。

数控车床多采用三爪自定心卡盘夹持工件,轴类工件还可使用尾座顶尖支持工件。数控车床主轴转速较高,为便于工件夹紧,多采用液压高速动力卡盘。这种卡盘在生产厂已通过了严格平衡检验,具有高转速(极限转速可达 8 000 r/min 以上)、高夹紧力(最大推拉力为 2 000~8 000 N)、高精度、调爪方便、通孔、使用寿命长等优点。通过调整油缸的压力,可改变卡盘的夹紧力,以满足夹持各种薄壁和易变形工件的特殊需要。还可使用软爪夹持工件,软爪弧面由操作者随机配制,可获得理想的夹持精度。为减少细长轴加工时的受力变形,提高加工精度,以及在加工带孔轴类工件内孔时,可采用液压自动定心中心架,其定心精度可达0.03 mm。

(2) 在两顶尖之间装夹　对于长度尺寸较大或加工工序较多的轴类工件,为保证每次装夹时的装夹精度,可用两顶尖装夹。两顶尖装夹工件方便,不需找正,装夹精度高,但必须先在工件的两端面钻出中心孔。该装夹方式适用于多工序加工或精加工。

用两顶尖装夹工件时须注意的事项:

① 前后顶尖的连线应与车床主轴轴线同轴,否则车出的工件会产生锥度误差。

② 尾座套筒在不影响车刀切削的前提下,应尽量伸出得短些,以增加刚性,减少振动。

③ 中心孔应形状正确,表面粗糙度值小。轴向精确定位时,中心孔倒角可加工成准确的圆弧形倒角,并以该圆弧形倒角与顶尖锋面的切线为轴向定位基准定位。

④ 两顶尖与中心孔的配合应松紧合适。

(3) 用卡盘和顶尖装夹　用两顶尖装夹工件虽然精度高,但刚性较差。因此,车削质量较大工件时要一端用卡盘夹住,另一端用后顶尖支撑。为了防止工件由于切削力的作用而产生轴向位移,必须在卡盘内装一限位支承,或利用工件的台阶面限位(图 5-11)。这种方法比较安全,能承受较大的轴向切削力,安装刚性好,轴向定位准确,所以应用比较广泛。

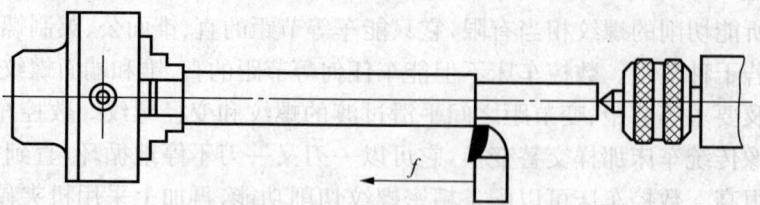

图 5-11　用工件的台阶面限位

(4)用双三爪自定心卡盘装夹 对于精度要求高、变形要求小的细长轴类零件可采用双主轴驱动式数控车床加工,机床两主轴轴线同轴、转动同步,零件两端同时分别由三爪自定心卡盘装夹并带动旋转,这样可以减小切削加工时切削力矩引起的工件扭转变形。

2. 工件采用找正方式装夹

(1)找正要求 找正装夹时必须将工件的加工表面回转轴线(同时也是工件坐标系 Z 轴)找正到与车床主轴回转中心重合。

(2)找正方法 与普通车床上找正工件相同,一般为打表找正。通过调整卡爪,使工件坐标系 Z 轴与车床主轴的回转中心重合,见图5-12。

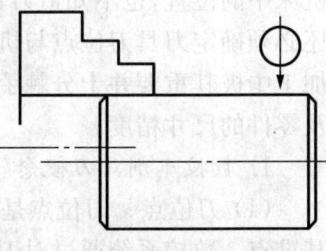

图5-12 找正装夹方法

单件生产工件偏心安装时常采用找正装夹;用三爪自定心卡盘装夹较长的工件时,工件离卡盘夹持部分较远处的旋转中心不一定与车床主轴旋转中心重合,这时必须找正;又当三爪自定心卡盘使用时间较长,已失去应有精度,而工件的加工精度要求又较高时,也需要找正。

(3)装夹方式 一般采用四爪单动卡盘装夹。四爪单动卡盘的四个卡爪是各自独立运动的,可以调整工件夹持部位在主轴上的位置,使工件加工面的回转中心与车床主轴的回转中心重合,但四爪单动卡盘找正比较费时,只能用于单件小批生产。四爪单动卡盘夹紧力较大,所以适用于大型或形状不规则的工件。四爪单动卡盘也可装成正爪或反爪两种形式。

3. 其他类型的数控车床夹具

为了充分发挥数控车床的高速度、高精度和自动化的效能,必须有相应的数控夹具与之配合。数控车床夹具除了使用通用三爪自定心卡盘、四爪卡盘、顶尖、大批量生产中使用便于自动控制的液压、电动及气动卡盘、顶尖外,还有其他类型的夹具,它们主要分为两大类:即用于轴类工件的夹具和用于盘类工件的夹具。

(1)用于轴类工件的夹具 数控车床加工一些特殊形状的轴类工件(如异形杠杆)时,坯件可装卡在专用车床夹具上,夹具随同主轴一同旋转。用于轴类工件的夹具还有自动夹紧拨动卡盘、三爪拨动卡盘和快速可调万能卡盘等。图5-13所示为加工实心轴所用的拨齿顶尖夹具,其特点是在粗车时可以传递足够大的转矩,以适应主轴高速旋转车削要求。

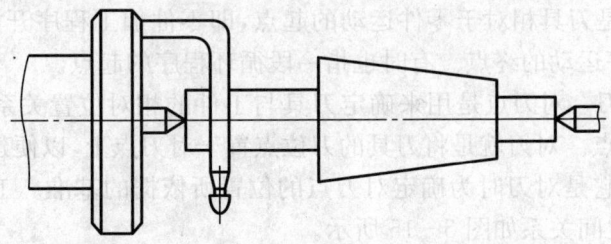

图5-13 实心轴加工所用的拨齿顶尖夹具

(2)用于盘类工件的夹具 这类夹具适用在无尾座的卡盘式数控车床上。用于盘类工件的夹具主要有可调卡爪式卡盘和快速可调卡盘。

5.2.2 数控车削的对刀

数控加工是数控机床通过 NC 程序控制刀具和工件的相对运动来完成的。编写 NC 程序是以工件坐标系或编程坐标系为基准,刀具加工工件是在机床坐标系下进行的。工件坐标系确立后,并未与机床坐标系发生任何联系,此时两者仍然相互独立,数控系统既不知道工件在机床中的位置,也不知道刀具在机床中的位置,即无法按所编程序正确加工。因此,加工之前还必须确定刀具刀位点与机床坐标原点之间的关系,这一过程就称为对刀。对刀是数控机床加工中极其重要并十分棘手的一项基本工作。对刀的好与差,将直接影响到加工程序的编制及零件的尺寸精度。

1. 数控车削对刀概念

(1) 刀位点　刀位点是指在加工程序编制中,用以表示刀具特征的点,也是对刀和加工的基准点。数控系统通过对刀具刀位点的控制,间接地控制每把刀刀尖的运动。常用刀具的刀位点规定:立铣刀、端铣刀的刀位点是刀具轴线与刀具底面的交点;球头铣刀刀位点为球心;镗刀、车刀刀位点为刀尖或刀尖圆弧中心;钻头的刀位点是钻尖或钻头底面中心;线切割的刀位点则是线电极的轴心与零件面的交点。各类刀具刀位点如图 5-14 所示。

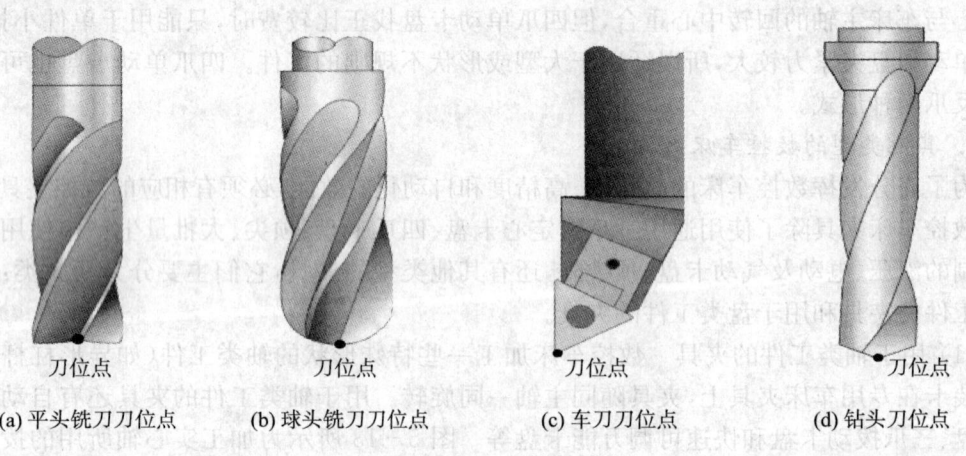

(a) 平头铣刀刀位点　　(b) 球头铣刀刀位点　　(c) 车刀刀位点　　(d) 钻头刀位点

图 5-14　各类刀具刀位点

(2) 起刀点　它是刀具相对于零件运动的起点,即零件加工程序开始时刀位点的起始位置,而且往往还是程序运动的终点。有时也指一段循环程序的起点。

(3) 对刀点与对刀　对刀点是用来确定刀具与工件的相对位置关系的点,是确定工件坐标系与机床坐标系的点。对刀就是将刀具的刀位点置于对刀点上,以便建立工作坐标系。

(4) 对刀基准　它是对刀时为确定对刀点的位置所依据的基准。工件坐标系、机床坐标系、对刀点及刀位点之间关系如图 5-15 所示。

工件采用夹具定位装夹时一般以定位元件的起始基准为基准对刀,因此定位元件的起始基准为基准对刀。刀可以将工件坐标系原点(如 G54~G59 指令时)直接设为对刀基准。

(5) 对刀参考点　它是校准刀具相对于工件运动的起点的一个刀具参考点,数控车床上常取刀架某一固定点作为车刀的对刀参考点,数控系统通过控制该点运动,间接地控制每把刀的刀尖运动。

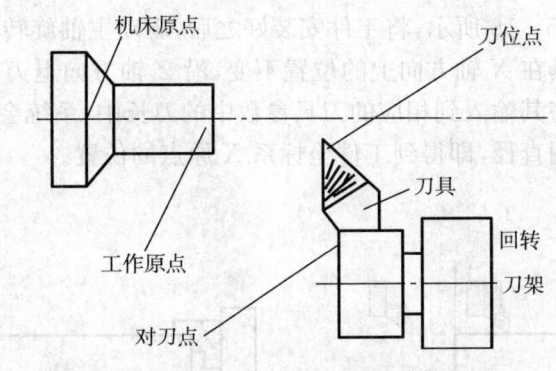

图 5-15 坐标系、对刀点及刀位点之间的关系

(6) 换刀点 它是指刀架转位换刀时的位置。该点可以是某一固定点(如加工中心机床,其换刀机械手的位置是固定的),也可以是任意的一点(如车床)。换刀点应设在工件或夹具的外部,以刀架转位时不碰工件及其他部件为准。其设定值可用实际测量方法或计算确定。

2. 对刀点的选择原则

对刀点就是在数控机床上加工零件时,刀具相对于工件运动的起点。由于程序段从该点开始执行,所以对刀点又称为"程序起点"或"起刀点"。对刀点可选在工件上,也可选在工件外面(如选在夹具上或机床上)。对刀的目的是告诉数控系统工件在机床坐标系中的位置,实际上是将工作原点(编程零点)在机床坐标系中的位置坐标值预存到数控系统。

为了提高零件的加工精度,对刀点应尽量设置在零件的设计基准或工艺基准上。例如以外圆或孔定位零件,可以取外圆或孔的中心与端面的交点作为对刀点。实际操作机床时,可通过手工对刀操作把刀具的刀位点放到对刀点上,即"刀位点"与"对刀点"的重合。在成批生产中要考虑对刀点的重复精度,该精度可用对刀点相距机床原点的坐标值(X_0, Y_0)来校核。

确定对刀点应注意以下的原则:

(1) 尽量与零件的设计基准或工艺基准一致;

(2) 应选在对刀方便的位置,以便于观察和检测;

(3) 对刀点选择应尽量便于坐标值的计算。对于建立了绝对坐标系统的数控机床,对刀点最好选在该坐标系的原点上,或者选在已知坐标值的点上;

(4) 该点的对刀误差应较小,或可能引起的加工误差为最小;

(5) 尽量使加工程序中的引入或返回路线短,并便于换刀。

3. 对刀方法

数控车削加工中,应首先确定零件的加工原点,以建立准确的加工坐标系,同时考虑刀具的不同尺寸对加工的影响。这些都需要通过对刀来解决。目前数控车床常用对刀的方法有试切对刀法和对刀仪自动对刀法等。

(1) 试切对刀

试切法对刀是实际中应用的最多的一种对刀方法。下面以采用 MITSUBISHI 50L 数控系统的 RFCZ12 车床为例,来介绍具体操作方法。

在加工前测定出加工起始点(起刀点)处,刀具刀位点(如刀尖)在工件坐标系(编程坐标系)中的相对坐标位置。通常在加工工件前进行对刀操作,只有通过对刀才可确定工件在机床中的位置,保证工件的正确加工。试切对刀的过程大致如下:

① 先进行返回参考点的操作

② 试切外圆　如图 5-16 所示,将工件安装好之后,驱动主轴旋转,移动刀架至工件试切一段外圆。然后保持刀具在 X 轴方向上的位置不变,沿 Z 轴方向退刀。停止主轴转动,测量工件试切后的直径 D。将其输入到相应的刀具参数中的刀长中,系统会自动用刀具当前 X 坐标减去试切出的那段外圆直径,即得到工件坐标系 X 原点的位置。

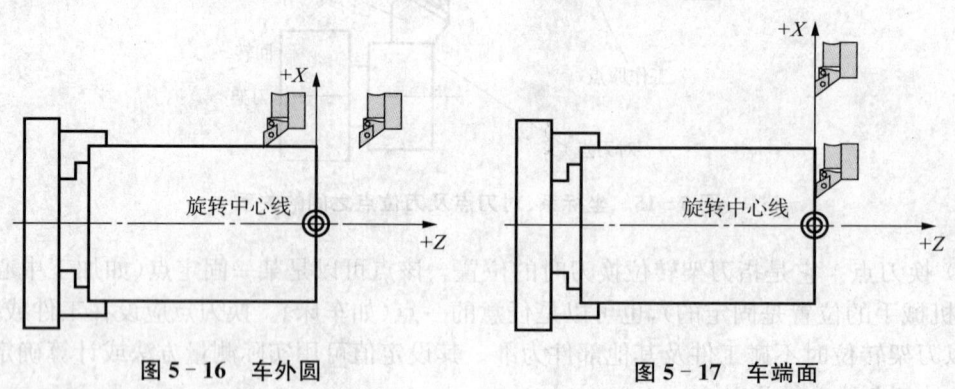

图 5-16　车外圆　　　　　　　图 5-17　车端面

③ 试切端面　如图 5-17 所示,用同样的方法再将工件右端面试切一刀,保持刀具 Z 坐标不变,沿横向(X 向)退刀。在相应刀具参数中的刀宽中输入 Z0,系统会自动将此时刀具的 Z 坐标减去刚才输入的数值,即得工件坐标系 Z 原点的位置。

例如,2#刀的刀架在 X 为 150.0 时车出的外圆直径为 25.0,那么使用该把刀具切削时的程序原点 X 值为 150.0－25.0＝125.0;刀架在 Z 为 180.0 时切的端面为 0,那么使用该把刀具切削时的程序原点 Z 值为 180.0－0＝180.0。分别将(125.0,180.0)存入 2#刀具参数刀长中的 X 与 Z 中,在程序中使用 T0202 就可以成功建立出工件坐标系。

事实上,找工件原点在机械坐标系中的位置并不是求该点的实际位置,而是找刀尖点到达 (0,0) 时刀架的位置。采用这种方法对刀一般不使用标准刀,在加工之前需要将所要用刀的刀具全部都对好。

④ 其他各刀具的对刀　测定出每一把刀具转位到加工方位时,其刀位点相对于基准车刀刀位点在 X、Z 两方向上的位置偏差;然后,将偏差值存入对应的刀具数据库即可。这样,只需要在加工程序中用指令标明所用的刀具,则执行到刀具指令时,机床会自动移动调整刀架,直到新刀具刀位点与前一把刀具刀位点重合。整个程序均可按基准车刀刀位点进行编写。

手动对刀是基本对刀方法,但它还是没跳出传统车床的"试切—测量—调整"的对刀模式,占用较多在机床上的时间。此方法较为落后。

(2) 机外对刀仪对刀

机外对刀的本质是测量出刀具假想刀尖点到刀具台基准之间 X 及 Z 方向的距离。利用机外对刀仪可将刀具预先在机床外校好,以便装上机床后将对刀长度输入相应刀具补偿号即可使用,如图 5-18 所示。

(3) 对刀仪自动对刀

现在很多车床上都装备了对刀仪,使用对刀仪对刀可免去测量时产生的误差,大大提高对刀精度。由于使用对刀仪可以自动计算各把刀的刀长与刀宽的差值,并将其存入系统中,在加工另外的零件的时候就只需要对标准刀,这样就大大节约了时间。需要注意的是使用对刀仪对刀一般都设有标准刀具,在对刀的时候先对标准刀。

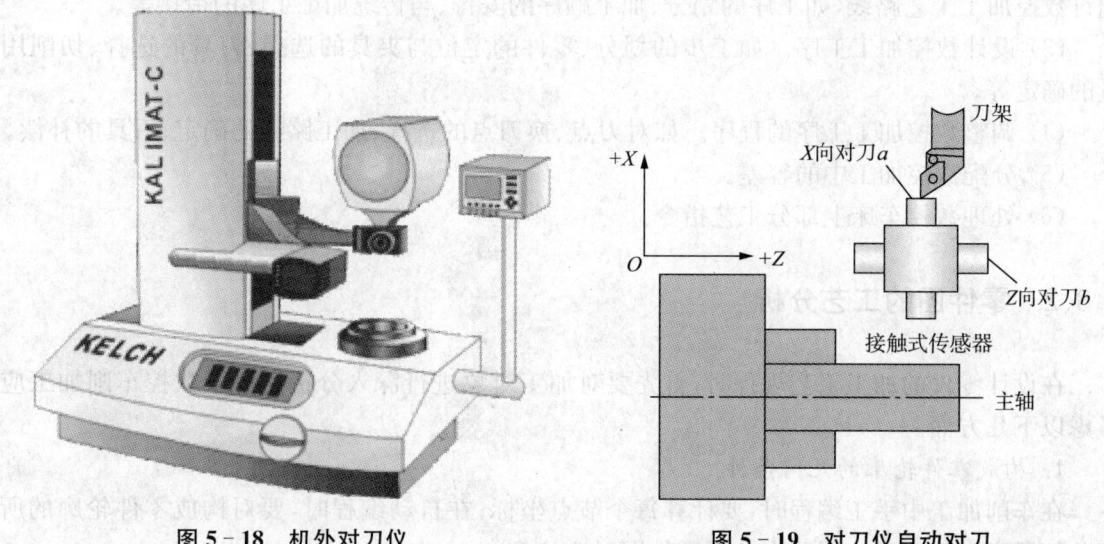

图 5-18 机外对刀仪　　　　图 5-19 对刀仪自动对刀

下面以采用 FANUC 0T 系统的日本 WASINO LJ-10MC 车削中心为例介绍对刀仪工作原理及使用方法。刀尖随刀架向已设定好位置的对刀仪位置检测点移动并与之接触,直到内部电路接通发出电信号(通常我们可以听到嘀嘀声并且有指示灯显示)。在 2♯刀尖接触到点 a 时将刀具所在点的 X 坐标存入图 5-19 所示 G02 的 X 中,将刀尖接触到点 b 时刀具所在点的 Z 坐标存入 G02 的 Z 中。其他刀具的对刀按照相同的方法操作。

事实上,在上一步的操作中只对好了 X 的零点以及该刀具相对于标准刀在 X 方向与 Z 方向的差值,在更换工件加工时再对 Z 零点即可。由于对刀仪在机械坐标系中的位置总是一定的,所以在更换工件后,只需要用标准刀对 Z 坐标原点就可以了。操作时使用 Z 轴功能测量按钮"Z-axis shift measure"。

手动移动刀架的 X、Z 轴,使标准刀具接近工件 Z 向的右端面,试切工件端面,按下"POSITION RECORDER"按钮,系统会自动记录刀具切削点在工件坐标系中 Z 向的位置,并将其他刀具与标准刀在 Z 方向的差值与这个值相加从而得到相应刀具的 Z 原点,其数值显示在 WORK SHIFT 工作画面上。

5.3　数控车削加工工艺的制订

在数控机床上加工零件时,工艺分析是数控加工前期工艺准备工作,工艺制订得合理与否,对程序编制、机床的加工效率和零件的加工精度都有重要影响。工艺处理涉及的问题很多,主要工作内容包括:分析零件图,确定加工内容、装夹方案、加工顺序及走刀路线、刀具选择、切削用量选择等。

5.3.1　数控车削加工工艺包括的内容

数控车削加工工艺主要包括以下几方面:
(1) 选择适合在数控车床上加工的零件,确定工序内容。
(2) 分析被加工零件图样,明确加工内容及技术要求,在此基础上确定零件的加工方案,制订数控加工工艺路线,如工序的划分、加工顺序的安排、与传统加工工序的衔接等。

(3) 设计数控加工工序。如工步的划分、零件的定位与夹具的选择、刀具的选择、切削用量的确定等。

(4) 调整数控加工工序的程序。如对刀点、换刀点的选择、加工路线的确定、刀具的补偿。

(5) 分配数控加工中的容差。

(6) 处理数控车床上部分工艺指令。

5.3.2 零件图的工艺分析

在设计零件的加工工艺规程时,首先要对加工对象进行深入分析。对于数控车削加工应考虑以下几方面。

1. 构成零件轮廓的几何条件

在车削加工中手工编程时,要计算每个节点坐标;在自动编程时,要对构成零件轮廓的所有几何元素进行定义。因此在分析零件图时应注意:

(1) 零件图上是否漏掉某尺寸,使其几何条件不充分,影响到零件轮廓的构成;

(2) 零件图上的图线位置是否模糊或尺寸标注不清,使编程无法下手;

(3) 零件图上给定的几何条件是否不合理,造成数学处理困难。

(4) 零件图上尺寸标注方法应适应数控车床加工的特点,应以同一基准标注尺寸或直接给出坐标尺寸。

2. 尺寸精度要求

分析零件图样尺寸精度的要求,以判断能否利用车削工艺达到,并确定控制尺寸精度的工艺方法。

在该项分析过程中,还可以同时进行一些尺寸的换算,如增量尺寸与绝对尺寸及尺寸链计算等。在利用数控车床车削零件时,常常对零件要求的尺寸取最大和最小极限尺寸的平均值作为编程的尺寸依据。

3. 形状和位置精度的要求

零件图样上给定的形状和位置公差是保证零件精度的重要依据。加工时,要按照其要求确定零件的定位基准和测量基准,还可以根据数控车床的特殊需要进行一些技术性处理,以便有效地控制零件的形状和位置精度。

4. 表面粗糙度要求

表面粗糙度是保证零件表面微观精度的重要要求,也是合理选择数控车床、刀具及确定切削用量的依据。

5. 材料与热处理要求

零件图样上给定的材料与热处理要求,是选择刀具、数控车床型号、确定切削用量的依据。

5.3.3 工序和装夹方法的确定

1. 工序的划分

加工工序的划分,按第 4 章"数控加工工艺规程设计"的要求进行。对于数控车削加工来说以下两种原则使用较多:

(1) 按所用刀具划分工序　采用这种方式可提高车削加工的生产效率。

(2) 按粗、精加工划分工序　采用这种方式可保持数控车削加工的精度。如图 5-20 所示的零件,应先切除整个零件的大部分余量,再将表面精车一遍,以保证加工精度和表面粗糙度的要求。

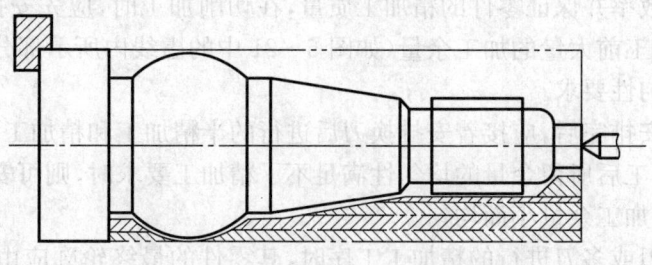

图 5-20　车削加工的零件

2. 确定零件装夹方法和夹具选择

数控车床上零件安装方法与普通车床一样,要尽量选用已有的通用夹具装夹,且应注意减少装夹次数,尽量做到在一次装夹中能把零件上所有要加工表面都加工出来。零件定位基准应尽量与设计基准重合,以减少定位误差对尺寸精度的影响。

数控车床多采用三爪自定心卡盘夹持工件;轴类工件还可采用尾座顶尖夹持工件。由于数控车床主轴转速极高,为便于工件夹紧,多采用液压高速动力卡盘,因它在生产厂已通过了严格平衡,具有高转速(极限转速可达 4 000～6 000 r/min)、高夹紧力(最大推拉力为 2 000～8 000 N)、高精度、调爪方便、通孔、使用寿命长等优点。还可使用软爪夹持工件,软爪弧面由操作者随机配制,可获得理想的夹持精度。通过调整油缸压力,可改变卡盘夹紧力,以满足夹持各种薄壁和易变形工件的特殊需要。为减少细长轴加工时受力变形,提高加工精度,以及在加工带孔轴类工件内孔时,可采用液压自动定心中心架,其定心精度可达 0.03 mm。此外,数控车床加工中还有其他相应的夹具,它们主要分为两大类,即用于轴类工件的夹具和用于盘类工件的夹具。

(1) 用于轴类零件的夹具

用于轴类工件的夹具有自动夹紧拨动卡盘、拨齿顶尖、三爪拨动卡盘和快速可调万能卡盘等。

数控车床加工轴类零件时,坯件装夹在主轴顶尖和尾座顶尖之间,由主轴上的拨盘或拨齿顶尖带动旋转。这类夹具在粗车时可以传递足够大的转矩,以适应主轴的高速旋转车削。

(2) 用于盘类零件的夹具

用于盘类零件的夹具主要有可调卡爪式卡盘和快速可调卡盘。这类夹具适用于无尾座的卡盘式数控车床上。

5.3.4　加工顺序和进给路线的确定

1. 加工顺序的确定

在数控机床加工过程中,由于加工对象复杂多样,特别是轮廓曲线的形状及位置千变万化,加上材料不同、批量不同等多方面因素的影响,在对具体零件制订加工顺序时,应该进行具体分析和区别对待,灵活处理。只有这样,才能使所制订的加工顺序合理,从而达到质量优、效率高和成本低的目的。

数控车削的加工顺序一般按照 4.2.3 节"加工工艺路线的制订"和 4.5.1 节"数控加工工艺设计的主要内容"的总体原则确定,下面针对数控车削的特点对这些原则进行详细的叙述。

(1) 先粗后精

为了提高生产效率并保证零件的精加工质量,在切削加工时,应先安排粗加工工序,在较短的时间内,将精加工前大量的加工余量(如图 5-21 中的虚线内所示部分)去掉,同时尽量满足精加工的余量均匀性要求。

当粗加工工序安排完后,应接着安排换刀后进行的半精加工和精加工。其中,安排半精加工的目的是,当粗加工后所留余量的均匀性满足不了精加工要求时,则可安排半精加工作为过渡性工序,以便使精加工余量小而均匀。

在安排可以一刀或多刀进行的精加工工序时,其零件的最终轮廓应由最后一刀连续加工而成。这时,加工刀具的进退刀位置要考虑妥当,尽量不要在连续的轮廓中安排切入和切出或换刀及停顿,以免因切削力突然变化而造成弹性变形,致使光滑连接轮廓上产生表面划伤、形状突变或滞留刀痕等弊病。

(2) 先近后远加工,减少空行程时间

这里所说的远与近,是按加工部位相对于对刀点的距离大小而言的。在一般情况下,特别是在粗加工时,通常安排离对刀点近的部位先加工,离对刀点远的部位后加工,以便缩短刀具移动距离,减少空行程时间。对于车削加工,先近后远有利于保持毛坯件或半成品件的刚性,改善其切削条件。

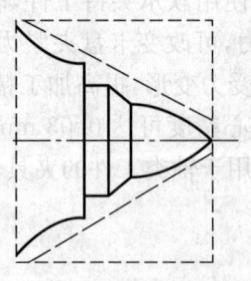

图 5-21 先粗后精示例

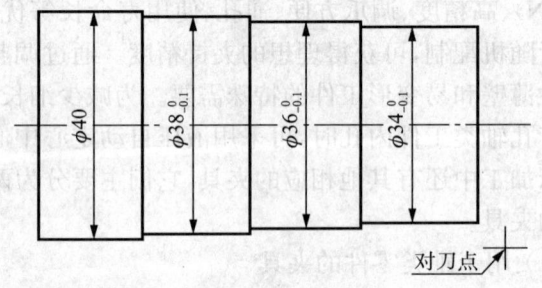

图 5-22 先近后远示例

例如,当加工图 5-22 所示零件时,如果按 $\phi 38$ mm→$\phi 36$ mm→$\phi 34$ mm 的次序安排车削,不仅会增加刀具返回对刀点所需的空行程时间,而且还可能使台阶的外直角处产生毛刺(飞边)。对这类直径相差不大的台阶轴,当第一刀的切削深度(图中最大切削深度可为 3 mm 左右)未超限时,宜按 $\phi 34$ mm→$\phi 36$ mm→$\phi 38$ mm 的次序先近后远地安排车削。

(3) 内外交叉

对既有内表面(内型腔),又有外表面需加工的零件,安排加工顺序时,应先进行内外表面粗加工,后进行内外表面精加工。切不可将零件上一部分表面(外表面或内表面)加工完毕后,再加工其他表面(内表面或外表面)。

(4) 基面先行原则

用作精基准的表面应优先加工出来,因为定位基准的表面越精确,装夹误差就越小。例如轴类零件加工时,总是先加工中心孔,再以中心孔为精基准加工外圆表面和端面。

上述原则并不是一成不变的,对于某些特殊情况,则需要采取灵活可变的方案。如有的工件就必须先精加工后粗加工,才能保证其加工精度与质量。这些都有赖于编程者实际加工经验的不断积累与学习。

2. 加工进给路线的确定

进给路线是刀具在整个加工工序中相对于工件的运动轨迹,它不但包括了工步的内容,而且也反映出工步的顺序。进给路线也是编程的依据之一。

加工路线的确定首先必须保持被加工零件的尺寸精度和表面质量,其次考虑数值计算简单、走刀路线尽量短、效率较高等。因精加工的进给路线基本上都是沿其零件轮廓顺序进行的,因此确定进给路线的工作重点是确定粗加工及空行程的进给路线。下面将具体分析。

(1) 加工路线与加工余量的关系

在数控车床还未达到普及使用的条件下,一般应把毛坯件上过多的余量,特别是含有锻、铸硬皮层的余量安排在普通车床上加工。如必须用数控车床加工时,则要注意程序的灵活安排。安排一些子程序对余量过多的部位先做一定的切削加工。

① 对大余量毛坯进行阶梯切削时的加工路线　图 5-23 所示为车削大余量工件的两种加工路线,图 5-23(a)是错误的阶梯切削路线,图 5-23(b)按 1→5 的顺序切削,每次切削所留余量相等,是正确的阶梯切削路线。因为在同样背吃刀量的条件下,按图 5-23(a)方式加工所剩的余量过多。

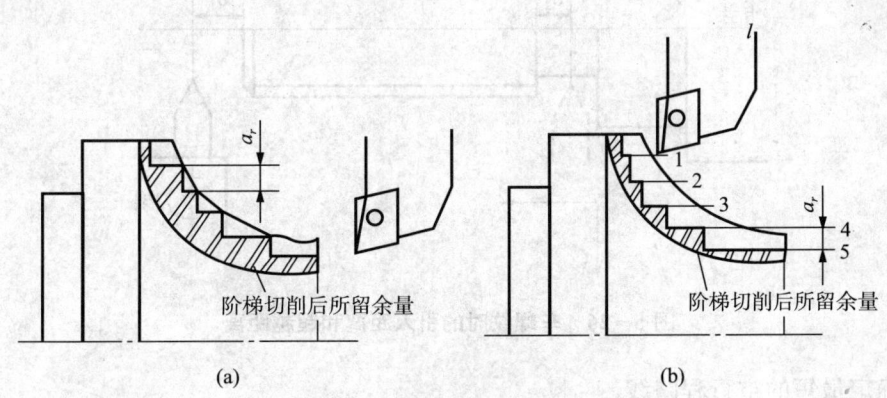

图 5-23　车削大余量毛坯的阶梯路线

根据数控加工的特点,还可以放弃常用的阶梯车削法,改用依次从轴向和径向进刀、顺工件毛坯轮廓走刀的路线(如图 5-24 所示)。

② 分层切削时刀具的终止位置　当某表面的余量较多需分层多次走刀切削时,从第二刀开始就要注意防止走刀到终点时切削深度的猛增。如图 5-25 所示,设以 90°主偏角刀分层车削外圆,合理的安排应是每一刀的切削终点依次提前一小段距离 e(例如可取 $e=0.05$ mm)。如果 $e=0$,则每一刀都终止在同一轴向位置上,主切削刃就可能受到瞬时的重负荷冲击。当刀具的主偏角大于 90°,但仍然接近 90°时,也宜作出层层递退的安排,经验表明,这对延长粗加工刀具的寿命是有利的。

(2) 刀具的切入、切出

在数控机床上进行加工时,要安排好刀具的切入、切出路线,尽量使刀具沿轮廓的切线方向切入、切出。

尤其是车螺纹时,必须设置升速段 δ_1 和降速段 δ_2(图 5-26),这样可避免因车刀升降而影响螺距的稳定。

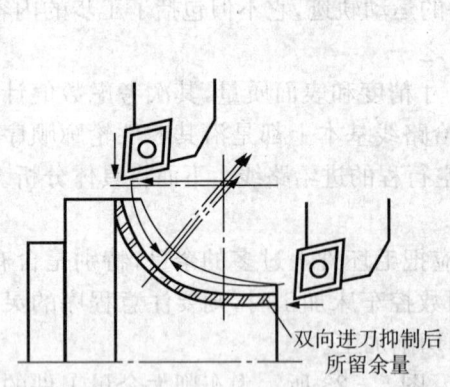

图 5-24 双向进刀走刀路线

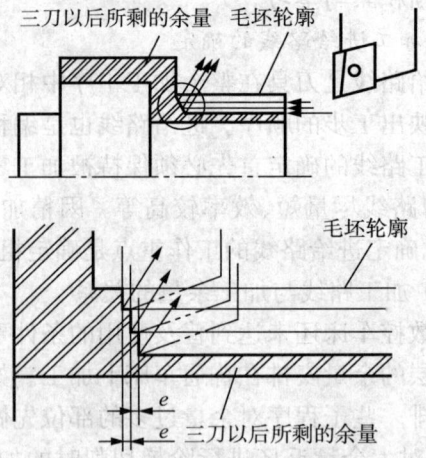

图 5-25 分层切削时刀具的终止位置

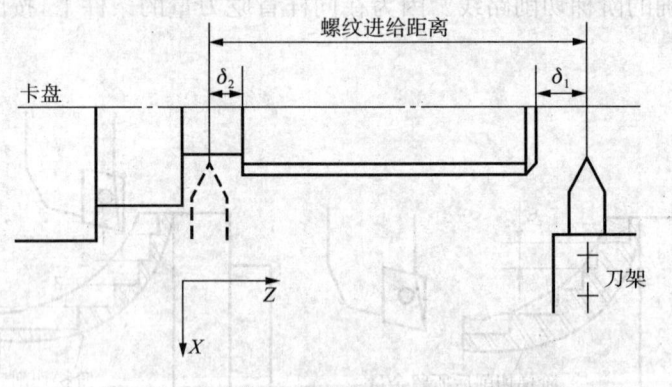

图 5-26 车螺纹时的引入距离和超越距离

(3) 确定最短的空行程路线

确定最短的走刀路线，除了依靠大量的实践经验外，还应善于分析，必要时辅以一些简单计算。现将实践中的部分设计方法或思路介绍如下。

① 巧用对刀点　图 5-27(a) 为采用矩形循环方式进行粗车的一般情况示例。其起刀点 A 的设定是考虑到精车等加工过程中需方便地换刀，故设置在离坯料较远的位置处，同时将起刀点与其对刀点重合在一起，按三刀粗车的走刀路线安排如下：

第一刀为 $A \to B \to C \to D \to A$

第二刀为 $A \to E \to F \to G \to A$

第三刀为 $A \to H \to I \to J \to A$

图 5-27(b) 则是巧将起刀点与对刀点分离，并设起刀点在 B 点位置，仍按相同的切削用量进行三刀粗车，其走刀路线安排如下：起刀点与对刀点分离的空行程为 $A \to B$

第一刀为 $B \to C \to D \to E \to B$

第二刀为 $B \to F \to G \to H \to B$

第三刀为 $B \to I \to J \to K \to B$

显然，图 5-27(b) 所示的走刀路线短。

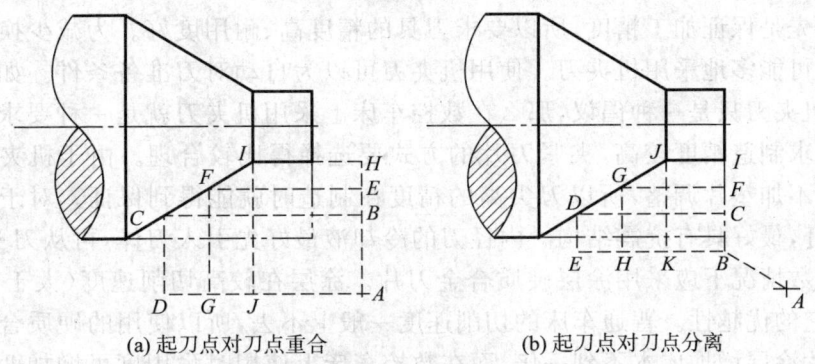

(a) 起刀点对刀点重合　　　　(b) 起刀点对刀点分离

图 5-27　巧用起刀点

② 巧设换刀点　为了考虑换(转)刀的方便和安全,有时将换(转)刀点也设置在离坯件较远的位置处(如图 5-27 中点 A),那么,当换第二把刀后,进行精车时的空行程路线必然也较长;如果将第二把刀的换刀点也设置在图 5-27(b)中的 B 点位置上,则可缩短空行程距离。

③ 合理安排"回零"路线　在手工编制较复杂轮廓的加工程序时,为使其计算过程尽量简化,既不易出错,又便于校核,编程者(特别是初学者)有时将每一刀加工完后的刀具终点通过执行"回零"(即返回对刀点)指令,使其全都返回到对刀点位置,然后再进行后续程序。这样会增加走刀路线的距离,从而大大降低生产效率。因此,在合理安排"回零"路线时,应使其前一刀终点与后一刀起点间的距离尽量减短,或者为零,即可满足走刀路线为最短的要求。

(4) 确定最短的切削进给路线

切削进给路线短,可有效地提高生产效率,降低刀具损耗等。在安排粗加工或半精加工的切削进给路线时,应同时兼顾到被加工零件的刚性及加工的工艺性等要求,不要顾此失彼。

图 5-28 为粗车工件时几种不同切削进给路线的安排示例。其中,图 5-28(a)表示利用数控系统具有的封闭式复合循环功能而控制车刀沿着工件轮廓进行走刀的路线;图 5-28(b)为利用其程序循环功能安排的"三角形"走刀路线;图 5-28(c)为利用其矩形循环功能而安排的"矩形"走刀路线。

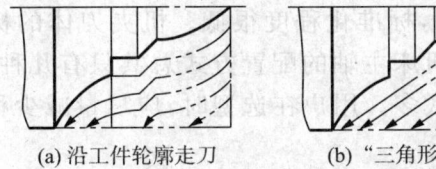

(a) 沿工件轮廓走刀　　(b) "三角形"走刀　　(c) "矩形"走刀

图 5-28　走刀路线示例

对以上三种切削进给路线,经分析和判断后可知矩形循环进给路线的走刀长度总和为最短。因此,在同等条件下,其切削所需时间(不含空行程)为最短,刀具的损耗小。另外,矩形循环加工的程序段格式较简单,所以这种进给路线的安排,在制订加工方案时应用较多。

5.3.5　加工工序的设计

1. 对刀具的要求

数控车床能兼作粗、精车削。为使粗车能大吃刀、大走刀,要求粗车刀具强度高、耐用度好;精车首先是保证加工精度,所以要求刀具的精度高、耐用度好。为减少换刀时间和方便对刀,应尽可能多地采用机夹刀。使用机夹刀可以为自动对刀准备条件。如果说对传统车床上采用机夹刀只是一种倡议,那么在数控车床上采用机夹刀就是一种要求了。机夹刀具的刀体,要求制造精度较高,夹紧刀片的方式要选择得比较合理。由于机夹刀装上数控车床时,一般不加垫片调整,所以刀尖高的精度在制造时就能得到保证。对于长径比例较大的内径刀杆,最好具有抗震结构。内径刀的冷却液最好先引入刀体,再从刀头附近喷出。对刀片,在多数情况下应采用涂层硬质合金刀片。涂层在较高切削速度(大于 100 m/min)时才体现出它的优越性。普通车床的切削速度一般上不去,所以使用的硬质合金刀片可以不涂层。刀片涂层增加成本不到一倍,而在数控车床上使用时耐用度可增加两倍以上。数控车床用了涂层刀片可提高切削速度,从而就可提高加工效率。涂层材料一般有碳化钛、氮化钛和氧化铝等,在同一刀片上也可以涂几层不同的材料,成为复合涂层。数控车床对刀片的断屑槽有较高的要求,因为数控车床自动化程度高,切削常常在封闭环境中进行,所以在车削过程中很难对大量切屑进行人工处置。如果切屑断得不好,它就会缠绕在刀头上,既可能挤坏刀片,也会把切削表面拉伤。普通车床用的硬质合金刀片一般是两维断屑槽,而数控车削刀片常采用三维断屑槽。三维断屑槽的型式很多,在刀片制造厂内一般是定型成若干种标准。它的共同特点是断屑性能好、断屑范围宽。对于具体材质的零件,在切削参数定下之后,要注意选好刀片的槽型。选择过程中可以做一些理论探讨,但更主要的是进行实切试验。在一些场合,也可以根据已有刀片的槽型来修改切削参数。要求刀片有高的耐用度,这是毋庸置疑的。

数控车床还要求刀片耐用度的一致性要好,以便于使用刀具寿命管理功能。在使用刀具寿命管理时,刀片耐用度的设定原则是把该批刀片中耐用度最低的刀片作为依据的。在这种情况下,刀片耐用度的一致性甚至比其平均寿命更重要。至于精度,同样要求各刀片之间精度一致性要好。

2. 对刀座(夹)的要求

刀(刃)具很少直接装在数控车床的刀架上,它们之间一般用刀座(也称刀夹)作过渡。刀座的结构主要取决于刀体的形状、刀架的外形和刀架对主轴的配置方式这三个因素。现今刀座的种类繁多,生产厂各行其是,标准化程度很低。机夹刀体的标准化程度比较高,所以种类和规格并不太多;刀架对机床主轴的配置方式总共只有几种;唯有刀架的外形(主要是指与刀座联结的部分)型式太多。用户在选型时,应尽量减少种类、型式,以利管理。

3. 数控车刀

数控车床刀具种类从 2.1.1 节可以看出其种类繁多,功能互不相同。根据不同的加工条件正确选择刀具是编制程序的重要环节,因此必须对车刀的种类及特点有一个基本的了解。

目前数控机床用刀具的主流是可转位刀片的机夹刀具。下面对可转位刀具作简要的介绍:

(1) 数控车床可转位刀具特点

数控车床所采用的可转位车刀,其几何参数是通过刀片结构形状和刀体上刀片槽座的方位安装组合形成的,与通用车床相比一般无本质的区别,其基本结构、功能特点是相同的。但数控车床的加工工序是自动完成的,因此对可转位车刀的要求又有别于通用车床所使用的刀具,具体要求和特点如表 5-1 所示。

表 5-1 可转位车刀特点

要求	特点	目的
精度高	采用 M 级或更高精度等级的刀片； 多采用精密级的刀杆； 用带微调装置的刀杆在机外预调好	保证刀片重复定位精度,方便坐标设定,保证刀尖位置精度
可靠性高	采用断屑可靠性高的断屑槽型或有断屑台和断屑器的车刀； 采用结构可靠的车刀,采用复合式夹紧结构和夹紧可靠的其他结构	断屑稳定,不能有紊乱和带状切屑；适应刀架快速移动和换位以及整个自动切削过程中夹紧不得有松动的要求
换刀迅速	采用车削工具系统； 采用快换小刀夹	迅速更换不同型式的切削部件,完成多种切削加工,提高生产效率
刀片材料	刀片较多采用涂层刀片	满足生产节拍要求,提高加工效率
刀杆截面	刀杆较多采用正方形刀杆,但因刀架系统结构差异大,有的需采用专用刀杆	刀杆与刀架系统匹配

(2) 可转位车刀的种类 可转位车刀按其用途可分为外圆车刀、仿形车刀、端面车刀、内圆车刀、切槽车刀、切断车刀和螺纹车刀等,见表 5-2。

表 5-2 可转位车刀的种类

类型	主偏角	适用机床
外圆车刀	90°、50°、60°、75°、45°	普通车床和数控车床
仿形车刀	93°、107.5°	仿形车床和数控车床
端面车刀	90°、45°、75°	普通车床和数控车床
内圆车刀	45°、60°、75°、90°、91°、93°、95°、107.5°	普通车床和数控车床
切断车刀		普通车床和数控车床
螺纹车刀		普通车床和数控车床
切槽车刀		普通车床和数控车床

(3) 可转位车刀的结构型式

① 杠杆式 由杠杆、螺钉、刀垫、刀垫销、刀片所组成。这种方式依靠螺钉旋紧压靠杠杆,由杠杆的力压紧刀片达到夹固的目的。其特点适合各种正、负前角的刀片,有效的前角范围为 $-6°\sim+18°$；切屑可无阻碍地流过,切削热不影响螺孔和杠杆；两面槽壁给刀片有力的支撑,并确保转位精度。

② 楔块式 由紧定螺钉、刀垫、销、楔块、刀片所组成。这种方式依靠销与楔块的挤压力将刀片紧固。其特点适合各种负前角刀片,有效前角的变化范围为 $-6°\sim+18°$。两面无槽壁,便于仿形切削或倒转操作时留有间隙。

③ 楔块夹紧式 由紧定螺钉、刀垫、销、压紧楔块、刀片所组成。这种方式依靠销与楔块的压下力将刀片夹紧。其特点同楔块式,但切屑的流畅度不如楔块式。

此外还有螺栓上压式、压孔式等型式。

4. 数控车床刀具的选刀过程

数控车床刀具的选刀过程,如图 5-29 所示。从对被加工零件图样的分析开始,到选定刀具,共需经过 10 个基本步骤,以图 5-29 中的 10 个图标来表示。选刀工作过程从第 1 图标"零件图样"开始,经箭头所示的两条路径,共同到达最后一个图标"选定刀具",以完成选刀工作。其中,第一条路线为:零件图样、机床影响因素、选择刀杆、刀片夹紧系统、选择刀片形状,主要考虑机床和刀具的情况;第二条路线为:工件影响因素、选择工件材料代码、确定刀片的断屑槽型代码或 ISO 断屑范围代码、选择加工条件脸谱,这条路线主要考虑工件的情况。综合这两条路线的结果,才能确定所选用的刀具。下面将讨论每一图标的内容及选择办法。

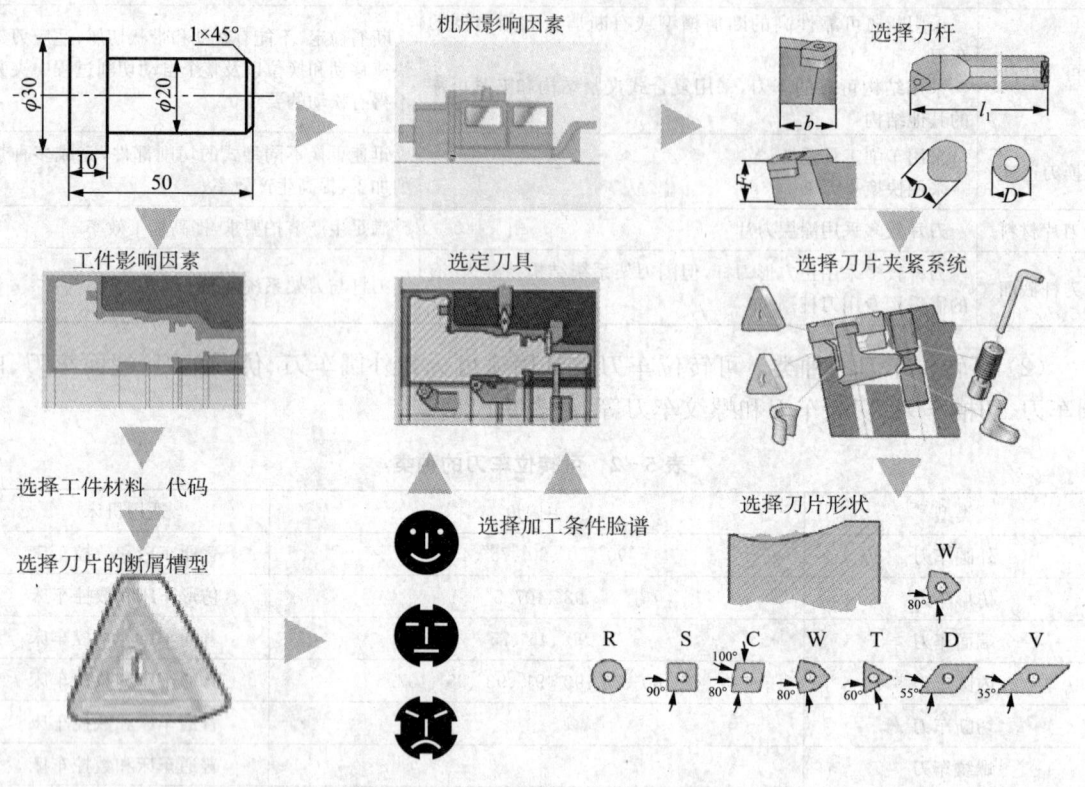

图 5-29 数控车床刀具的选刀过程

(1) 机床影响因素

"机床影响因素"图标如图 5-30 所示。为保证加工方案的可行性、经济性,获得最佳加工方案,在刀具选择前必须确定与机床有关的如下因素:

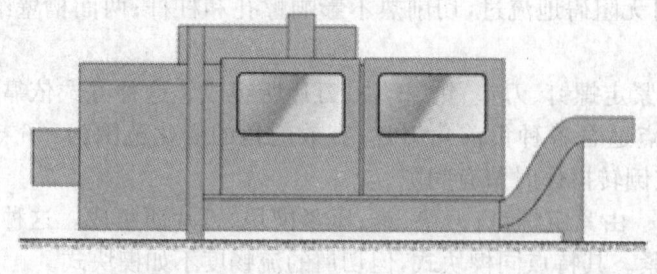

图 5-30 机床影响因素

① 机床类型:数控车床、车削中心;
② 刀具附件:刀柄的形状和直径,左切和右切刀柄;
③ 主轴功率;
④ 工件夹持方式。

(2) 选择刀杆

"选择刀杆"图标如图5-31所示。其中,刀杆类型尺寸见表5-3。

选用刀杆时,首先应选用尺寸尽可能大的刀杆,同时要考虑以下几个因素:

① 夹持方式;

② 切削层截面形状,即背吃刀量和进给量;

③ 刀柄的悬伸。

(3) 刀片夹紧系统

刀片夹紧系统常用杠杆式夹紧系统,"杠杆式夹紧系统"图标如图5-32所示。

① 杠杆式夹紧系统　杠杆式夹紧系统是最常用的刀片夹紧方式。其特点为:定位精度高,切屑流畅,操作简便,可与其他系列刀具产品通用。

② 螺钉夹紧系统　适用于小孔径内孔以及长悬伸加工。

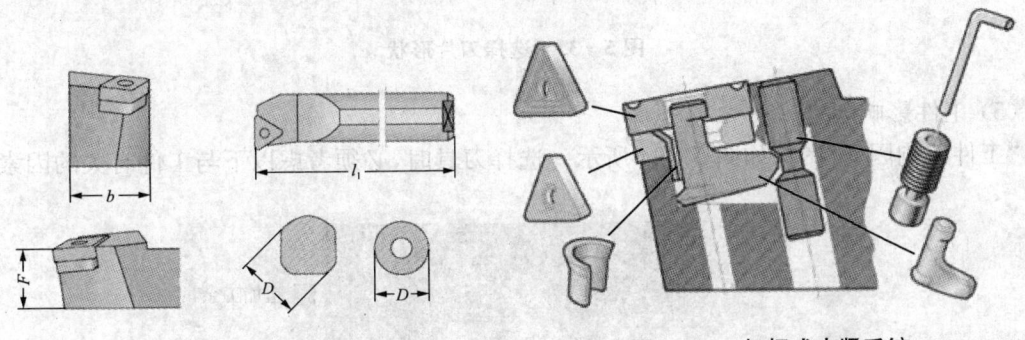

图5-31　选择刀杆　　　　　图5-32　杠杆式夹紧系统

表5-3　刀杆类型尺寸

刀杆类型	外圆加工刀杆
	内孔加工刀杆
	柄部截面形状
刀杆尺寸	柄部直径 D
	柄部长度 l_1
	主偏角(°)

(4) 选择刀片形状

"选择刀片形状"图标如图5-33所示。主要参数选择方法如下:

① 刀尖角　刀尖角的大小决定了刀片的强度。在工件结构形状和系统刚性允许的前提下,应选择尽可能大的刀尖角。通常这个角度在35°到90°之间。

图5-33中R型圆刀片,在重切削时具有较好的稳定性,但易产生较大的径向力。

② 刀片形状的选择　刀片形状主要依据被加工工件的表面形状、切削方法、刀具寿命和刀片的转位次数等因素进行选择。

正三角形刀片可用于主偏角为60°或90°的外圆车刀、端面车刀和内孔车刀。由于此刀片刀尖角小、强度差、耐用度低、故只宜用较小的切削用量。

正方形刀片的刀尖角为90°,比正三角形刀片的60°要大,因此其强度和散热性能均有所提高。这种刀片通用性较好,主要用于主偏角为45°、60°、75°等的外圆车刀、端面车刀和镗孔刀。

正五边形刀片的刀尖角为108°,其强度、耐用度高、散热面积大。但切削时径向力大,只宜在加工系统刚性较好的情况下使用。

菱形刀片和圆形刀片主要用于成形表面和圆弧表面的加工,其形状及尺寸可结合加工对象参照国家标准来确定。

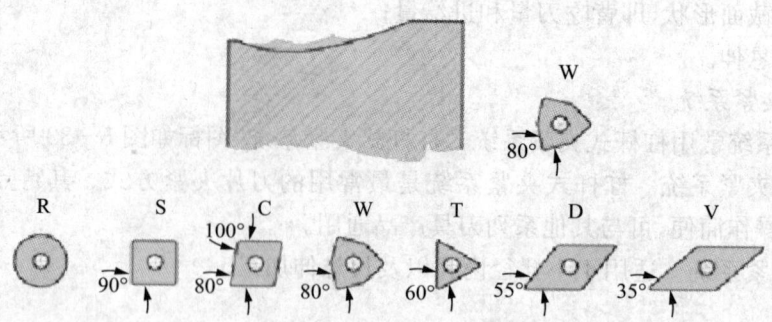

图 5-33 选择刀片形状

(5) 工件影响因素

"工件影响因素"图标如图 5-34 所示。选择刀具时,必须考虑以下与工件有关的因素:

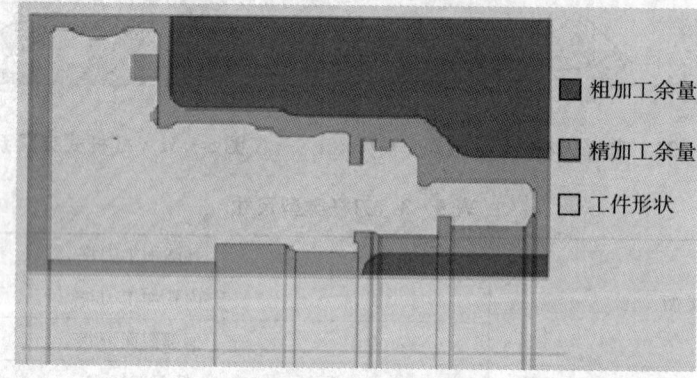

图 5-34 工件影响因素

① 工件形状:稳定性;
② 工件材质:硬度、塑性、韧性、可能形成的切屑类型;
③ 毛坯类型:锻件、铸件等;
④ 工艺系统刚性:机床夹具、工件、刀具等;
⑤ 表面质量;
⑥ 加工精度;
⑦ 切削深度;
⑧ 进给量;
⑨ 刀具耐用度。

(6) 选择工件材料代码

按照不同的机加工性能,加工材料分成6个工件材料组,它们分别和一个字母和一种颜色对应,以确定被加工工件的材料组符号代码,见表 5-4。

表 5-4 选择工件材料代码

加工材料组		代码
钢	非合金和合金钢 高合金钢 不锈钢、铁素体、马氏体	P(蓝)
不锈钢和铸钢	奥氏体 铁素体——奥氏体	M(黄)
铸铁	可锻铸铁、灰口铸铁、球墨铸铁	K(红)
NF 金属	有色金属和非金属材料	N(绿)
难切削材料	以镍或钴为基体的热固性材料 钛、钛合金及难切削加工的高合金钢	S(棕)
硬材料	淬硬钢、淬硬铸件和冷硬模铸件,锰钢	H(白)

(7) 确定刀片的断屑槽型

"确定刀片的断屑槽型"图标如图 5-35 所示。按加工的背吃刀量和合适的进给量,根据刀具选用手册来确定刀片的断屑槽型代码。

(8) 选择加工条件脸谱

"选择加工条件脸谱"图标如图 5-36 所示,三类脸谱代表了不同的加工条件:很好、好、不足。表 5-5 表示加工条件取决于机床的稳定性、刀具夹持方式和工件加工表面。

图 5-35 确定刀片断屑槽代码

图 5-36 加工条件脸谱

图 5-37 选定刀具

表 5-5 选择加工条件

加工方式 \ 机床、夹具和工件系统的稳定性	很好	好	不足
无断续切削加工表面已经过粗加工	☺	☺	😐
带铸件或锻件硬表层,不断变换切深,轻微的断续切削	☺	😐	😐
中等断续切屑	😐	😐	☹
严重断续切削	☹	☹	☹

(9) 选定刀具

"选定刀具"图标如图 5-37 所示。选定工作分以下两方面。

① 选定刀片材料　根据被加工工件的材料组符号标记、WALTER槽型、加工条件脸谱，就可得出WALTER推荐刀片材料代号,粗加工材料为WAP10,精加工材料为WAK10,见表5-6。

② 选定刀具　根据工件加工表面轮廓,从刀杆订货页码中选择刀杆。

根据选择好的刀杆,从刀片订货页码中选择刀片。

5.3.6 切削用量的选择

切削用量(a_p、f、v)选择是否合理,对于能否充分发挥机床潜力与刀具切削性能,实现优质、高产、低成本和安全操作具有很重要的作用。这里主要针对车削用量的选择进行论述:

切削用量的一般原则:粗车时,首先考虑选择一个尽可能大的背吃刀量a_p,其次选择一个较大的进给量f,最后确定一个合适的切削速度v。增大背吃刀量a_p可使走刀次数减少,增大进给量f有利于断屑,因此根据以上原则选择粗车切削用量对于提高生产效率,减少刀具消耗,降低加工成本是有利的。

表5-6　选定刀片材料

选择负型刀片					
工件材料组	ISO分类范围	WALTER槽代码	☺	😐	☹
P(蓝)	AB	…-NS4	WAK10	WAP20	WAM20
	B	…-NS8	WAP10	WAP20	WAP30
	BC	…-NM4	WAP10	WAP20	WAP30
	C	…-NM7	WAP10	WAP20	WAP30
	CD	…-NR7	WAP10	WAP20	WAP30
M(黄)	AB	…-NS4	WAM20	WAM20	WAM20
	BC	…-NM4	WAP30	WAM20	WAM20
	CD	…-NR7	WAP30	WAP30	WAP30
K(红)	—	…-NS4	WAK10	WAP20	WAP20
	—	…-NS8	WAK10	WAP20	WAP30
	—	…-NM4	WAK10	WAK10	WAP30
	—	.NMA	WAK10	WAK10	—
选择正型刀片					
工件材料组	ISO分类范围	WALTER槽代码	☺	😐	☹
P(蓝)	AB	…-PS4	WAK10	WAP20	WAM20
	BC	…-PM5	WAP10	WAP20	WAP30
M(黄)	AB	…-PS4	WAM20	WAM20	WAM20
	BC	…-PM5	WAP30	WAP30	WAP30
K(红)	—	…-PS4	WAK10	WAK10	WAP20
	—	…-PM5	WAP10	WAP20	WAP30
N(绿)	—	…-PM2	WK1	WK1	WK1

精车时，加工精度和表面粗糙度要求较高，加工余量不大且较均匀，因此选择精车切削用量时，应着重考虑如何保证加工质量，并在此基础上尽量提高生产率。因此精车时应选用较小的背吃刀量 a_p 和进给量 f，并选用切削性能高的刀具材料和合理的几何参数，以尽可能提高切削速度 v。

表 5-7 硬质合金车刀粗车外圆及端面的进给量参考值

工件材料	车刀刀杆尺寸 /(mm×mm)	工件直径 /mm	背吃刀量 a_p/mm				
			≤3	>3~5	>5~8	>8~12	>12
			进给量 f/(mm·r^{-1})				
碳素结构钢、合金结构耐热钢	16×25	20	0.3~0.4	—	—	—	—
		40	0.4~0.5	0.3~0.4	—	—	—
		60	0.5~0.7	0.4~0.6	0.3~0.5	—	—
		100	0.6~0.9	0.5~0.7	0.5~0.6	0.4~0.5	—
		400	0.8~1.2	0.7~1.0	0.6~0.8	0.5~0.6	—
	20×30 25×25	20	0.3~0.4	—	—	—	—
		40	0.4~0.5	0.3~0.4	—	—	—
		60	0.6~0.7	0.5~0.7	0.4~0.6	—	—
		100	0.8~1.0	0.7~0.9	0.5~0.7	0.4~0.7	—
		400	1.2~1.4	1.0~1.2	0.8~1.0	0.6~0.9	0.4~0.6
铸铁及合金钢	16×25	40	0.4~0.5	—	—	—	—
		60	0.6~0.8	0.5~0.7	0.4~0.6	—	—
		100	0.8~1.2	0.7~1.0	0.6~0.8	0.5~0.7	—
		400	1.0~1.4	1.0~1.2	0.8~1.0	0.6~0.8	—
	20×30 25×25	40	0.4~0.5	—	—	—	—
		60	0.6~0.9	0.5~0.7	0.4~0.7	—	—
		100	0.9~1.3	0.8~1.2	0.7~1.0	0.5~0.78	—
		400	1.2~1.8	1.2~1.6	1.0~1.3	0.9~1.0	0.7~0.9

1. 背吃刀量 a_p 的确定

在工艺系统刚度和机床功率允许的情况下，尽可能选取较大的背吃刀量，以减少进给次数。当零件精度要求较高时，则应考虑留出精车余量，其所留的精车余量一般比普通车削时所留余量小，常取 0.1~0.5 mm。

2. 进给量 f 的确定

在确定进给速度时，要考虑被加工零件的加工精度和表面粗糙度要求、刀具及工件的材料等因素，在保证加工表面质量要求的前提下，可选择较大的进给速度（200 mm/min 以下）以提高加工效率。在切断、车削深孔或精车时，应选择较低的进给速度（20~50 mm/min 范围）。当刀具空行程特别是远距离"回零"时，可以设定尽量高的进给速度。进给速度包括纵向和横向进给速度，进给速度 v_f(mm/min) 与进给量 f(mm/r)、主轴转速 n(r/min) 的关系可根据公式计算：$v_f = nf$。

表 5-8 按表面粗糙度选择进给量的参考值

工件材料	表面粗糙度 $R_a/\mu m$	切削速度范围 /(m·min^{-1})	刀尖圆弧半径 r/mm		
			0.5	1.0	2.0
			进给量 f/(mm·r^{-1})		
铸铁、青铜、铝合金	10～5	不限	0.25～0.40	0.40～0.50	0.50～0.60
	5～2.5		0.15～0.25	0.25～0.40	0.40～0.60
	2.5～1.25		0.10～0.15	0.15～0.20	0.20～0.35
碳钢及合金钢	10～5	<50	0.30～0.50	0.45～0.60	0.55～0.70
		>50	0.40～0.55	0.55～0.65	0.65～0.70
	5～2.5	<50	0.18～0.25	0.25～0.30	0.30～0.40
		>50	0.25～0.30	0.30～0.35	0.35～0.50
	2.5～1.25	<50	0.10	0.11～0.15	0.15～0.22
		50～100	0.11～0.16	0.16～0.25	0.25～0.35
		>100	0.16～0.20	0.20～0.25	0.25～0.35

粗加工时,进给量主要考虑工艺系统所能承受的最大进给量,如机床进给机构的强度,刀具强度与刚度,工件的装夹刚度等。精加工和半精加工时,最大进给量主要考虑加工精度和表面粗糙度。另外还要考虑工件材料、刀尖圆弧半径、切削速度等。如当刀尖圆弧半径增大,切削速度提高时,可以选择较大的进给量。

在生产实际中,进给量常根据经验选取。粗加工时,根据工件材料、车刀导杆直径、工件直径和背吃刀量按表 5-7 进行选取,表中数据是经验所得,其中包含了导杆的强度和刚度,工件的刚度等工艺系统因素。如从表可以看到,在背吃刀量一定时,进给量随着导杆尺寸和工件尺寸的增大而增大。加工铸铁时,切削力比加工钢件时小,所以铸铁可以选取较大的进给量。精加工与半精加工时,可根据加工表面粗糙度要求按表 5-8 选取,同时考虑切削速度和刀尖圆弧半径因素。有必要的话,还要对所选进给量参数进行强度校核,最后要根据机床说明书确定。

3. 主轴转速的确定

(1) 光车外圆时主轴转速

光车外圆时主轴转速应根据零件上被加工部位的直径,并按零件和刀具材料以及加工性质等条件所允许的切削速度来确定。切削速度除了计算和查表选取外,还可以根据实践经验确定。需要注意的是,交流变频调速的数控车床低速输出力矩小,因而切削速度不能太低。

切削速度确定后,用公式 $n=1000v_c/\pi d$ 计算主轴转速 n(r/min)。表 5-9 为硬质合金外圆车刀切削速度的参考值。如何确定加工时的切削速度,除了参考表 5-9 列出的数值外,主要根据实践经验进行确定。

表 5-9　硬质合金外圆车刀切削速度的参考值

工件材料	热处理状态	a_p/mm		
		(0.3,2]	(2,6]	(6,10]
		f/(mm·r^{-1})		
		(0.08,0.3]	(0.3,0.6]	(0.6,1)
		v_c/(m·min^{-1})		
低碳钢、易切钢	热轧	140—180	100—120	70—90
中碳钢	热轧	130—160	90—110	60—80
	调质	100—130	70—90	50—70
合金结构钢	热轧	100—130	70—90	50—70
	调质	80—110	50—70	40—60
工具钢	退火	90—120	60—80	50—70
灰铸铁	HBS<190	90—120	60—80	50—70
	HBS=190~225	80—110	50—70	40—60
高锰钢			10—20	
铜及铜合金		200—250	120—180	90—120
铝及铝合金		300—600	200—400	150—200
铸铝合金		100—180	80—150	60—100

注：切削钢及灰铸铁时刀具耐用度约为 60 min。

(2) 车螺纹时主轴的转速

在车削螺纹时，车床的主轴转速将受到螺纹的螺距 P（或导程）大小、驱动电机的升降频特性，以及螺纹插补运算速度等多种因素影响，故对于不同的数控系统，推荐不同的主轴转速选择范围。大多数经济型数控车床推荐车螺纹时的主轴转速 n(r/min) 为：

$$n \leqslant (1200/P) - k \tag{5-1}$$

式中　P——被加工螺纹螺距，mm；
　　　k——保险系数，一般取为 80。

此外，在安排粗、精车削用量时，应注意机床说明书给定的允许切削用量范围，对于主轴采用交流变频调速的数控车床，由于主轴在低转速时扭矩降低，尤其应注意此时的切削用量选择。

5.4　数控车床程序编制的基本方法

5.4.1　数控车床的编程特点

(1) 在一个程序段中，根据图样上标注的尺寸，可以采用绝对编程、增量编程或者两者混用，一般情况下，利用自动编程软件编程时，通常用绝对编程。

(2) 被加工零件的径向尺寸在图样上和测量时，一般用直径值表示，所以编程时采用直径编程更为方便。用增量编程时注意以径向实际距离的 2 倍表示，并附上方向符号。

(3) 为提高工件的径向尺寸的精度，X 方向的脉冲当量取 Z 方向的一半。

(4) 由于车削加工常用棒料或锻料作为毛坯,加工余量较大,为简化编程,数控装置常具备不同形式的固定循环,可进行多次重复循环切削。

(5) 编程时,认为车刀刀尖是一个点,而实际上为了提高刀具寿命和工件表面质量。车刀刀尖常磨成一个半径不大的圆弧,为了提高工件的加工精度,编制圆头刀程序需要对刀具半径进行补偿。大多数数控车床都具有刀具半径自动补偿功能(G40、G41、G42),这类机床可以直接按工件的轮廓尺寸编程。

5.4.2 数控车床的程序功能

数控车床根据功能和性能要求,配置了不同的数控系统。系统不同,其指令代码也有差别。因此,编程时应按所使用数控系统的代码的编程规则进行编程。以下是 FANUC 和 SIEMENS 系统的编程代码。

1. 准备功能 G 代码

准备功能 G 代码是建立机床或控制系统工作方式的一种指令,如插补、刀具补偿、固定循环等。国标中规定 G 代码由字母 G 及其后面的两位数字组成,从 G00~G99 共 100 种代码,因此准备功能指令也称为 G 指令。G 代码分为模态代码和非模态代码。模态代码代表该代码一旦在一个程序中指定,直到出现同组的另一个代码时才失效;非模态代码只在写有该代码的程序中才有效。FANUC 和 SIEMENS 系统的标准中规定了 G 指令的功能,如表 5-10 所示。

表 5-10 准备功能 G 代码

G 功能字	FANUC 系统	SIEMENS 系统	G 功能字	FANUC 系统	SIEMENS 系统
G00	快速移动点定位	快速移动点定位	G65	用户宏指令	—
G01	直线插补	直线插补	G70	精加工循环	英制
G02	顺时针圆弧插补	顺时针圆弧插补	G71	外圆粗切循环	米制
G03	逆时针圆弧插补	逆时针圆弧插补	G72	端面粗切循环	—
G04	暂停	暂停	G73	封闭切削循环	—
G05	—	通过中间点圆弧插补	G74	深孔钻循环	—
G17	XY 平面选择	XY 平面选择	G75	外径切槽循环	—
G18	ZX 平面选择	ZX 平面选择	G76	复合螺纹切削循环	—
G19	YZ 平面选择	YZ 平面选择	G80	撤销固定循环	撤销固定循环
G32	螺纹切削	—	G81	定点钻孔循环	固定循环
G33	—	恒螺距螺纹切削	G90	绝对值编程	绝对尺寸
G40	刀具补偿注销	刀具补偿注销	G91	增量值编程	增量尺寸
G41	刀具补偿——左	刀具补偿——左	G92	螺纹切削循环	主轴转速极限
G42	刀具补偿——右	刀具补偿——右	G94	每分钟进给量	直线进给率
G43	刀具长度补偿——正	—	G95	每转进给量	旋转进给率
G44	刀具长度补偿——负	—	G96	恒线速控制	恒线速度
G49	刀具长度补偿注销	—	G97	恒线速取消	注销 G96
G50	主轴最高转速限制	—	G98	返回起始平面	—
G54~G59	加工坐标系设定	零点偏置	G99	返回 R 平面	—

2. 辅助功能 M 代码

辅助功能 M 代码用于指定主轴的旋转方向、启动、停止、冷却液的开关、刀具的更换等各种辅助动作及其状态。辅助功能 M 代码由字母 M 及其后面的两位数字组成，也有 M00～M99 共 100 种代码，如表 5-11 所示。

M 指令也有续效指令与非续效指令之分，其意义与 G 指令中的模态和非模态相同。同时还规定了 M 功能在一个程序段中起作用的时间。例如，M03、M04 主轴转向指令与程序段中运动指令同时开始起作用；与程序有关的指令 M00、M01、M02 等在程序段运动指令执行完后开始起作用。这类指令与控制机的插补运算无关，而是根据加工时机床操作的需要予以规定的。例如，主轴的正反转与停止，冷却液的开关，刀具的更换，工件的加紧与松开等。

3. F、S、T 指令

(1) F 功能

该指令是进给速度指令，为模态指令，其功能是指定切削进给速度，表示方法有两种。

① 代码法：即 F 后跟两位数字，这些数字不直接表示进给速度的大小，而是进给速度数列的序号。指定序号在具体机床的数控系统中有对应的实际进给速度，可查表确定。

表 5-11 辅助功能 M 代码

M 功能字	含义
M00	程序停止
M01	计划停止
M02	程序停止
M03	主轴顺时针旋转
M04	主轴逆时针旋转
M05	主轴旋转停止
M06	换刀
M07	2 号冷却液开
M08	1 号冷却液开
M09	冷却液关
M30	程序停止并返回开始处
M98	调用子程序
M99	返回子程序

② 直接指定法：F 后跟的数字就是进给速度的大小，单位由数控系统设定。一般常用单位为 mm/min。例如，F100 表示进给的速度是 100 mm/min。这种方法较为直观，因此现在大多数数控系统采用这一指定方法。

(2) S 功能

该指令是主轴转速指令，为续效代码。其指定方法与 F 指令的指定方法基本相同，只是单位不同，常用的主轴转速的单位是 r/min。

(3) T 功能

该指令是刀具序号指令。在可以自动换刀的数控系统中，它用来选择所需的刀具。指令以 T 为首，后跟两位数字，以表示刀具的编号。有时 T 后跟有四位数字，后两位数字表示刀具补偿的序号。

5.4.3 数控车床尺寸系统的编程

1. 绝对编程和相对编程 G90/G91

绝对编程是指程序段中的坐标点值均是相对于坐标原点来计量的,常用 G90 来指定。增量(相对)编程是指程序段中的坐标点值均是相对于起点来计量的,常用 G91 来指定。在某些机床中用 X、Z 表示绝对编程,用 U、W 表示相对编程,这种编程方法不需要在程序段前用 G90 或 G91 来指定。如对图 5-38 所示的直线段 AB 的移动分别用绝对方式编程和相对方式编程,其程序如下:

绝对编程:G90 G01 X100.0 Z50.0;
增量编程:G91 G01 X60.0 Z-100.0;
或
绝对编程:G01 X100.0 Z50.0;
增量编程:G01 U60.0 W-100.0;

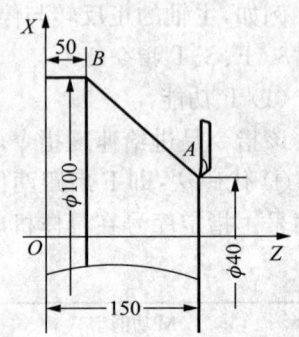

图 5-38 绝对编程和相对编程

2. 直径编程与半径编程 G36、G37

当地址 X 后坐标值是直径时,称直径编程;当地址 X 后的坐标值是半径时,称半径编程。由于数控车床加工的工件多为回转体工件,地址 X 后的坐标值多用直径编程。如图 5-38 所示的移动分别用直径和半径编程,其程序如下。

直径编程:G90 G01 X100.0 Z50.0;
半径编程:G90 G01 X50.0 Z50.0;

说明:

(1) 采用直径编程或半径编程方式可在机床控制系统中用系统内部参数来设定;有的系统可通过编程指令在程序中转换直径编程和半径编程(G22/G23),以后的例题中如没有特别说明均按直径编程方式。

(2) 无论是直径编程还是半径编程,圆弧插补时 R、I 和 K 的值均以半径值计量。

3. 公制尺寸和英制尺寸转换指令(G21/G20)

数控系统可根据所设定的状态,利用代码把所有的几何值转换为公制尺寸或英制尺寸。公制尺寸用 G21 设定,英制尺寸用 G20 设定。

使用公制/英制转换时,必须在程序开头一个独立的程序段中指定上述 G 代码,然后才能输入坐标尺寸。

下列尺寸值可以被转换:①进给速度值;②位置坐标值;③刀补值和偏置量;④手摇脉冲发生器的刻度值单位。该指令为续效指令,系统通电后,默认公制尺寸状态。

5.4.4 数控车床的基本指令编程

1. 快速点定位 G00

G00 指令用于使刀具以快速的速率移动到指定的目标点 (X,Z) 或 (U,W) 位置,被指定的各轴之间的运动是互不相关的,也就是说刀具移动的轨迹不一定是一条直线。所以使用 G00 时一定要注意刀具的折线路线,避免与工件碰撞。

该指令格式如下:

绝对编程:G00 X_Z_;

相对编程:G00 U_W_;

使用 G00 时,快速移动的速度是由系统内部参数设定的,跟程序中指定的 F 进给速度无关,且受到修调倍率的影响在系统设定的最小和最大速度之间变化。G00 不能用于切削工件,只能用于刀具在工件外的快速定位。

2. 直线插补 G01

G01 指令使当前的插补模态成为直线插补模态,刀具从当前位置移动到指定的目标点 (X,Z)或(U,W)的位置,其轨迹是一条直线,F_指定了刀具沿直线运动的速度,单位为 mm/min。第一次出现 G01 指令时,必须指定 F 值,否则机床报警。

该指令格式如下:

绝对编程:G01 X_Z_F_;

相对编程:G01 U_W_F_;

假设当前刀具所在点为 X－50.0 Y－75.0,则下面的程序段将使刀具走出如图 5-39 所示的轨迹。

N1 G01 X150.0 Y25.0 F100;

N2 X50.0 Y75.0;

可以看到,程序段 N2 并没有 G01 指令,但由于 G01 指令为模态指令,所以 N1 程序段中的 G01 指令在 N2 程序段中继续有效,同样的,F100 指令在 N2 段也继续有效,即刀具沿两段直线的运动速度都是 100 mm/min。

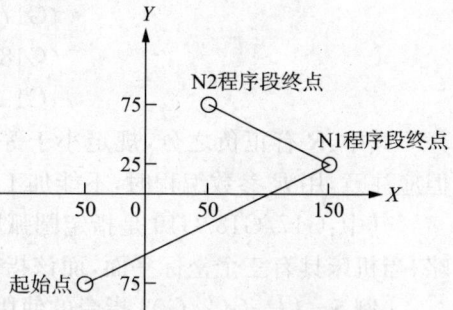

图 5-39　G01 指令移动轨迹

3. 圆弧插补 G02/G03

该指令用于刀具在指定平面内按 F 给定的速度作圆弧运动,切削出圆弧形状,其中 G02 为顺圆弧加工指令,G03 为逆圆弧加工指令。数控车床的刀架有两种形式,刀架在操作者的内侧称前置刀架,刀架在操作者的外侧称后置刀架。无论是前置刀架还是后置刀架,圆弧的顺、逆方向可按如图 5-40 给出的方法判断,沿圆弧所在平面(如 XY 平面)坐标轴的负方向(如－Z)观察,刀具相对于工件的移动方向为顺时针时用 G02 指令,逆时针时用 G03 指令。

该指令格式有以下两种。

(1) 三维坐标方式

其指令格式为:

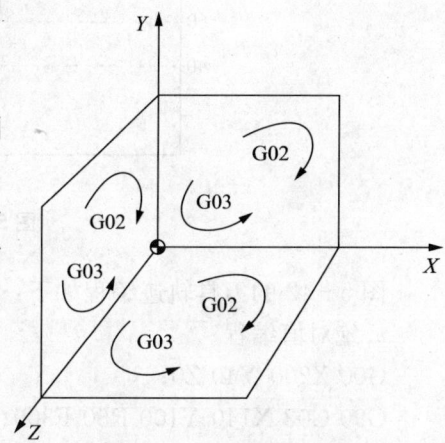

图 5-40　圆弧方向判别

$$\begin{Bmatrix}G17\\G18\\G19\end{Bmatrix}\begin{Bmatrix}G02\\G03\end{Bmatrix}\begin{Bmatrix}X\_Y\_I\_J\_\\X\_Z\_I\_K\_\\Y\_Z\_J\_K\_\end{Bmatrix}F\_$$

其中:X、Y、Z 的坐标为加工圆弧的终点位置,可以是绝对坐标,也可以是增量坐标。I、J、K 表示圆弧圆心坐标,它是圆心相对于圆弧起点在 X、Y、Z 轴方向上的增量坐标。根据矢量在 X、Y、Z 轴上的投影可以确定其数值及符号,如图 5-41 所示。I、J、K 与 G90 或 G91 无关。

(2) "圆弧终点＋半径"方式　如果以 R 指令给出圆弧半径,则相应圆弧程序中的圆心坐

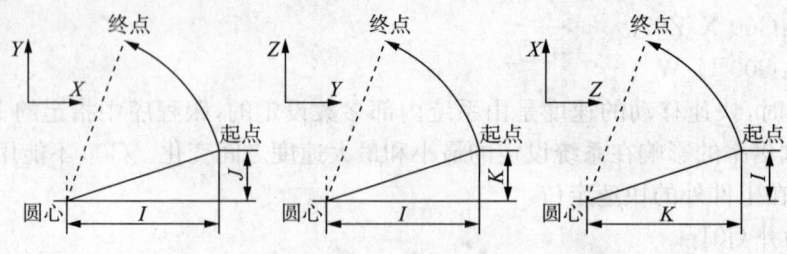

图 5-41　I、J、K 的确定

标可省略。

其指令格式为：

$$\begin{Bmatrix}G17\\G18\\G19\end{Bmatrix}\begin{Bmatrix}G02\\G03\end{Bmatrix}\begin{Bmatrix}X\_Y\_\\X\_Z\_\\Y\_Z\_\end{Bmatrix}R\_F\_;$$

其中：R 有正负之分，规定小于等于 180°的圆弧，R 只取正值；大于 180°的圆弧，R 取负值。但应注意，用 R 参数编程时，不能加工整圆。加工整圆只能采用 I、J、K 方式。

其中：G17/G18/G19 是指定圆弧所在平面，若机床只有一个坐标平面时，平面指令可以省略；当机床具有三个坐标平面，而该指令缺省时认为是 XY 平面。

［例 5-1］　G02/G03 指令的使用如图 5-42 所示，试完成起点至终点段轨迹的编程。

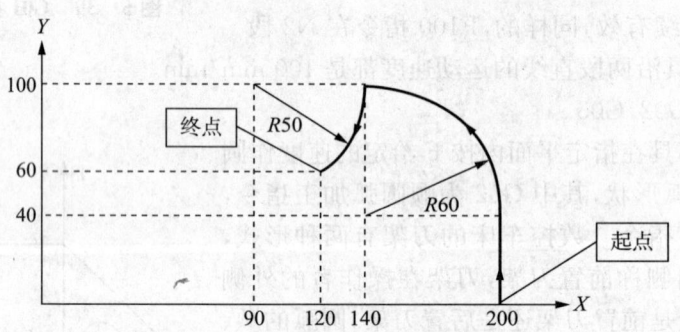

图 5-42　圆弧加工编程示例

图 5-42 的刀具轨迹编程如下：
a. 绝对值编程
G00 X200 Y40 Z0；
G90 G03 X140 Y100 R60 F300；
G02 X120 Y60 R50；
或
G00 X200 Y40 Z0；
G90 G03 X140 Y100 I—60 F300；
G02 X120 Y60 I—50；
b. 增量值编程
G00 G90 X200 Y40 Z0；
G91 G03 X—60 Y60 R60 F3000；

G02 X-20 Y-40 R50;
或
G00 G90 X200 Y40 Z0;
G91 G03 X-60 Y60 I-60 F300;
G02 X-20 Y-40 I-50;

[例 5-2] 车削如图 5-43 所示的工件，试编写圆弧加工程序。
用上述判断方法可知此圆弧为逆圆弧用 G03 代码编程，程序如下。
绝对编程：
……
N40 G01 X28 Z-40 F100
N50 G03 X40 Z-46 R6 F80
……
相对编程：
……
N40 G01 U0 W-40 F100
N50 G03 U12 W-6 R6 F80
……

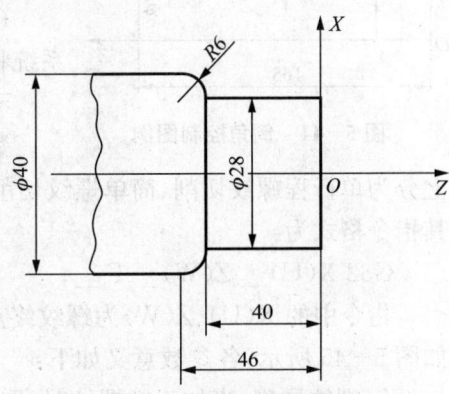

图 5-43 逆时针车圆弧

说明：

（1）在执行 G02、G03 指令段时，刀具相对工件以 F 指令的进给速度，从当前点向终点进行圆弧插补。

（2）当采用绝对编程时，圆弧终点坐标为圆弧终点在工件坐标系中的坐标值(X,Z)，当采用增量编程时，圆弧终点坐标相对于圆弧起点的增量值(U,W)，径向增量 U 为直径增量。

（3）圆弧编程时，有两种编程方法：半径编程和圆心编程。

（4）用半径编程时，当圆心角在 0°～180°时，R 取正值；当圆心角在 180°～360°时，R 取负值，且不能指定整圆。

（5）用圆心编程时，I、K 指的是圆弧的圆心相对圆弧的起点的坐标增量（径向为半径增量），与绝对/相对编程、直径/半径编程无关。当 I、K 和 R 同时被指定时，R 有效。

（6）当 X、Z、U、W、I 和 K 项为零时，该项可省略。

4. 自动倒角指令

指令格式：

G01 X_ Z_ C_(R_);

FANUCoi 系统中 G01 指令还可以用于在两相邻轨迹线间自动插入倒角或倒圆控制功能。使用时在指定直线插补的程序段段尾加上。

C_：自动倒角控制功能；

R_：自动倒圆控制功能。

说明：C 后面的数值表示倒角起点和终点距未倒角前两相邻轨迹线交点的距离，R 后的数值表示倒圆半径。

[例 5-3] 如图 5-44 所示的工件，使用自动倒角功能编写加工程序。

加工程序如下：

……

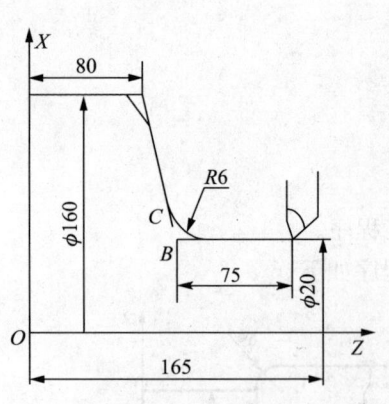

图 5-44 倒角控制图例

N100 G91 G01 Z−75.0 R6.0 F0.2
N110 X140.0 Z−10.0 C3.0
N120 Z−80.0;
……

说明：
（1）第二直线段必须从点 B 而不是从点 C 开始。
（2）在螺纹切削程序段中不能出现倒角控制指令。
（3）当 X、Z 轴指定的移动量比指定的 R 或 C 小的时候，系统将报警。

5. 螺纹车削基本指令 G32

数控车床可以加工直螺纹、锥螺纹、端面螺纹。加工方法上分为单行程螺纹切削、简单螺纹切削循环和螺纹切削复合循环。单行程螺纹切削指令 G32，其指令格式为：

G32 X(U)__ Z(W)__ F__;

指令中的 X(U)、Z(W) 为螺纹终点坐标，F 为螺纹导程。使用 G32 指令前需确定的参数如图 5-45 所示，各参数意义如下：

L：螺纹导程，当加工锥螺纹时，取 X 方向和 Z 方向中螺纹导程较大者；

α：锥螺纹锥角，如果 α 为零，则为直螺纹；

δ_1、δ_2：为切入量与切除量。一般 $\delta_1=2\sim 5$ mm、$\delta_2=(1/4\sim 1/2)\delta_1$。

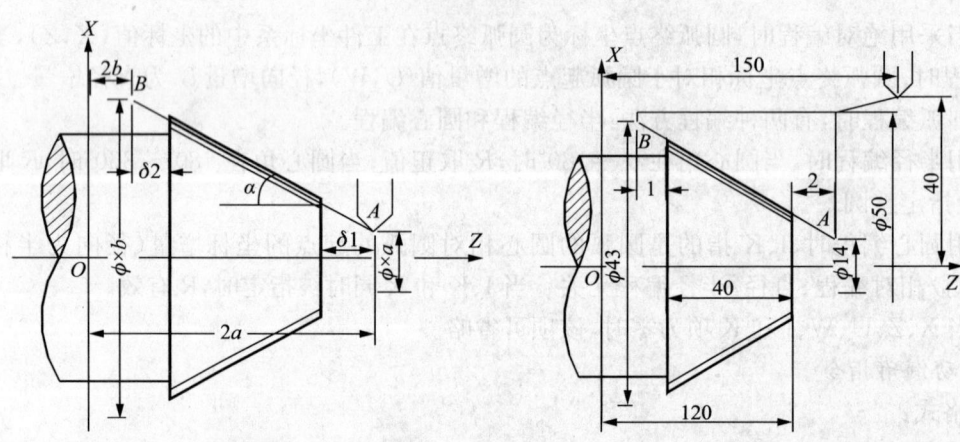

图 5-45 螺纹车削基本指令 G32　　　图 5-46 螺纹车削基本指令实例

[例 5-4] 如图 5-46 所示圆锥螺纹，螺纹导程为 $L=3.5$ mm，螺纹高度 $=2$ mm，主轴转速 $N=514$ r/min，$\delta_1=2$ mm、$\delta_2=1$ mm，分两次车削，每次车削深度为 1 mm。试编写螺纹加工程序。

加工程序为：

N0 G50 X50.0 Z120.0;　　　　　　　设置工件原点在左端面
N2 S514 T0202 M08 M03;　　　　　指定主轴转速 514 r/min、调螺纹车刀
N4 G00 X12.0 Z122.0;　　　　　　　快速走到螺纹车削起始点(12.0,122.0)
N6 G32 X41.0 Z79.0 F3.5;　　　　　螺纹车削

N8 G00 X50.0;　　　　　　　　　　沿 X 轴方向快速退回
N10 Z122.0;　　　　　　　　　　　沿 Z 轴方向快速退回
N12 X10.0;　　　　　　　　　　　 快速走到第二次螺纹车削起始点
N14 G32 X39.0 Z79.0;　　　　　　 第二次螺纹车削
N16 G00 X50.0;　　　　　　　　　 沿 X 轴方向快速退回
N18 G30 U0 W0 M09;　　　　　　　 回参考点
N20 M30;　　　　　　　　　　　　 程序结束

6. 暂停延时指令 G04

该暂停指令可使刀具作暂短的无进给光整加工,以获得圆整而光滑的表面。一般用于下列情况:

(1) 加工盲孔时,在刀具进给到规定深度后,用暂停指令使刀具作非进给光整切削,然后退刀,保证孔底平整;

(2) 镗孔完毕后要退刀时,为避免留下螺旋划痕而影响表面粗糙度,应使主轴停止转动,并暂停几秒钟,待主轴完全停止后再退刀;

(3) 用丝锥攻螺纹时,如果刀具夹头带有正反转机构,可用暂停指令以暂停时间代替指定的距离,待攻螺纹完毕,丝锥退出工件后,再恢复机床的动作指令。其编程格式为:

G04　β_;

其中:β 为地址符,常用 X 或 P 表示,后跟暂停时间,其中 X 后面可用带小数点的数,单位为 s,如 G04 X5 表示在前一程序执行完后,要经过 5s 以后,后一程序段才执行。地址 P 后面不允许用小数点,单位为 ms。如 G04 P1000 表示暂停 1s。

[例 5-5]　图 5-47 为利用 G04 进行切槽加工实例,试编写加工程序。

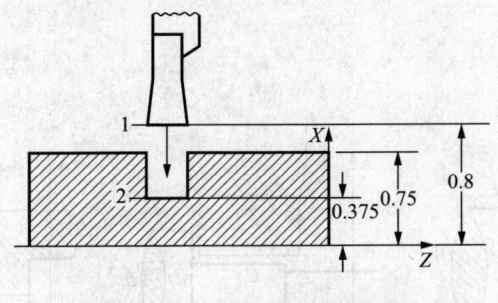

图 5-47　暂停延时控制图例

加工程序如下:
……
N100 G00 X1.6;　　　　　　　　　 快速移动到 1 点
N110 G01 X0.75 F0.05;　　　　　　以进给速度切削到 2 点
N120 G04 X1.5;　　　　　　　　　 暂停 1.5s
N130 G00 X1.6;　　　　　　　　　 快速退回到 1 点
……

5.4.5 数控车床的循环指令编程

固定循环一般分为单一形状固定循环和复合形状固定循环。利用单一固定循环,可以将一系列连续加工动作,如"切入→切削→退刀→返回",用一个循环指令完成,从而使程序简化。

1. 单一形状固定循环 G90、G92、G94

(1) 外(内)圆车削循环指令 G90,主要用于圆柱面和圆锥面的循环切削。

指令格式为:

G90 X(U)_Z(W)_R_F_;

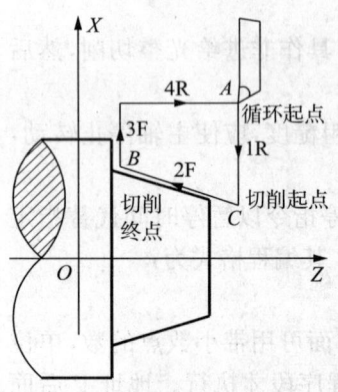

图 5-48 圆车削循环

X、Z 为切削终点在工件坐标系下的坐标,U、W 为切削终点相对于循环起点的相对坐标,R 为切削起点相对于切削终点的半径差。

如图 5-48 所示,刀具从循环起点 A(设在毛坯外)开始,按着箭头所指的路线行走,先使 X 轴快进(G00 速度,用 R 表示),到外圆锥面切削起点 C 后,再进给切削(F 指令速度,用 F 表示),到外圆锥面的切削终点 B;然后,轴向退刀;最后,又回到循环起点 A。当用绝对编程方式时,X、Z 后的值为外圆锥面切削终点的绝对坐标值;当用增量编程方式时,X、Z 后的值为外圆锥面切削终点相对于循环起点的坐标增量。而无论用何种编程方式,R 后的值总是外圆锥面切削起点(并非循环起点)与外圆锥面切削终点的半径差。当 R 值为零被省略时,即为圆柱面车削循环。X、Z、R 后的值都可正可负。也就是说固定循环指令,既可用于轴的车削,也可用于内孔的车削,如图 5-49 所示。

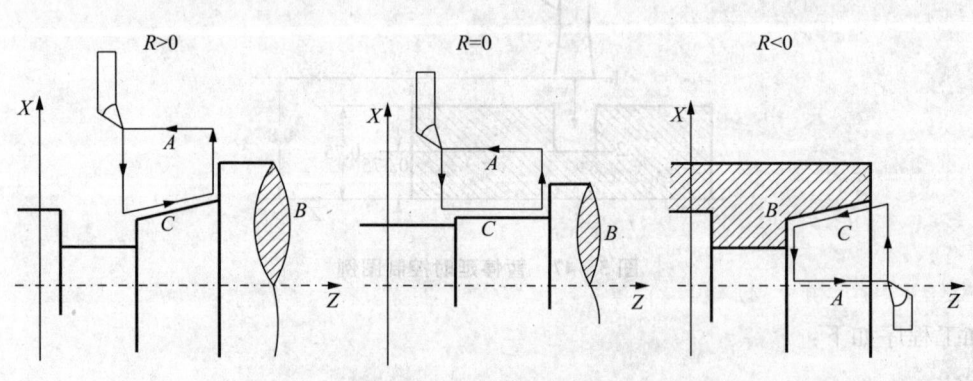

图 5-49 不同 R 值时的情形

(2) 螺纹车削循环指令 G92。

指令格式为:

G92 X(U)_Z(W)_R_F_;

其中:X、Z 为螺纹终点绝对坐标值,U、W 为螺纹终点相对螺纹起点坐标增量,F 为螺纹的导程,R 为螺纹起点相对螺纹终点的半径差,地址 U、W、R 的符号判别与 G90 指令相同。螺纹的导程范围及主轴速度的限制与 G32 螺纹车削相同。

(3) 端面车削循环指令 G94。

G94 指令用于在零件的垂直端面或锥形端面上毛坯余量较大或直接从棒料车削零件时进行精车前的粗车,以去除大部分毛坯余量。

指令格式为:

G94 X(U)_Z(W)_K_F_;

如图 5-50 所示,刀具从循环起点开始,按箭头所指的路线行走(先走 Z 轴),最后又回到循环起点。当用绝对编程方式时,X、Z 后的值为锥端面切削终点的绝对坐标值;当用增量编程方式时,X、Z 后的值为锥端面切削终点相对于循环起点的坐标增量。无论用何种编程方式,K 后的值总为锥面切削终点与锥面切削起点(并非循环起点)的 Z 坐标之差。当 K 值为零省略时,即为端平面车削循环。X、Z、K 后的值都可正可负。也就是说固定循环指令,既可用于外部轴端面的车削,也可用于孔内端面的车削,如图 5-51 所示。

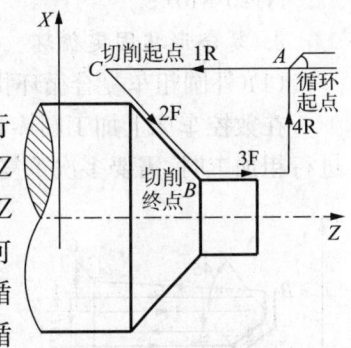

图 5-50 端面车削循环

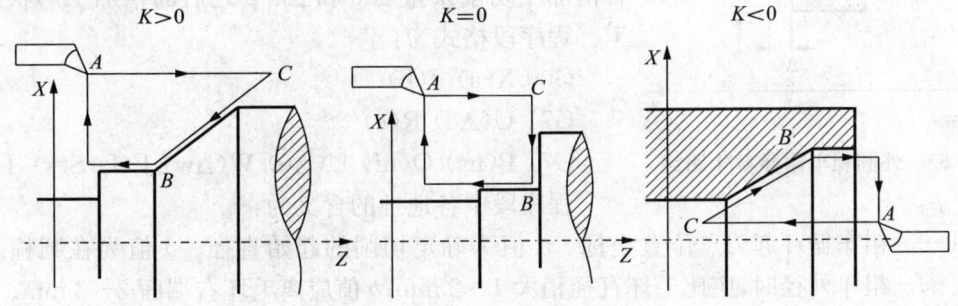

图 5-51 不同 K 值时的情形

[例 5-6] 如图 5-52 所示阶梯轴零件,先用 G90 环两次车至 $\phi30$ 的外圆柱面,再用 G94 四次车锥端面和前端 $\phi15$ 的圆柱面。

两次车削循环的起点分别为 a 和 A,设其坐标位置分别为:$A(75,\phi35)$、$a(72,\phi45)$,两次的切削路线分别为:

矩形循环区 $a \rightarrow b \rightarrow a$;

梯形循环区 $A \rightarrow B \rightarrow A$。

用直径、绝对方式编程如下:

O0008
N10 T0101;
N20 S400 M03;
N30 G00 X45.0 Z72.0;
N40 G90 X38.0 Z20.0 F30.0;
N50 G90 X30.0 Z20.0;
N60 G00 X35.0 Z75.0;
N70 M00;   手工换刀
N80 G94 X15.0 Z65.0 K−13.33 F30.0;
N90 G94 X15.0 Z60.0 K−13.33;

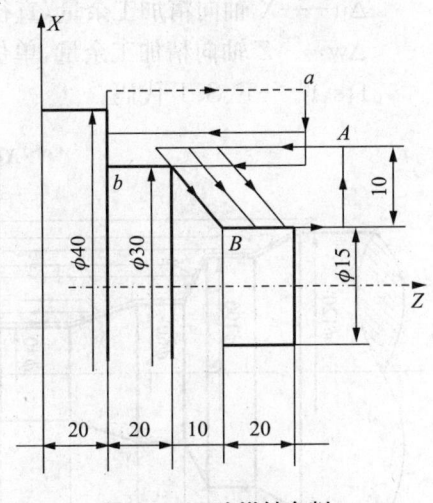

图 5-52 阶梯轴车削

N100 G94 X15.0 Z55.0 K-13.33;
N110 G94 X15.0 Z50.0 K-13.33;
N120 M02;

2. 复合形状固定循环

(1) 外圆粗车复合循环指令 G71

在数控车床上加工圆棒料时,加工余量较大,加工时先要进行粗加工,然后进行精加工。进行粗加工时,需要多次重复切削,才能加工到规定尺寸。因此,编制程序非常复杂。应用轮廓切削循环指令,只需指定精加工路线和粗加工的切削深度,数控系统就会自动计算出粗加工路线和加工次数,因此可大大简化编程。外圆粗切循环是一种复合固定循环。适用于外圆柱面需多次走刀才能完成的粗加工。

当给出图 5-53 所示加工形状的路线 $A \rightarrow A_1 \rightarrow B$ 及背吃刀量 Δd,就会进行平行于 Z 轴的多次切削,最后再按留有精加工切削余量 Δw 和 $\Delta u/2$ 之后的精加工形状进行加工。程序段格式为:

G00 X(a) Z(b)
G71 U(Δd) R(e)
G71 P(ns) Q(nf) U(Δu) W(Δw) F(f) S(s) T(t)

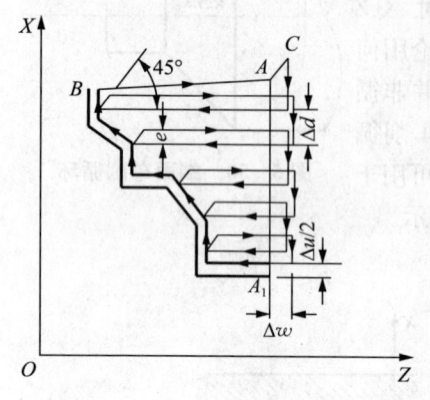

图 5-53 外圆粗车循环 G71 路经

程序段中各地址的含义为:

a、b——粗车循环起刀点位置坐标。a 值为确定切削的起始直径。a 值为在圆柱毛坯料粗车外径时,应比毛坯直径稍大 1~2 mm;b 值应离毛坯右端面 2~3 mm。

Δd——循环切削过程中径向的背吃刀量,半径值,单位为mm;

e——循环切削过程中径向的退刀量,半径值,单位为mm;

ns——精加工轮廓程序段中开始程序段的段号;

nf——精加工轮廓程序段中结束程序段的段号;

Δu——X 轴向精加工余量,直径值,单位为mm;

Δw——Z 轴向精加工余量,单位为mm;

f、s、t——F、S、T 代码。

注意:①ns→nf 程序段中的 F、S、T 功能,即使被指定也对粗车循环无效。②零件轮廓必须符合 X 轴、Z 轴方向同时单调增大或单调减小;X 轴、Z 轴方向非单调时,ns→nf 程序段中第一条指令必须在 X、Z 方向同时有运动。

如图 5-54 所示外圆轮廓粗车循环,程序如下:

O1008
N10 T0101;
N20 S500 M03;
N30 G00 X122 Z10 M08;

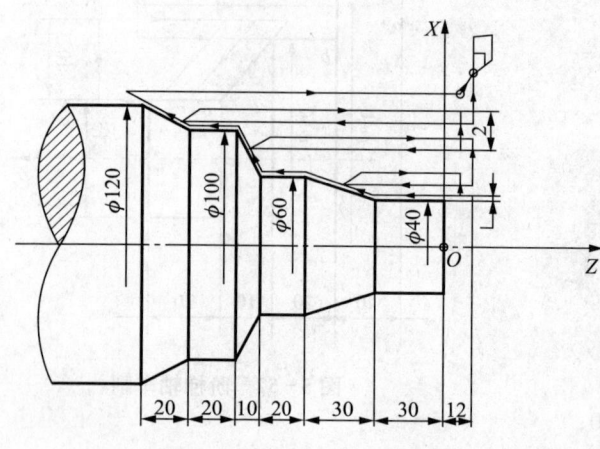

图 5-54 外圆轮廓粗车循环

N50 G71 U2 R0.5；
N60 G71 P70 Q130 U2 W0.5 F0.2；
N70 G00 X40；　　　　　(ns)
N80 G01 Z-30；
N90 X60 Z-60；
N100 Z-80；
N110 X100 Z-90
N120 Z-110；
N130 X120 Z-130；　　　(nf)
N150 G00 X200 Z140；
N160 M30；

(2) 端面粗车复合循环指令 G72

适用于圆柱棒料毛坯端面方向粗车，从外径方向往轴心方向车削。G72 与 G71 均为粗加工循环指令，而 G72 是沿着平行于 X 轴进行循环切削加工。

程序段格式为：

G00 X(a) Z(b)；
G72 U(Δd) R(e)；
G72 P(ns) Q(nf) U(Δu) W(Δw) F(f) S(s) T(t)；

程序段中各地址的含义为：

Δd——循环切削过程中轴向的背吃刀量，单位为mm；

e——循环切削过程中轴向的退刀量，单位为mm。

其余参数含义及注意事项同 G71。要指出的是如图 5-55 所示端面轮廓粗车循环，G72 精加工轮廓路径与 G71、G73 从右往左相反，应从左往右。图所示端面轮廓粗车循环程序如下：

O1009
N10 T0101；
N20 S500 M03；
N30 G00 X162 Z132 M08；
N50 G72 W3 R1；
N60 G72 P70 Q120 U2 W0 F0.2；
N70 G01 X160 Z60；　　　(ns)
N80 G01 X120 Z70 F0.1；
N90 Z80；
N100 X80 Z90；
N110 Z110
N120 X40 Z130；　　　(nf)
N130 G00 X200 Z200；
N140 M30；

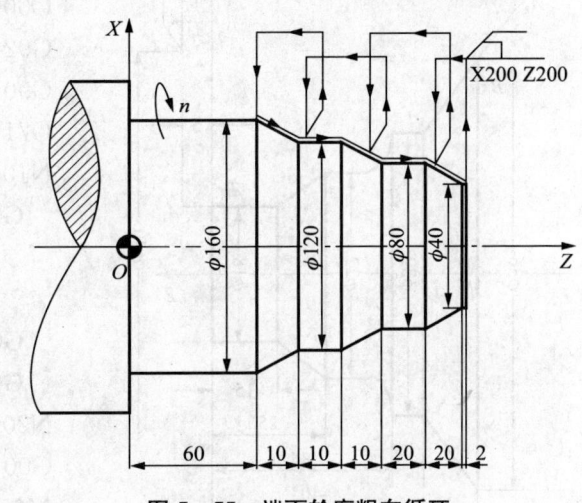

图 5-55　端面轮廓粗车循环

(3) 固定形状粗车循环指令 G73

也称为封闭切削循环，是按照一定的切削形状逐渐地接近最终形状。适用于毛坯轮廓形状与零件轮廓形状基本接近时的粗车，所以又称为仿形循环。例如，一些锻件、铸件的粗车，这种循环方式的走刀路线如图 5-56 所示。

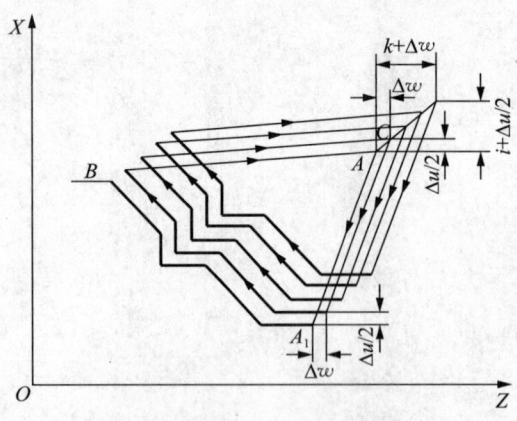

图 5-56　G73 仿形循环的走刀路线

程序段格式为：
G00 X(a) Z(b);
G73 U(Δi) W(Δk) R(n);
G73 P(ns) Q(nf) X(Δu) Z(Δw) F(f) S(s) T(t);
其中，n 为粗切的次数；Δi、Δk 分别为起始时 X 轴和 Z 轴方向上的缓冲距离；Δu、Δw 分别为 X 轴（直径值）和 Z 轴方向上的精加工余量。其余与 G71 相同。用 G73 时，与 G71、G72 一样，只有 G73 程序段中的 F、S、T 有效。

(4) 精加工循环指令 G70

当用 G71、G72 完成粗加工后，可用 G70 进行精加工。精加工时，G71、G72 程序段中的 F、S、T 指令无效，只有在 ns—nf 程序段中的 F、S、T 才有效。程序段格式为：

　　G00 X(a) Z(b);
　　G70 P(ns) Q(nf);

程序中　ns——精加工轮廓程序段中开始程序段的段号；
　　　　nf——精加工轮廓程序段中结束程序段的段号。

说明：在 G71、G72 程序应用例中的 nf 程序段后再加上 G70 Pns Qnf 程序段，并在 ns→nf 程序段中加上精加工适用的 F、S、T，就可以完成从粗加工到精加工的全过程。

[例 5-7]　如图 5-57 所示阶梯轴零件，分别用 G71 外圆粗车复合循环方式、G72 端面粗车复合循环方式以及 G73 固定形状粗车循环方式编程加工。

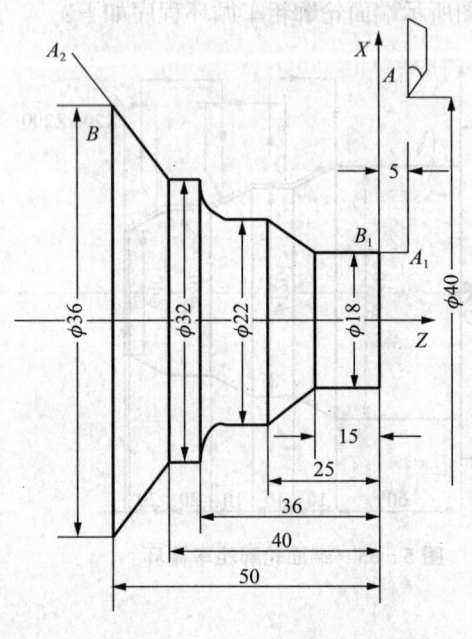

图 5-57　复合车削循环图例

① 外圆粗车复合循环方式（A→A_1→B→A）
O0009
G92 X0 Z0;
G90 G00 X40.0 Z5.0 M03;
G71 U1 R2 P100 Q200 X0.2 Z0.2 F50;
N100 G00 X18.0 Z5.0;
　　G01 X18.0 Z-15.0 F30;
　　　X22.0 Z-25.0;
　　　X22.0 Z-31.0;
　　G02 X32.0 Z-36.0 R5.0;
　　G01 X32.0 Z-40.0;
N200 G01 X36.0 Z-50.0;
G00 X40.0 Z5.0;
M05 M02;

② 端面粗车复合循环方式（A→A_2→B_1→A）
O0010
G92 X0 Z0;
G90 G00 X40.0 Z5.0;

```
G72 W3 R2 P100 Q200 X0.2 Z0.2 F50 M03;
N100 G00 X40.0 Z-60.0;
     G01 X32.0 Z-40.0 F30;
         X32.0 Z-36.0;
     G03 X22.0 Z-31.0 R5.0;
     G01 X22.0 Z-25.0;
     G01 X18.0 Z-15.0;
N200 G01 X18.0 Z1.0;
G00 X40.0 Z5.0;
M05 M02;
```

③ 固定形状粗车循环方式($A \rightarrow A_1 \rightarrow B \rightarrow A$)

```
O0011
G92 X0 Z0;
G90 G00 X40.0 Z5.0;
G73 U12 W5 R10 P100 Q200 X0.2 Z0.2F50 M03;
N100 G00 X18.0 Z0.0;
     G01 X18.0 Z-15.0 F30;
         X22.0 Z-25.0;
         X22.0 Z-31.0;
     G02 X32.0 Z-36.0 R5.0;
     G01 X32.0 Z-40.0;
N200 G01 X36.0 Z-50.0;
G00 X40.0 Z5.0;
M05 M02;
```

5.5 数控车床加工工艺及编程实例

实例一 数控车削基本指令编程实例

试编写如图 5-58 所示零件的轮廓精车加工程序。

(1) 一个完整的加工程序是由程序头、程序主干和程序尾组成。不同的程序段要完成不同的加工任务。

一般的，数控车床程序头要完成以下设置任务：选定程序名、建立工件坐标系、选定刀具及刀补值、启动主轴、设定进刀方式和开启切削液，还要使刀具快进到工件切削起点的附近等。

程序的主干则是由具体的车削轮廓的各程序段组成，各程序段可由基本指令、单一固定循环、复合固定循环和子程序等组成。

程序尾则必须要有退刀、主轴停止、切削液停止和程序结束且复位等指令段。

(2) 简单工艺分析。

此工件为外轮廓的车削加工，轮廓的精加工余量通常要连续一次性去除。选择工件的右端面中心为工件原点，如图 5-58 中 O_P 点所示。根据图中尺寸的标注特点，此程序宜采用绝对和相对坐标混合编程的方法。

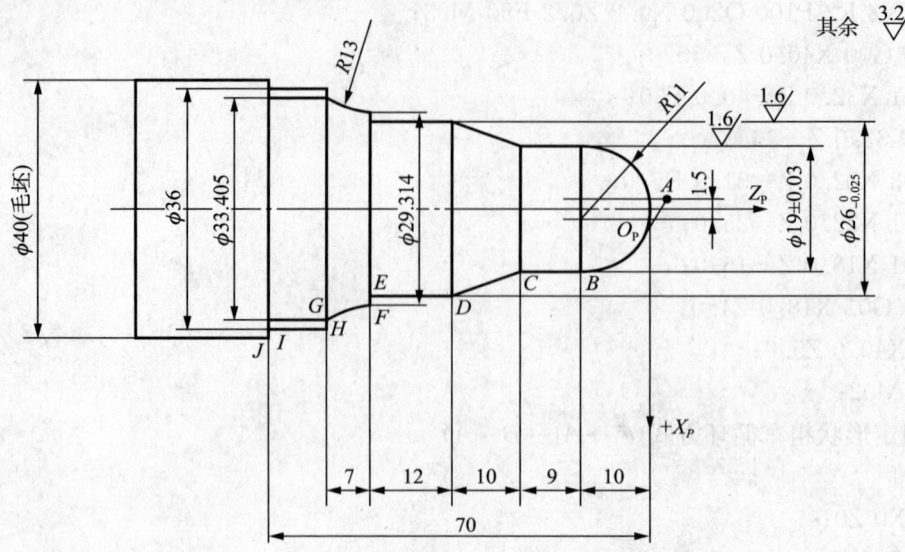

图 5-58 车削加工基本指令编程图例

(3) 工艺路线。

① 棒料伸出卡盘外约 85 mm，找正后夹紧。

② 用 2 号刀，采用 G71 进行轮廓循环粗加工。

③ 用 1 号刀，采用 G70 进行轮廓循环粗加工。

④ 用 3 号刀切下零件。

(4) 加工程序如下：

O5010

N5 G98 G21；	分进给，米制编程
N10 G50 X150 Z100；	设定工件坐标系
N20 S560 M03 T0202；	主轴以 560 r/min 正转，调用 2 号刀
N30 G00 X40 Z3；	快速接近工件
N40 G71 U1 R1；	开始循环粗车外表面
N50 G71 P60 Q160 U0.5 W0 F100；	
N60 G00 X0；	
N70 G01 Z0 F50；	
N80 X3；	
N90 G03 X19 W-10 R11；	
N100 G1 W-9；	
N120 W-12；	
N130 X29.314；	
N140 G02 X33.405 W-7 R13；	
N150 G01 X36；	
N160 Z-70；	循环结束段
N170 G00 X150 Z100；	退刀
N180 M5；	

```
N190 M00；
N200 S1120 M03 T0101；          主轴以 1120 r/min 正转,调用 1 号刀精车
N210 G00 X40 Z3；
N220 G70 P60 Q160；              精车
N230 G00 X150 Z100；
N240 M05；
N250 M00；
N260 S360 M03 T0303；            主轴以 360 r/min 正转,调用 3 号刀切断
N270 G00 X45 Z-56；
N280 G01 X0 F20；
N290 G00 X150；
N300 Z100；
N310 T0100；                     调回 1 号刀,取消刀补
N320 M05；                       主轴停
N330 M30；                       程序结束
```

实例二 典型轴类零件的数控车削编程实例

典型轴类零件如图 5-59 所示,零件材料为 45 钢,无热处理和硬度要求,试对该零件进行数控车削工艺分析并编写该轴类零件的精加工程序。

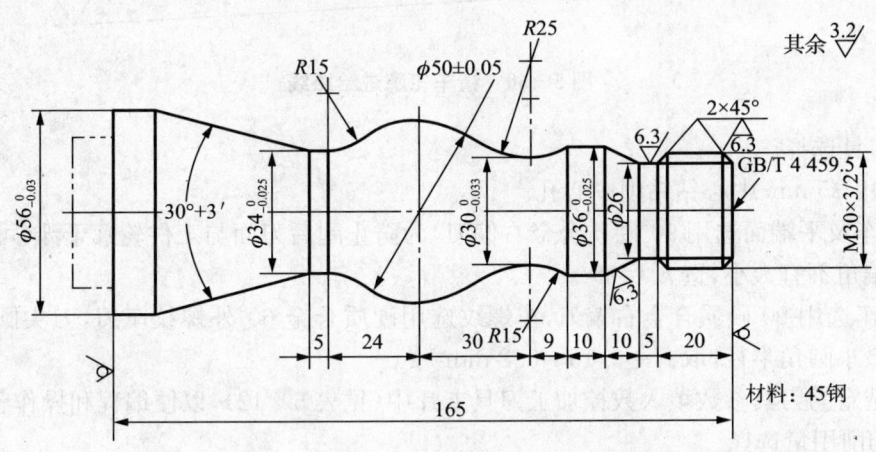

图 5-59 典型轴类零件

(1) 零件图工艺分析。

该零件表面由圆柱、圆锥、顺圆弧、逆圆弧及螺纹等表面组成。其中多个直径尺寸有较严的尺寸精度和表面粗糙度等要求;球面 $\phi50$ mm 的尺寸公差还兼有控制该球面形状(线轮廓)误差的作用。尺寸标注完整,轮廓描述清楚。零件材料为 45 钢,无热处理和硬度要求。

通过上述分析,可采用以下几点工艺措施。

① 对图样上给定的几个精度要求较高的尺寸,因其公差数值较小,故编程时不必取平均值,而全部取其基本尺寸即可。

② 在轮廓曲线上,有三处为圆弧,其中两处为既过象限又改变进给方向的轮廓曲线,因此在加工时应进行机械间隙补偿,以保证轮廓曲线的准确性。

③ 为便于装夹,坯件左端应预先车出夹持部分(双点画线部分),右端面也应先粗车出并钻好中心孔。毛坯选 $\phi 60$ mm 棒料。

(2) 选择设备。

根据被加工零件的外形和材料等条件,选用 TND360 数控车床。

(3) 确定零件的定位基准和装夹方式。

① 定位基准　确定坯料轴线和左端大端面(设计基准)为定位基准。

② 装夹方法　左端采用三爪自定心卡盘定心夹紧,右端采用活动顶尖支承的装夹方式。

(4) 确定加工顺序及进给路线。

加工顺序按由粗到精、由近到远(由右到左)的原则确定。即先从右到左进行粗车(留 0.25 mm 精车余量),然后从右到左进行精车,最后车削螺纹。

TND360 数控车床具有粗车循环和车螺纹循环功能,只要正确使用编程指令,机床数控系统就会自动确定其进给路线。因此,该零件的粗车循环和车螺纹循环不需要人为确定其进给路线(但精车的进给路线需要人为确定)。该零件从右到左沿零件表面轮廓精车进给,如图 5-60 所示。

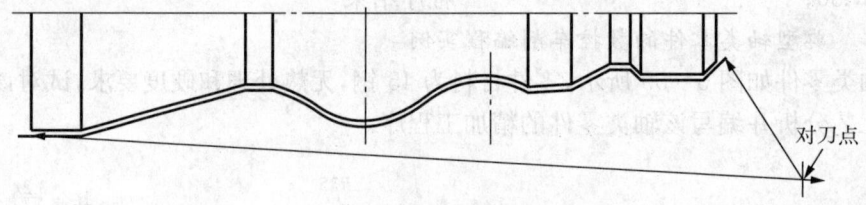

图 5-60　精车轮廓进给路线

(5) 刀具选择。

① 选用 $\phi 5$ mm 中心钻钻削中心孔。

② 粗车及平端面选用 90°硬质合金右偏刀,为防止副后刀面与工件轮廓干涉(可用作图法检验),副偏角不宜太小,选 $k_r' = 35°$。

③ 精车选用 90°硬质合金右偏刀,车螺纹选用硬质合金 60°外螺纹车刀,刀尖圆弧半径应小于轮廓最小圆角半径,取 $r_\varepsilon = 0.15 \sim 0.2$ mm。

将所选定的刀具参数填入数控加工刀具卡片中(见表 5-12),以便编程和操作管理。

(6) 切削用量选择

① 背吃刀量的选择　轮廓粗车循环时选 $a_p = 3$ mm,精车 $a_p = 0.25$ mm;螺纹粗车时选 $a_p = 0.4$ mm,逐刀减少,精车 $a_p = 0.1$ mm。

表 5-12　数控加工刀具卡片

产品名称或代号		×××	零件名称	典型轴	零件图号	×××
序号	刀具号	刀具规格名称	数量	加工表面		备注
1	T01	$\phi 5$ 中心钻	1	钻 $\phi 5$ mm 中心孔		
2	T02	硬质合金 90°外圆车刀	1	车端面及粗车轮廓		右偏刀
2	T03	硬质合金 90°外圆车刀	1	精车轮廓		右偏刀
3	T04	硬质合金 60°外螺纹车刀	1	车螺纹		
编制		×××	审核	×××	批准	×××	共　页	第　页

② 主轴转速的选择 车直线和圆弧时,查表 5-9 选粗车切削速度 $v_c=90$ m/min,精车切削速度 $v_c=120$ m/min,然后利用公式 $v_c=\pi dn/1\,000$ 计算主轴转速 n(粗车直径 $d=60$ mm,精车工件直径取平均值):粗车 500 r/min、精车 1 200 r/min。车螺纹时,参照式(5-1)计算主轴转速 $n=320$ r/min。

③ 进给速度的选择 查表 5-7、表 5-8 选择粗车、精车每转进给量,再根据加工的实际情况确定粗车每转进给量为 0.4 mm/r,精车每转进给量为 0.15 mm/r,最后根据公式 $v_f=nf$ 计算粗车、精车进给速度分别为 200 mm/min 和 180 mm/min。

综合前面分析的各项内容,并将其填入表 5-13 所示的数控加工工艺卡片。此表是编制加工程序的主要依据和操作人员配合数控程序进行数控加工的指导性文件。主要内容包括:工步顺序、工步内容、各工步所用的刀具及切削用量等。

表 5-13 典型轴类零件数控加工工艺卡片

单位名称	×××	产品名称或代号		零件名称		零件图号	
		×××		典型轴		×××	
工序号	程序编号	夹具名称		使用设备		车间	
001	×××	三爪卡盘和活动顶尖		TND360 数控车床		数控中心	
工步号	工步内容	刀具号	刀具规格 /mm	主轴转速 /(r·min^{-1})	进给速度 /(mm·min^{-1})	背吃刀量 /mm	备注
1	平端面	T02	25×25	500			手动
2	钻中心孔	T01	$\phi 5$	950			手动
3	粗车轮廓	T02	25×25	500	200	3	自动
4	精车轮廓	T03	25×25	1 200	180	0.25	自动
5	粗车螺纹	T04	25×25	320	960	0.4	自动
6	精车螺纹	T04	25×25	320	960	0.1	自动
编制	×××	审核	××	批准	×××	年 月 日	共 页 第 页

(6) 精加工 3 号刀设为基准刀,该刀尖的起始位置为(280,130),工件右段中心点设为工件坐标原点,其精加工程序如下:

O3000   程序名
N010 G50 X280 Z130;   建立工件坐标系
N020 M04 S1200 T0300;   启动主轴,换 3 号刀
N030 G00 X26 Z3 M08;   快速接近工件,并打开冷却液
N040 G42 G01 Z0 T0303 F0.05;   建立右刀补
N050 X29.567 Z-2;   倒角
N060 Z-18;   车螺纹外表面 $\phi 29.567$
N070 X26 Z-20;   倒角
N080 W-5;   车 $\phi 26$ 槽
N090 U10 W-10;   车锥面

N100 W−10;	车 φ36 外圆柱面
N110 G02 U−6 W−9 R15;	车 R15 圆弧
N120 G02 X40 Z−69 R25;	车 R25 圆弧
N130 G03 X38.76 Z−99 R25;	车 φ50 球面
N140 G02 X34 W−9 R15;	车 R15 圆弧
N150 G01 W−5;	车 φ34 圆柱面
N160 X56 Z−154.05;	车锥面
N170 Z−165;	车 φ56 圆柱面
N180 G40 G00 U10 T0300 M05 M09;	取消刀补并关闭冷却液
N190 G28 U2 W2;	返回参考点
N200 M04 S320 T0400;	主轴换速,换 4 号螺纹刀
N210 G00 X40 Z3 T0404 M08;	刀具定位并建立位置补偿
N220 G92 X28.667 Z−22 F2;	螺纹循环第一刀
N230 X28.067;	螺纹循环第二刀
N240 X27.467;	螺纹循环第三刀
N250 X27.067;	螺纹循环第四刀
N260 X26.969;	螺纹循环第五刀
N270 G00 X45 T0400 M09;	取消刀具位置补偿并关冷却液
N280 G28 U2 W2;	返回参考点
N290 M30;	程序结束

实例三　缸盖零件的数控车削编程实例

编制如图 5-61 所示的活塞缸盖零件图的加工程序。

解:左端长 51 mm 的外圆部分由上一道工序加工完成,为装夹定位端。装夹好后,先后完成外形、内孔和切槽等的车削。加工程序如下:

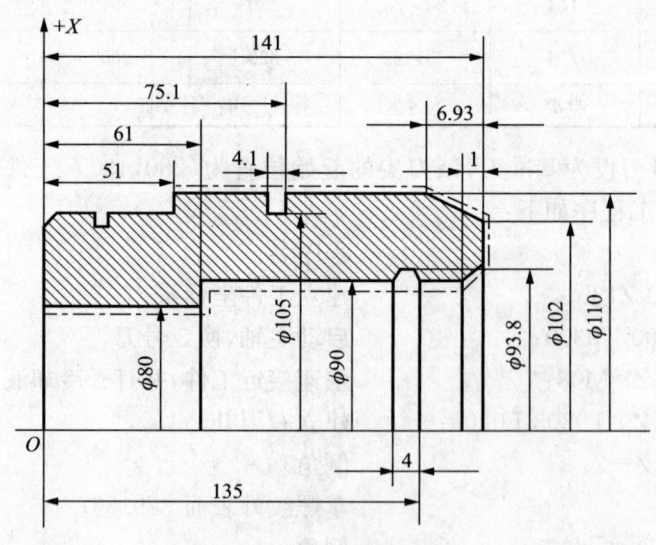

图 5-61　缸盖零件图

O1021	主程序号
G92 X150.0 Z200.0 T0101;	建立工件坐标系，进行刀具补偿
S300 M03;	主轴正转，转速 300 r/min
G90 G00 X118.0 Z141.5;	快进到 $X=118,Z=141.5$
G01 X82.0 F0.3;	X 方向工进到 $X=82$,进给量 0.3 mm/r(粗车端面)
G00 X103.0;	快退至 $X=103$
G01 X110.5 Z135.0 F0.2;	工进至 $X=110.5,Z=135$,进给量 0.2 mm/r(粗车短锥面)
Z48.0 F0.3;	Z 向进给至 $Z=48$(粗车 $\phi 110$ 的外圆)
G00 X150.0 Z200.0 T0100;	返回起刀点,取消刀补[可用 G28 回参考点去换刀]
T0303;	自动换刀,并进行刀具补偿[不能自动换刀可用 M00]
G00 X89.5 Z180.0;	快至 $X=89.5,Z=180$
Z145.0;	Z 向快进至 $Z=145$
G01 Z61.5 F0.3;	Z 向工进至 $Z=61.5$(粗车 $\phi 90$ 的孔)
X79.5;	X 向工进至 $X=79.5$(粗车内孔阶梯面)
Z-5.0;	Z 向工进至 $Z=-5$(粗车 $\phi 80$ 的孔)
G00 X75.0;	X 向快退至 $X=75$
Z180.0;	Z 向快退至 $Z=180$
G00 X150.0 Z200.0 T0300;	返回起刀点,取消刀补[或用 G28]
T0505;	自动换刀,并进行刀具补偿[或用 M00]
S600 M03;	主轴正转,转速 600 r/min
G00 X85.0 Z145.0;	快进至 $X=85,Z=145$
G01 Z141.0 F0.5;	Z 向工进至 $Z=141$
X102.0 F0.2;	X 向工进至 $X=102$(精车端面)
G91 X8.0 Z-6.93;	X 向轴外工进 8,Z 向左工进 6.93,(精车短锥面)
G90 G00 Z48.0 F0.08;	Z 向工进至 $Z=48$(精车 $\phi 110$ 的外圆)[绝对]
G00 X112.0;	X 向快退至 $X=112$
X150.0 Z200.0 T0500;	返回起刀点,取消刀补[或用 G28]
T0707;	自动换刀,并进行刀具补偿[或用 M00]
S200 M03;	主轴正转,转速 200 r/min
G00 X85.0 Z180.0;	快进至 $X=85,Z=180$
Z131.0 M08;	Z 向快进至 $Z=131$,打开切削液
G01 X93.8 F0.2;	X 向车 $\phi 93.8$ 的槽,刀头和槽形一致的弧形,
G00 X85.0;	X 向快退至 $X=85$
Z180.0;	Z 向快退至 $Z=180$
X150.0 Z200.0 T0700 M09;	返回起刀点,取消刀补,关闭切削液[或用 G28]
T0909;	自动换刀,并进行刀具补偿[或用 M00]
S600 M03;	主轴正转,转速 600 r/min
G00 X94.0 Z180.0;	快进至 $X=94,Z=180$
Z142.0;	Z 向快进至 $Z=142$
G01 X90.0 Z140.0 F0.2;	工进至 $X=90,Z=140$(内孔倒角)

Z61.0;	Z向工进至Z=61(精车φ90的内孔)
X80.2;	X向工进至X=80.2(精车内孔阶梯面)
Z-5.0;	Z向工进至Z=-5(精车φ80的内孔)
G00 X75.0;	X向快退至X=75
Z180.0;	Z向快退至Z=180
X150.0 Z200.0 T0900;	返回起刀点,取消刀补[或用G28]
T1111;	自动换刀,并进行刀具补偿[或用M00]
S240 M03;	主轴正转,转速240 r/min
G00 X115.0 Z71.0;	快进至X=115,Z=71
G01 X105.0 F0.1M08;	X向工进至X=105,打开切削液,(车4.1×2.5的槽)
X115.0;	X向工进至X=115(粗车φ80的孔)
G00 X150.0 Z200.0 T1100 M09;	返回起刀点,取消刀补,关闭切削液
M05 M30;	程序结束,复位

思考题 5

1. 数控车削的主要加工对象有哪些?
2. 数控车削对刀具有哪些要求?如何合理选择数控车床刀具?
3. 在数控车床上加工零件,分析零件图样主要考虑哪些方面?
4. 如何确定数控车削的加工顺序?
5. 在数控车床上加工时,选择粗车、精车切削用量的原则是什么?
6. M00、M01、M02、M30都可以停止程序运行,它们有什么区别?
7. G00和G01都是从一点移到另一点,它们有什么不同?各适用于什么场合?
8. 数控车床圆弧的顺逆应如何判断?
9. 简单固定循环和复合车削循环是什么意思?数控机床具有哪些固定循环指令功能?
10. 采用固定循环编程有什么好处?试画图表示G90、G94、G71的基本走刀路线?
11. 简述G71、G72、G73指令的应用场合不同。
12. 加工轴类零件如题图5-1,毛坯为φ85 mm×340 mm棒材,零件材料为45钢,无热处理和硬度要求,图中φ85 mm外圆不加工。对该零件进行精加工。根据图纸要求和毛坯情况,编制该零件数控车削工艺及加工程序。

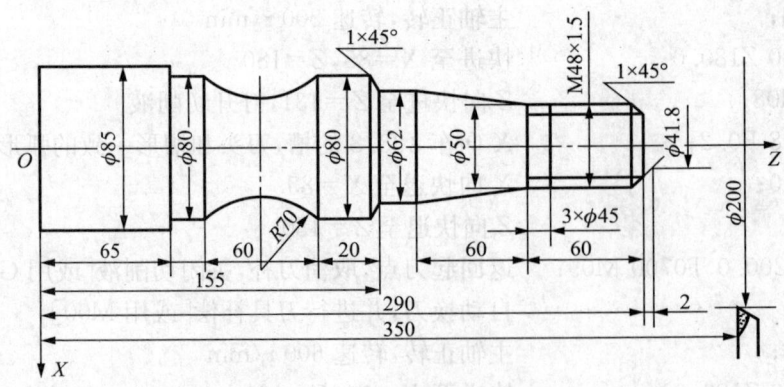

题图5-1 车削轴类零件图

13. 精密轧辊（主要用于轧制冷凝管，淬火硬度 HRC55～58，材料为 Cr12MoV，其工作面常规的精加工工艺是磨削，现在我们使用 FD22 型 φ6 圆形陶瓷刀具在 MJ460 数控车床上进行快速车削加工，实现了以车代磨，加工精度高，加工效率提高了 5 倍以上。根据题图 5-2 精密轧辊零件图图纸要求，设置加工余量为 1mm（直径量），编制该精密轧辊外圆工作面的加工程序。

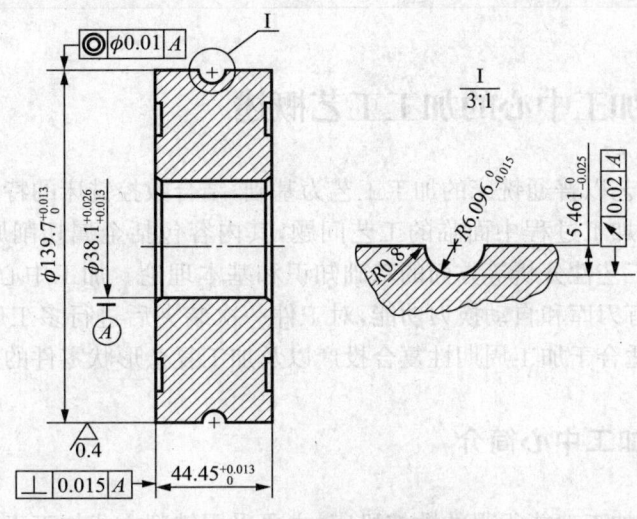

题图 5-2 精密轧辊零件图

6 数控铣与加工中心的加工工艺和编程

6.1 数控铣与加工中心的加工工艺概述

数控铣床加工工艺以普通铣床的加工工艺为基础,结合数控铣床的特点,综合运用多方面的知识解决数控铣床加工过程中面临的工艺问题,其内容包括金属切削原理与刀具、加工工艺、典型零件加工及工艺性分析等方面的基础知识和基本理论。加工中心是在数控铣床的基础上发展起来的,备有刀库和自动换刀功能,对工件一次装夹后进行多工序加工的数控机床。因此,加工中心具有适合于加工周期性复合投产以及加工复杂形状零件的一些工艺特点。

6.1.1 数控铣与加工中心简介

数控铣床是一种加工功能很强的数控机床,主要采用铣削方式加工工件,能够进行外形轮廓铣削、平面或曲面铣削及三维复杂型面的铣削,在数控加工中占据了重要地位。世界上首台数控机床就是一部三坐标铣床,这主要由于铣床具有 X、Y、Z 三轴向可移动的特性,更加灵活,且可完成较多的加工工序。现在数控铣床已全面向多轴化发展。目前迅速发展的加工中心和柔性制造单元也是在数控铣床和数控镗床的基础上产生的。

1. 数控铣床分类

数控铣床种类很多,按其体积大小可分为小型、中型和大型数控铣床,其中规格较大的,其功能已向加工中心靠近,进而演变成柔性加工单元。按其控制坐标的联动轴数可分为二轴半联动、三轴联动和多轴联动铣床等。对于有特殊要求的数控铣床,除了 X、Y、Z 三轴的平动外还可增加刀具、工作台的旋转,这时机床数控系统形成五轴联动控制的数控系统,可用来加工螺旋槽、叶片等空间曲面零件。常用的分类方法按其主轴的布置形式及布局特点分为:立式、卧式和立卧两用式数控铣床。

1) 按机床主轴布置形式分类

(1) 立式数控铣床　主轴轴线垂直于水平面,是数控铣床中常见的一种布局形式,应用范围最广泛,其中以三轴联动数控立铣居多,主要用于水平面内的型面加工。增加数控分度头后,形成四轴联动的数控立铣,可在圆柱表面上加工曲线沟槽。立式数控铣床结构简单,工件安装方便,加工时便于观察,但不便于排屑,如图 6-1 所示。它按坐标的控制方式又有以下几种:

① 工作台升降式数控铣床　采用工作台移动、升降,而主轴不动的方式。小型数控铣床一般采用此种方式。

② 主轴头升降式数控铣床　采用工作台纵向和横向移动,且主轴沿溜板上下运动,如图 6-1 所示。主轴头升降式数控铣床在精度保持、承载重量、系统构成等方面具有很多优点,已成为数控铣床的主流。

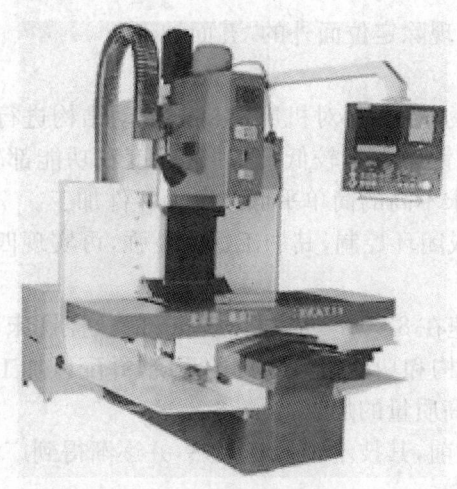 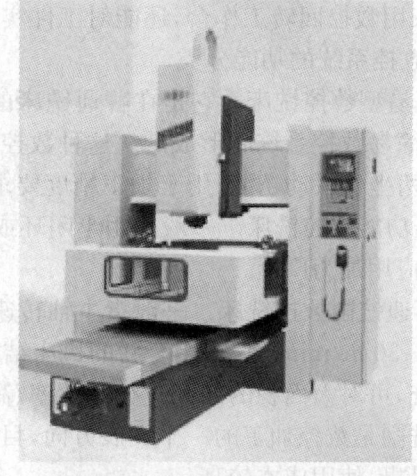

图 6-1 立式数控铣床　　　　图 6-2 龙门式数控铣床

③ 龙门式数控铣床　大型数控立式铣床多采用龙门式布局，如图 6-2 所示。在结构上采用对称的双立柱结构，以保证机床整体刚性、强度。主轴可在龙门架的横梁与溜板上运动，而纵向运动则由龙门架沿床身移动或由工作台移动实现，其中工作台床身特大时多采用前者。

龙门式数控铣床适合加工大型零件，主要在汽车、航空航天、机床等行业使用。

(2) 卧式数控铣床　主轴轴线平行于水平面，主要用于垂直平面内的各种上型面加工，如图 6-3 所示。为了扩大功能和加工范围，通常采用增加数控转盘来实现 4 轴或 5 轴加工。这样可以对工件侧面上的连续回转轮廓进行加工，并能在一次安装后加工箱体零件的四个表面，进行多方位加工。卧式数控铣床相比立式数控铣床，结构复杂，在加工时不便观察，但排屑顺畅。

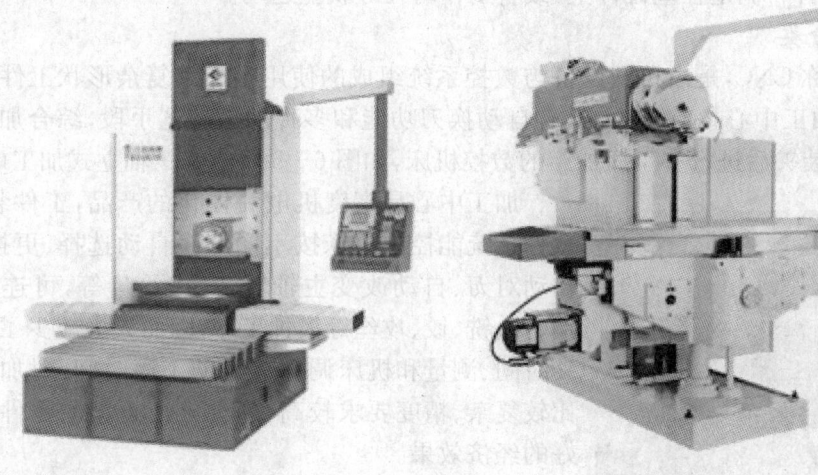

图 6-3 卧式数控铣床　　　　图 6-4 立卧两用数控铣床

(3) 立卧两用式数控铣床　主轴轴线方向可以变换，既可以进行立式加工，又可以进行卧式加工，如图 6-4 所示。这类铣床适应性更强，适用范围广，生产成本低，所以这类数控铣床的数量正在逐渐增多。

立卧两用式数控铣床靠手动和自动两种方式更换主轴方向。有些立卧两用式数控铣床采用主轴头可以任意方向转换的万能数控主轴头，使其可以加工出与水平面成不同角度的工件表面。若采用数控回转工作台,还能对工件实现除定位面外的"五面加工"。

2) 按数控系统的功能分类

(1) 简易型数控铣床 它是在普通铣床的基础上,对机床的机械传动结构进行简单的改造,并增加简易数控系统后形成的。这种数控铣床成本较低,自动化程度和功能都较差,一般只有 X、Y 两坐标联动功能,用于加工精度要求不高的简单平面或曲面零件加工。

(2) 全功能数控铣床 一般采用半闭环或闭环控制,其加工适应性强,可实现四坐标或以上的联动,应用最为广泛。

(3) 高速铣削数控铣床 一般指主轴转速在 8 000~40 000 r/min 的数控铣床,其进给速度可达 10~30 m/min。它采用全新的机床结构和功能强大的数控系统,并配以加工性能优越的刀具系统,可对大面积的曲面进行高效率、高质量的加工。

高速铣削是数控加工的一个发展方向,目前,其技术正日趋成熟,并逐渐得到广泛应用,但机床价格昂贵,使用成本较高。

2. 数控铣床结构

数控铣床一般由数控系统、主传动系统、进给伺服系统、冷却润滑系统等几大部分组成。

(1) 主轴箱 包括主轴箱体和主轴传动系统,用于装夹刀具并带动刀具旋转,主轴转速范围和输出扭矩对加工有直接的影响。

(2) 进给伺服系统 由进给电动机和进给执行机构组成,按照程序设定的进给速度实现刀具和工件之间的相对运动,包括直线进给运动和旋转运动。

(3) 控制系统 是数控铣床运动控制的中心,执行数控加工程序控制机床进行加工。

(4) 辅助装置 如液压、气动、润滑、冷却系统和排屑、防护等装置。

(5) 铣床基础件 指床身、底座、立柱、横梁、滑座、工作台等,是整台铣床的基础和框架。

(6) 其他零部件 固定在基础件上,或者工作时在导轨上运动。

3. 加工中心分类

加工中心,简称 CNC,是由机械设备与数控系统组成的使用于加工复杂形状工件的高效率自动化机床。加工中心备有刀库,具有自动换刀功能和多种加工工艺手段,综合加工能力强,是对工件一次装夹后进行多工序加工的数控机床,如图 6-5 所示为三轴立式加工中心。

加工中心是高度机电一体化的产品,工件装夹后,数控系统能控制机床按不同工序自动选择、更换刀具、自动对刀、自动改变主轴转速、进给量等,可连续完成钻、镗、铣、铰、攻丝等多种工序,因而大大减少了工件装夹时间、测量和机床调整等辅助工序时间,对加工形状比较复杂、精度要求较高、品种更换频繁的零件具有良好的经济效果。

加工中心是在数控铣床的基础上发展起来的,其分类与数控铣床分类基本相同。加工中心主要有立式和卧式两种。卧式加工中心适用于需多工位加工和位置精度要求较高的零件,如箱体、泵体、阀体和壳体等;立式加工中心适用于需单工位加工的零件,如箱盖、端盖

图 6-5 乔福 VMC850 加工中心

和平面凸轮等。规格(指工作台宽度)相近的加工中心,一般卧式加工中心的价格要比立式加工中心贵 50%~100%。因此,从经济性角度考虑,完成同样工艺内容,宜选用立式加工中心。

但卧式加工中心的工艺范围较宽。

6.1.2 数控铣与加工中心的主要加工对象

1. 数控铣床

数控铣床除了能铣削普通铣床所能铣削的各种零件表面外,还能铣削普通铣床不能铣削的需要 2~5 轴坐标联动的各种平面型腔及空间三维复杂型面零件。适合数控铣削的主要加工对象有以下几类。

1) 平面类零件

平面类零件是指加工面平行或垂直于水平面,以及加工面与水平面的夹角为一定值的零件。图 6-6 所示的三个零件均为平面类零件。其中,曲线轮廓面 A 垂直于水平面,可采用圆柱立铣刀加工。凸台侧面 B 与水平面成一定角度,这类加工面可以采用专用的角度成型铣刀来加工。对于斜面 C,当工件尺寸不大时,可用斜板垫平后加工;当工件尺寸很大,斜面坡度又较小时,也常用行切加工法加工,这时会在加工面上留下进刀时的刀锋残留痕迹,要用钳修方法加以清除。

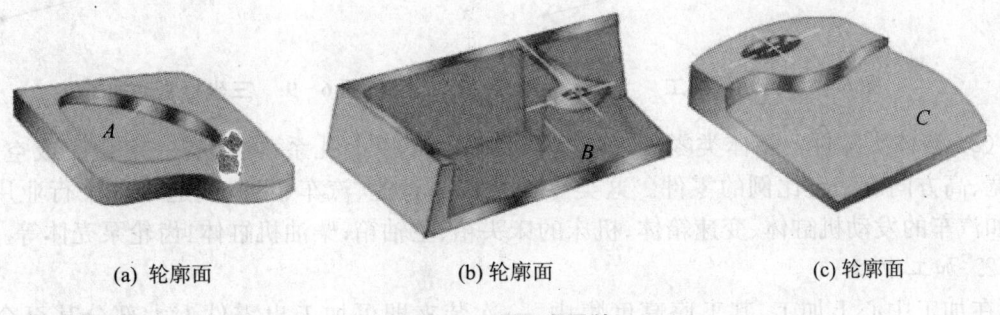

(a) 轮廓面　　　　　(b) 轮廓面　　　　　(c) 轮廓面

图 6-6 平面类零件

2) 曲面类零件

(1) 直纹曲面类零件　指由直线依某种规律移动所产生的曲面类零件。如图 6-7 所示零件的加工面就是一种直纹曲面,当直纹曲面从截面(1)至截面(2)变化时,其与水平面间的夹角从 3°10′ 均匀变化为 2°32′,从截面(2)到截面(3)时,又均匀变化为 1°20′,最后到截面(4),斜角均匀变化为 0°。直纹曲面类零件的加工面不能展开为平面。

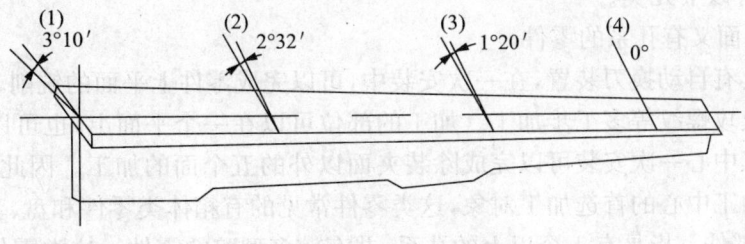

图 6-7 直纹曲面

当采用四坐标或五坐标数控铣床加工直纹曲面类零件时,加工面与铣刀圆周接触的瞬间为一条直线。这类零件也可在三坐标数控铣床上采用行切加工法实现近似加工。

(2) 立体曲面类零件　加工面为空间曲面的零件称为立体曲面类零件。这类零件的加工面不能展成平面,一般使用球头铣刀切削,加工面与铣刀始终为点接触,若采用其他刀具加工,易于产生干涉而铣伤邻近表面。加工立体曲面类零件一般使用三坐标数控铣床,采用以下两种加工方法。

① 二轴半联动行切法加工　行切法是在加工时只有两个坐标联动,另一个坐标按一定行距进行周期行进给。这种方法常用于不太复杂的空间曲面的加工,如图6-8所示。

② 三坐标联动加工　所用的铣床必须具有 X、Y、Z 三轴联动加工功能,可进行空间直线插补。如半球形,可用行切加工法加工,也可用三坐标联动的方法加工。这时,数控铣床用 X、Y、Z 三坐标联动的空间直线插补,实现球面加工,如图6-9所示。

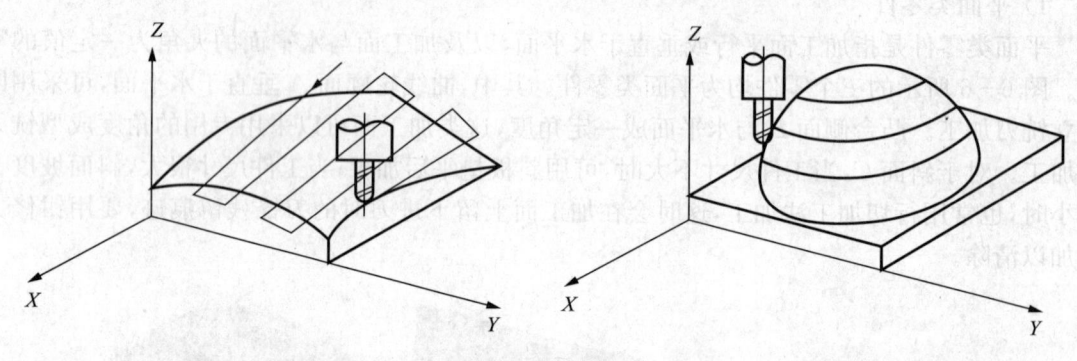

图6-8　行切法加工　　　　　　图6-9　三坐标联动加工

(3) 箱体类零件　箱体类零件一般是指具有一个以上孔系,内部有一定型腔或空腔,在长、宽、高方向有一定比例的零件。这类零件在机械行业、汽车、飞机制造等各个行业用得较多,如汽车的发动机缸体、变速箱体;机床的床头箱、主轴箱;柴油机缸体、齿轮泵壳体等。

2. 加工中心

在加工中心上加工,其工序高度集中,一次装夹即可加工出零件上大部分甚至全部表面,避免了工件多次装夹所产生的装夹误差,因此,加工表面之间能获得较高的相互位置精度。有些零件需求甚少,但属关键部件,要求精度高且工期短。用传统工艺需用多台机床协调工作,周期长、效率低,在长工序流程中,受人为影响易出废品,从而易造成经济损失。而采用加工中心进行加工,整个加工过程由程序自动控制,避免了长工艺流程,减少了硬件投资和人为干扰。鉴于上述加工工艺特点,加工中心适用于复杂、工序多、精度要求较高、需用多种类型普通机床和众多刀具、工装,经过多次装夹和调整才能完成加工的零件。其主要加工对象有以下几类。

(1) 既有平面又有孔系的零件

加工中心具有自动换刀装置,在一次安装中,可以完成零件上平面的铣削、孔系的钻削、铰削、铣削及攻螺纹等多工步加工。加工的部位可以在一个平面上,也可以在不同的平面上。五面体加工中心一次安装可以完成除装夹面以外的五个面的加工。因此,既有平面又有孔系的零件是加工中心的首选加工对象,这类零件常见的有箱体类零件和盘、套、板类零件。

① 箱体类零件　指具有1个以上的孔系,并有较多型腔的零件。这类零件在机械、汽车、飞机等行业较多,如汽车的发动机缸体、变速箱体,机床的床头箱、主轴箱,柴油机缸体、齿轮泵壳体等,如图6-10所示的热电机车主轴箱体。

箱体类零件一般都需要进行多工位孔系、轮廓及平面加工,公差要求较高,特别是形位公差要求较为严格,通常要经过铣、钻、扩、镗、铰、锪、攻丝等工序,需要刀具较多,在普通机床上加工难度大,工装套数多,费用高,加工周期长,需多次装夹、找正,手工测量次数多,加工时必须频繁地更换刀具,工艺难以制订,更重要的是精度难以保证。这类零件在加工中心上加工,一次装夹可完成普通机床60%~95%的工序内容,零件各项精度一致性好,质量稳定,同时节省费用,缩短生产周期。

加工箱体类零件的加工中心,当加工工位较多,需工作台多次旋转角度才能完成的零件,一般选卧式镗铣类加工中心。当加工的工位较少,且跨距不大时,可选立式加工中心,从一端进行加工。

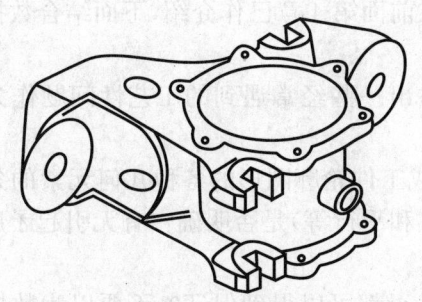 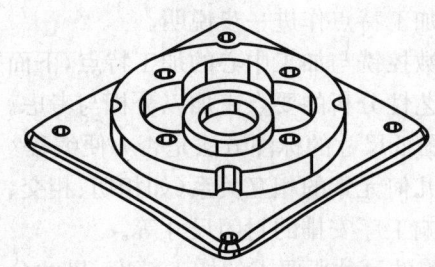

图6-10　热电机车主轴箱体　　　　图6-11　盘、套、板类零件

② 盘、套、板类零件　带有键槽、径向孔或端面有分布孔系以及有曲面的盘套或轴类零件,还有具有较多孔加工的板类零件(图6-11)。端面有分布孔系、曲面的零件宜选用立式加工中心,有径向孔的可选卧式加工中心。

(2) 复杂曲面类零件

在航空航天、汽车、船舶、国防等领域的产品中,复杂曲面类占有较大的部分,如叶轮、螺旋桨、各种曲面成型模具等。

对于复杂曲面类零件,就加工的可能性而言,在不出现加工干涉区或加工盲区时,复杂曲面一般可以采用球头铣刀进行三坐标联动加工,加工精度较高,但效率较低。如果工件存在加工干涉区或加工盲区,就必须考虑采用4坐标或5坐标联动的机床。仅仅加工复杂曲面时并不能发挥加工中心自动换刀的优势,因为复杂曲面一般所用的刀具较少,特别是像模具一类的单件加工。

(3) 外形不规则的异形零件

异形零件是指如支架和拨叉这一类外形不规则的零件,其大多要点、线、面多工位混合加工,如支架、基座、样板、靠模等。异形件的刚性一般较差,夹紧及切削变形难以控制,加工精度也难以保证,这时可充分发挥加工中心工序集中的特点,采用合理的工艺措施,一次或两次装夹,完成多道工序或全部的加工内容。

(4) 周期性投产的零件

用加工中心加工零件时,所需工时主要包括基本时间和准备时间,其中,准备时间占很大比例。例如工艺准备、程序编制、零件首件试切等,这些时间往往是单件基本时间的几十倍。采用加工中心可以将这些准备时间的内容储存起来,供以后反复使用。这样,对周期性投产的零件,生产周期就可以大大缩短。

(5) 加工精度较高的中小、批量零部件

针对加工中心加工精度高、尺寸稳定的特点,对加工精度要求较高的中、小批量零件,选择加工中心加工,容易获得所要求的尺寸精度和形状位置精度,并可得到很好的互换性。

(6) 新产品试制的零件

在新产品定型之前，需经反复试验和改进。选择加工中心试制，可省去许多用通用机床加工所需的试制工装。当零件被修改时，只需修改相应的程序及适当地调整夹具、刀具即可，节省了费用，缩短了试制周期。

6.1.3 数控铣与加工中心的工艺性分析

关于数控加工的零件图和结构工艺性分析，在前面第 4 章已作介绍，下面结合数控铣与加工中心的加工特点作进一步说明。

针对数控铣与加工中心的加工特点，下面列举出一些经常遇到的工艺性问题作为对零件图进行工艺性分析的要点来加以分析与考虑。

(1) 图纸尺寸的标注方法是否方便编程？构成工件轮廓图形的各种几何元素的条件是否充要？各几何元素的相互关系（如相切、相交、垂直和平行等）是否明确？有无引起矛盾的多余尺寸或影响工序安排的封闭尺寸等。

(2) 零件尺寸所要求的加工精度、尺寸公差是否都可以得到保证？不要以为数控机床加工精度高而放弃这种分析。特别要注意过薄的腹板与缘板的厚度公差，"铣工怕铣薄"，数控铣削也是一样，因为加工时产生的切削拉力及薄板的弹性退让，极易产生切削面的振动，使薄板厚度尺寸公差难以保证，使其表面粗糙度也将恶化或变坏。根据实践经验，当面积较大的薄板厚度小于 3 mm 时就应充分重视这一问题。

(3) 内槽圆角的大小决定刀具直径的大小，因此内槽圆角半径不应太小。零件工艺性的好坏与被加工零件的形状、连接圆弧半径的大小有关。图 6-12(a) 和图 6-12(b) 相比，图 6-12(b) 所示连接轨迹圆弧半径大，可以采用较大直径的铣刀来进行加工，并且在加工平面时，进给次数也相应减少，零件的表面加工质量也会好一些，所以工艺性较好。通常以铣刀半径 $R < 0.2H$（H 为被加工零件轮廓表面的最大高度）来判定零件该部位加工工艺性的好坏。

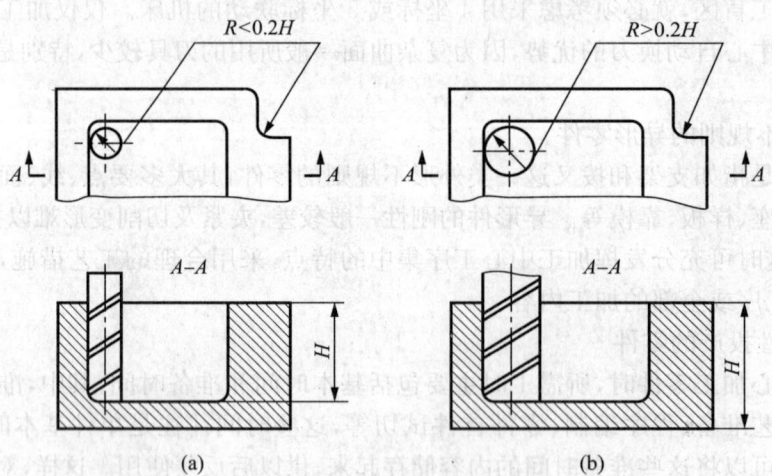

图 6-12 内槽圆角对工艺性的影响

(4) 零件铣削底平面时，槽底圆角半径 r 不应过大，如图 6-13 所示。铣刀倒圆半径 R 越大，铣刀端刃铣削平面的能力越低。当铣刀倒圆半径 R 大到一定程度时，甚至必须使用球头刀加工,这是应该避免的。因为铣刀与铣削平面接触的最大直径 $d=D-2R$(D 为铣刀直径)。当 D 一定时,铣刀倒圆半径 R 越大,铣刀端刃铣削平面的面积越小,加工表面的能力越差,加工工艺性也越差。

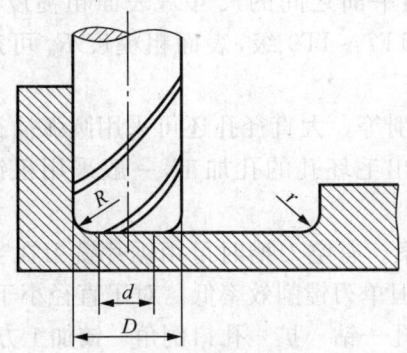 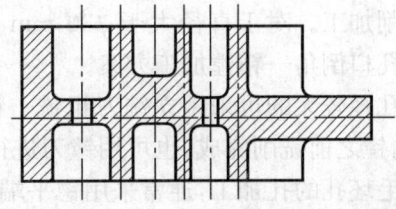

图 6-13 零件底面圆弧对铣削工艺性的影响　　　图 6-14 必须两次安装加工的零件

(5) 零件图中各加工面的凹圆弧(R 与 r)是否可以统一? 因为在数控铣床上多换一次刀会增加不少新问题,如增加铣刀规格、计划停车次数和对刀次数等,不但给编程带来许多麻烦,增加生产准备时间而降低生产效率,而且也会因频繁换刀增加了工件加工面上的接刀阶差而降低了表面质量。所以,在一个零件上的这种凹圆弧半径在数值上的一致性问题对数控铣削的工艺性显得相当重要。一般来说,即使不能寻求完全统一,也要力求将数值相近的圆弧半径分组靠拢,达到局部统一,以尽量减少铣刀规格与换刀次数。

(6) 零件上有无统一基准以保证两次装夹加工后其相对位置的正确性? 有些工件需要在铣完一面后再重新安装铣削另一面,如图 6-14 所示。由于数控铣削时不能使用通用铣床加工时常用的试削方法来接刀,往往会因为工件的重新安装而接不好刀(即与上道工序加工的面接不齐或造成本来要求一致的两对应面上的轮廓错位)。为了避免上述问题的产生,减小两次装夹误差,最好采用统一基准定位,因此零件上最好有合适的孔作为定位基准孔。如果零件上没有基准孔,也可以专门设置工艺孔作为定位基准(如在毛坯上增加工艺凸耳或在后续工序要铣去的余量上设基准孔)。如实在无法制出基准孔,起码也要用经过精加工的面作为统一基准。如果连这也办不到,则最好只加工其中一个最复杂的面,另一面放弃数控铣削而改由通用铣床加工。

(7) 分析零件的形状及原材料的热处理状态,是否会在加工过程中变形? 哪些部位最容易变形? 因为数控铣削最忌讳工件在加工时变形,这种变形不但无法保证加工的质量,而且经常造成加工不能继续进行下去,"中途而废",这时就应当考虑采取一些必要的工艺措施进行预防,如对钢件进行调质处理,对铸铝件进行退火处理,对不能用热处理方法解决的,也可考虑粗、精加工及对称去余量等常规方法。此外,还要分析加工后的变形问题,采取什么工艺措施来解决。

6.1.4 加工方法的选择及加工方案的确定

1. 加工方法的选择

在数控机床上加工零件,一般有以下两种情况。一是有零件图样和毛坯,要选择适合加工该零件的数控机床;二是已经有了数控机床,要选择适合该机床加工的零件。无论哪种情况,都应根据零件的种类和加工内容选择合适的数控机床和加工方法。

平面轮廓零件的轮廓多由直线、圆弧和曲线组成,一般在两坐标联动的数控铣床上加工;具有三维曲面轮廓的零件,多采用三坐标或三坐标以上联动的数控铣床或加工中心加工。经粗铣的平面,尺寸精度可达 IT12～IT14 级(指两平面之间的尺寸),表面粗糙度 R_a 可达 12.5～50 μm。经粗、精铣的平面,尺寸精度可达 IT7～IT9 级,表面粗糙度 R_a 可达 1.6～3.2 μm。

孔加工的方法比较多,有钻削、扩削、铰削和镗削等。大直径孔还可采用圆弧插补方式进行铣削加工。对于直径大于 $\phi 30$ mm 已铸出或锻出毛坯孔的孔加工,一般采用粗镗—半精镗—孔口倒角—精镗加工方案。

孔径较大的可采用立铣刀粗铣—精铣加工方案。有空刀槽时可用锯片铣刀在半精镗之后、精镗之前铣削完成,也可用镗刀进行单刃镗削,但单刃镗削效率低。对于直径小于 $\phi 30$ mm 的无毛坯孔的孔加工,通常采用锪平端面—打中心孔—钻—扩—孔口倒角—铰加工方案。

有同轴度要求的小孔,须采用锪平端面—打中心孔—钻—半精镗—孔口倒角—精镗(或铰)加工方案。为提高孔的位置精度,在钻孔工步前须安排锪平端面和打中心孔工步。孔口倒角安排在半精加工之后、精加工之前,以防孔内产生毛刺。

螺纹的加工根据孔径大小而定,一般情况下,直径在 M5～M20 之间的螺纹,通常采用攻螺纹的方法加工。直径在 M6 以下的螺纹,在加工中心上完成底孔加工后,通过其他手段攻螺纹。因为在加工中心上攻螺纹不能随机控制加工状态,小直径丝锥容易折断。直径在 M25 以上的螺纹,可采用镗刀镗削加工。

加工方法的选择原则是保证加工表面的精度和表面粗糙度的要求。由于获得同一级精度及表面粗糙度的加工方法一般有许多,因而在实际选择时,要结合零件的形状、尺寸和热处理要求全面考虑。例如,对于 IT7 级精度的孔采用镗削、铰削、磨削等方法加工均可达到精度要求,但箱体上的孔一般采用镗削或铰削,而不采用磨削。一般小尺寸的箱体孔选择铰削,当孔径较大时则应选择镗削。此外,还应考虑生产率和经济性的要求,以及工厂的生产设备等实际情况。

2. 加工方案确定

确定加工方案时,首先应根据主要表面的精度和表面粗糙度的要求,初步确定为达到这些要求所需要的加工方法,即精加工的方法,再确定从毛坯到最终成型的加工方案。

在加工过程中,工件按表面轮廓可分为平面类和曲面类零件,其中平面类零件中的斜面轮廓又分为有固定斜角和变斜角的外形轮廓面。外形轮廓面的加工,若单纯从技术上考虑,最好的加工方案是采用多坐标联动的数控机床,这样不但生产效率高,而且加工质量好。但由于一般中小企业无力购买这种价格昂贵、生产费用高的机床,因此应考虑采用 2.5 轴控制和 3 轴控制机床加工。

2.5 轴控制和 3 轴控制机床上加工曲面类的零件,通常采用球头铣刀,轮廓面的加工精度主要通过控制走刀步长和加工带宽度来保证。加工精度越高,走刀步长和加工带宽度越小,编程效率和加工效率越低。

6.2 数控铣与加工中心的加工工艺制订

数控加工程序不仅包括零件的工艺过程,而且还包括切削用量、走刀路线、刀具尺寸以及铣床的运动过程。数控机床受控于程序指令,加工的全过程都是按程序指令自动进行的。因此,要求编程人员对数控机床的性能、特点、运动方式、刀具系统、切削规范以及工件的装夹方法都要非常熟悉。

在制订数控铣削和加工中心的加工工艺过程中,工艺编制应遵循第 4 章所述的总体原则,这一章里主要是针对数控铣削加工和加工中心的特点对其加工工艺编制常用的原则进行叙述。

6.2.1 加工工序的设计

1. 装夹方式和夹具设计

加工中心夹具的设计与一般夹具的设计差异较大。一般夹具加工工序内容单一,加工面少,刀具与夹紧元件间的问题易于解决。而加工中心因工序集中、加工表面多,夹具必须能适应零件粗加工时切削力、夹紧力大以及精加工时定位精度高的要求。在设计加工中心夹具方案时,还应考虑刀具与夹具的干涉碰撞以及夹具和程序间的对应关系。具体来讲要注意以下几点:

(1) 尽可能选择零件的设计基准为精基准,粗基准的选择要保证重要表面加工余量均匀,使不加工表面的尺寸、位置符合图纸的要求,且便于装夹。

(2) 尽量减少工件装夹次数,尽可能在一次定位装夹后完成所有的待加工表面,如对于一些箱体类零件,尽量采用一面两销的定位方式,以便加工较多的表面。

(3) 加工中心高速强力切削,定位基面要有足够的接触面积和分布面积,以承受大的切削力且定位稳定可靠。

(4) 为保证工件安装定位的准确性,要求工件坐标系与加工中心坐标系方向保持一致,夹具应能保证在加工中心上实现定向安装,并要求能协调工件定位面与加工中心之间保持一定的尺寸联系。

(5) 所有需要完成的待加工面应充分暴露在外,夹具尽可能敞开,夹紧机构、定位元件与加工表面之间应保持一定的距离和空间,以保证刀具轨迹畅通安全,同时要求尽量降低夹具的夹紧元件位置,以防夹具与主轴套筒或刀具在加工过程中发生干涉或碰撞。

(6) 对于加工中心来说,尤其是卧式加工中心,要注意其轴有最低限度,设计夹具时夹具体应考虑加工中心主轴与工作台面之间的最小距离,为了在一次安装下能加工工件上各个与底面相交的表面,夹具应设置能将工件托起一定高度的等高元件。

(7) 由于加工中心交换工作台(或托盘)具有纵、横向移动和旋转动作,因而夹具设计时要充分考虑防止夹具与机床的空间干涉。

2. 工序和工步的划分

在数控机床上加工零件,工序应尽量集中,一次装夹应尽可能完成大部分工序。数控加工工序的划分有下列方法。

(1) 按加工内容划分工序

对于加工内容较多的零件,按零件结构特点将加工内容分成若干部分,每一部分可用典型刀具加工。例如加工内腔、外形、平面或曲面等。加工内腔时,将外形夹紧;加工外形时,将内腔的孔夹紧。

(2) 按所用刀具划分工序

这样可以减少换刀次数,压缩空行程和减少换刀时间,减少换刀误差。有些零件虽然能在一次安装后加工出很多待加工面,但考虑到程序太长,会受到某些限制,如控制系统的限制(主要是内存容量),机床连续工作时间的限制(如一道工序在一个班内不能结束)等。此外,程序太长会增加出错率、查错与检索困难。因此程序不能太长,一道工序的内容不能太多。

(3) 按粗、精加工划分工序

对于容易发生加工变形的零件,通常粗加工后需要进行矫形,这时粗加工、精加工作为两道工序,即先粗加工再精加工,可用不同的机床或不同的刀具进行加工。

综上所述,在划分工序时,一定要视零件的结构与工艺性、机床的功能、零件数控加工内容的多少、安装次数及本部门生产组织状况等灵活掌握。什么零件宜采用工序集中的原则还是采用工序分散的原则,也要根据实际需要和生产条件确定,要力求合理。

加工顺序的安排应根据零件的结构和毛坯状况,以及定位安装与夹紧的需要来考虑,重点是工件的刚性不被破坏。顺序安排一般应按下列原则进行:

(1) 上道工序的加工不能影响下道工序的定位与夹紧,中间穿插有通用机床加工工序的也要综合考虑。

(2) 先进行内腔加工工序,后进行外形加工工序。

(3) 在同一次安装中进行的多道工序,应先安排对工件刚性破坏小的工序。

(4) 以相同定位、夹紧方式或同一把刀具加工的工序,最好连续进行,以减少重复定位次数、换刀次数与挪动压板次数。

为了便于分析和描述较复杂的工序,在工序内又可划分工步,工步的划分主要从加工精度和效率两方面考虑。如零件在加工中心上加工,对于同一表面按粗加工、半精加工、精加工依次完成,整个加工表面按先粗后精加工分开进行;对于既有铣面又有镗孔的零件,可先铣面后镗孔,以减少因铣削切削力大,造成零件可能发生变形而对孔的精度造成影响;对于具有回转工作台的加工中心,若回转时间比换刀时间短,可采用按刀具划分工步,以减少换刀次数,提高加工效率。但数控加工按工步划分后,三检制度(自检、互检、专检)不方便执行,为了避免零件发生批次性质量问题,应采用分工步交检,而不是加工完整个工序之后再交检。

6.2.2 加工顺序和进给路线的确定

1. 加工顺序的安排

在确定了某个工序的加工内容后,要进行详细的工步设计,即安排这些工序内容的加工顺序,同时考虑程序编制时刀具运动轨迹的设计。一般将一个工步编制为一个加工程序,因此,工步顺序实际上也就是加工程序的执行顺序。

一般数控铣削采用工序集中的方式,这时工步的顺序就是工序分散时的工序顺序,可以按一般切削加工顺序安排的原则进行。通常按照从简单到复杂的原则,先加工平面、沟槽、孔,再加工内腔、外形,最后加工曲面,先加工精度要求低的表面,再加工精度要求高的部位等。可以参照前面第 4 章中数控加工的选择原则进行安排。在安排数控铣削加工工序的顺序时还应注意以下问题:

(1) 上道工序的加工不能影响下道工序的定位与夹紧,中间穿插有通用机床加工工序的也要综合考虑;

(2) 一般先进行内形内腔加工工序,后进行外形加工工序;

(3) 以相同定位、夹紧方式或同一把刀具加工的工序,最好连续进行,以减少重复定位次数与换刀次数;

(4) 在同一次安装中进行的多道工序,应先安排对工件刚性破坏较小的工序。

总之,顺序的安排应根据零件的结构和毛坯状况,以及定位安装与夹紧的需要综合考虑。

2. 加工进给路线的确定

合理地选择加工进给路线不但可以提高切削效率,还可以提高零件的表面精度,在确定加工进给路线时,首先应遵循第 4 章中数控加工工艺所要求的原则。对于数控铣床,还应重点考虑几个方面:①能保证零件的加工精度和表面粗糙度的要求;②使走刀路线最短,既可简化程序段,又可减少刀具空行程时间,提高加工效率;③应使数值计算简单,程序段数量少,以减少编程工作量。

(1) 铣削平面类零件的进给路线

铣削平面类零件外轮廓时,一般采用立铣刀侧刃进行切削。为减少接刀痕迹,保证零件表面质量,对刀具的切入和切出程序需要精心设计。

铣削外表面轮廓时,如图 6-15 所示,铣刀的切入和切出点应沿零件轮廓曲线的延长线上切入和切出零件表面,而不应沿法向直接切入零件,以避免加工表面产生划痕,保证零件轮廓光滑。

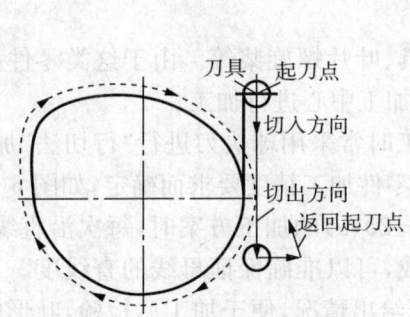
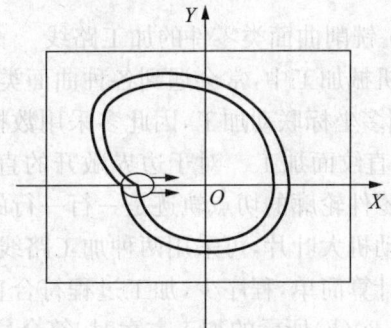

图 6-15 刀具切入和切出时的外延　　图 6-16 内轮廓加工刀具的切入和切出

铣削封闭的内轮廓表面时,若内轮廓曲线允许外延,则应沿切线方向切入切出。若内轮廓曲线不允许外延(见图 6-16),则刀具只能沿内轮廓曲线的法向切入切出,并将其切入、切出点选在零件轮廓两个几何元素的交点处。当内部几何元素相切无交点时(见图 6-17),为防止刀补取消时在轮廓拐角处留下凹口[见图 6-17(a)],刀具切入切出点应远离拐角[见图 6-17(b)]。

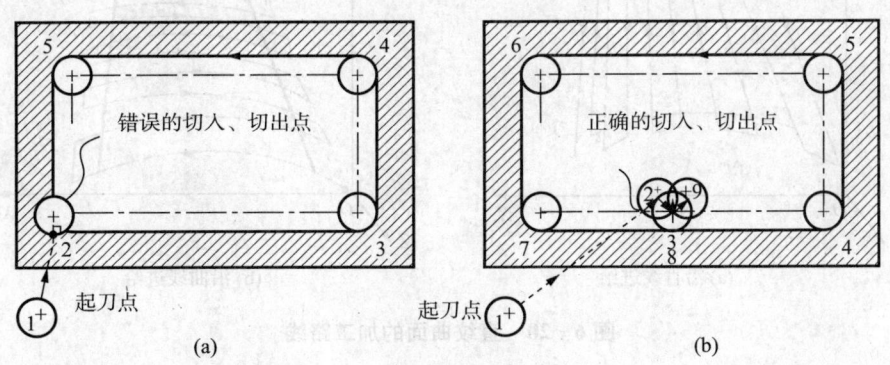

图 6-17 无交点内轮廓加工刀具的切入和切出

如图 6-18 所示为圆弧插补方式铣削外整圆时的走刀路线。当整圆加工完毕时，不要在切点处2退刀，而应让刀具沿切线方向多运动一段距离，以免取消刀补时，刀具与工件表面相碰，造成工件报废。铣削内圆弧时也要遵循从切线方向切入的原则，最好安排从圆弧过渡到圆弧的加工路线（如图 6-19 所示），这样可以提高内孔表面的加工精度和加工质量。

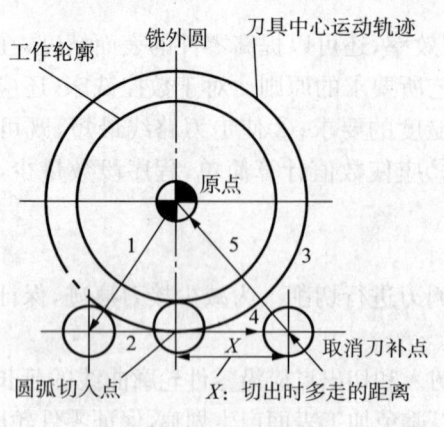 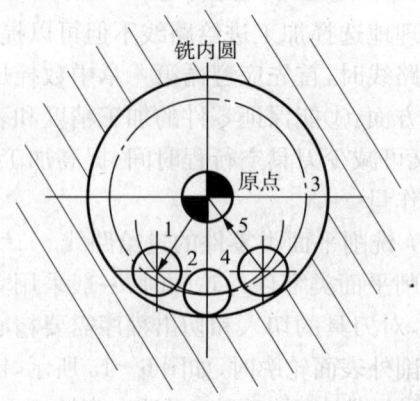

图 6-18　外圆铣削　　　　　　　图 6-19　内圆铣削

（2）铣削曲面类零件的加工路线

在机械加工中，常会遇到各种曲面类零件，如模具、叶片螺旋桨等。由于这类零件型面复杂，需用多坐标联动加工，因此多采用数控铣床、数控加工中心进行加工。

① 直纹面加工　对于边界敞开的直纹曲面，加工时常采用球头刀进行"行切法"加工，即刀具与零件轮廓的切点轨迹是一行一行的，行间距按零件加工精度要求而确定，如图 6-20 所示的发动机大叶片，可采用两种加工路线。采用图 6-20（a）的加工方案时，每次沿直线加工，刀位点计算简单，程序少，加工过程符合直纹面的形成，可以准确保证母线的直线度。当采用如图 6-20（b）所示的加工方案时，符合这类零件数据给出情况，便于加工后检验，叶形的准确度高，但程序较多。由于曲面零件的边界是敞开的，没有其他表面限制，所以曲面边界可以延伸，球头刀应由边界外开始加工。

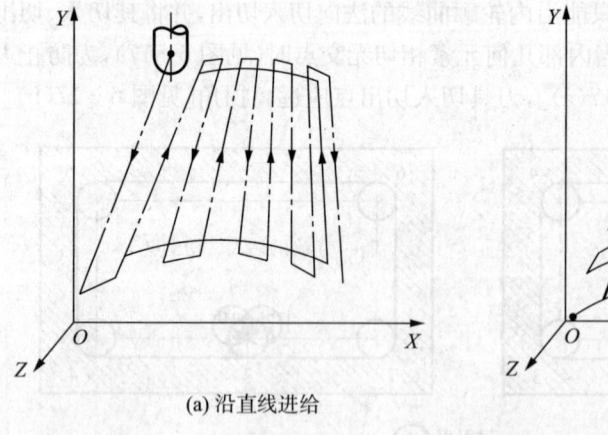 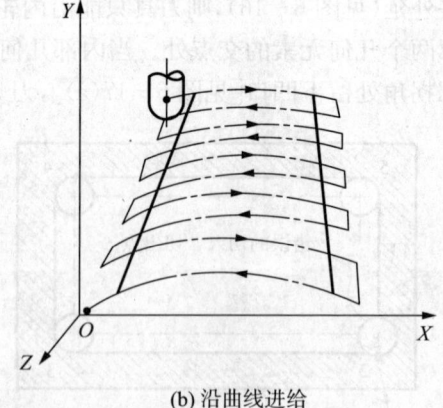

(a) 沿直线进给　　　　　　　　(b) 沿曲线进给

图 6-20　直纹曲面的加工路线

② 曲面轮廓加工　立体曲面加工应根据曲面形状、刀具形状以及精度要求采用不同的铣

削方法。

两坐标联动的三坐标行切法加工 X、Y、Z 三轴中任意二轴作联动插补，第三轴做单独的周期进刀，称为二轴半坐标联动。如图 6-21 所示，将 X 向分成若干段，圆头铣刀沿 YZ 面所截的曲线进行铣削，每一段加工完成进给 ΔX，再加工另一相邻曲线，如此依次切削即可加工整个曲面。

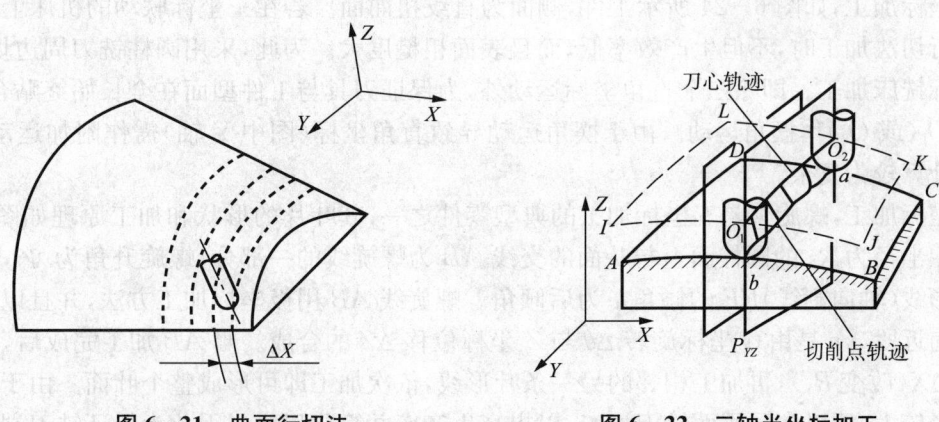

图 6-21 曲面行切法　　　　图 6-22 二轴半坐标加工

在行切法中，要根据轮廓表面粗糙度的要求及刀头不干涉相邻表面的原则选取 ΔX。行切法加工中通常采用球头铣刀。球头铣刀的刀头半径应选得大些，有利于散热，但刀头半径不应大于曲面的最小曲率半径。

用球头铣刀加工曲面时，总是用刀心轨迹的数据进行编程。图 6-22 为二轴半坐标加工的刀心轨迹与切削点轨迹示意图。$ABCD$ 为被加工曲面，P_{YZ} 平面为平行于 YZ 坐标面的一个行切面，其刀心轨迹 O_1O_2 为曲面 $ABCD$ 的等距面 $IJKL$ 与平面 P_{YZ} 的交线，显然 O_1O_2 是一条平面曲线。在此情况下，曲面的曲率变化会导致球头刀与曲面切削点的位置改变，因此切削点的连线 ab 是一条空间曲线，从而在曲面上形成扭曲的残留沟纹。

由于二轴半坐标加工的刀心轨迹为平面曲线，故编程计算比较简单，数控逻辑装置也不复杂，常在曲率变化不大及精度要求不高的粗加工中使用。

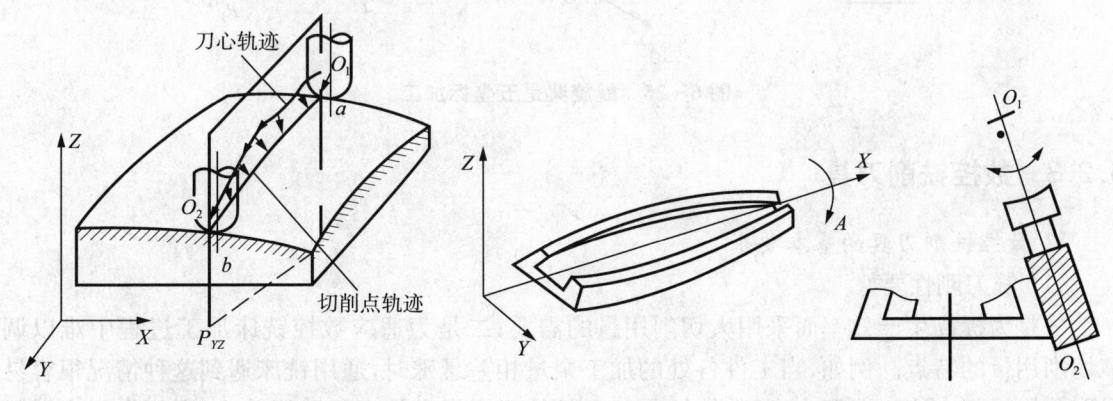

图 6-23 三坐标加工　　　　图 6-24 四轴半坐标加工

三坐标联动加工，X、Y、Z 三轴可同时插补联动。用三坐标联动加工曲面时，通常也用行切方法。如图 6-23 所示，P_{YZ} 平面为平行于 YZ 坐标面的一个行切面，它与曲面的交线为 ab，

若要求 ab 为一条平面曲线,则应使球头刀与曲面的切削点总是处于平面曲线 ab 上(即沿 ab 切削),以获得规则的残留沟纹。显然,这时的刀心轨迹 O_1O_2 不在 P_{YZ} 平面上,而是一条空间曲线(实际是空间折线),因此需要 $X、Y、Z$ 三轴联动。

三轴联动加工常用于复杂空间曲面的精确加工(如精密锻模),但编程计算较为复杂,所用机床的数控装置还必须具备三轴联动功能。

四坐标加工,如图 6-24 所示工件,侧面为直纹扭曲面。若在三坐标联动的机床上用圆头铣刀按行切法加工时,不但生产效率低,而且表面粗糙度大。为此,采用圆柱铣刀周边切削,并用四坐标铣床加工。即除三个直角坐标运动外,为保证刀具与工件型面在全长始终贴合,刀具还应绕 O_1(或 O_2)作摆角运动。由于摆角运动导致直角坐标(图中 Y 轴)需作附加运动,所以其编程计算较为复杂。

五坐标加工,螺旋桨是五坐标加工的典型零件之一,其叶片的形状和加工原理如图 6-25 所示。在半径为 R_1 的圆柱面上与叶面的交线 AB 为螺旋线的一部分,螺旋升角为 Ψ_i,叶片的径向叶形线(轴向割线)EF 的倾角 α 为后倾角。螺旋线 AB 用极坐标加工方法,并且以折线段逼近。逼近段 mn 是由 C 坐标旋转 $\Delta\theta$ 与 Z 坐标位移 ΔZ 的合成。当 AB 加工完成后,刀具径向位移 ΔX(改变 R_1),再加工相邻的另一条叶形线,依次加工即可形成整个叶面。由于叶面的曲率半径较大,所以常采用面铣刀加工,以提高生产率并简化程序。因此为保证铣刀端面始终与曲面贴合,铣刀还应作由坐标 A 和坐标 B 形成的 θ_1 和 α_1 的摆角运动。在摆角的同时,还应作直角坐标的附加运动,以保证铣刀端面始终位于编程值所规定的位置上,即在切削成型点,铣刀端平面与被切曲面相切,铣刀轴心线与曲面该点的法线一致,所以需要五坐标加工。这种加工的编程计算相当复杂,一般采用自动编程。

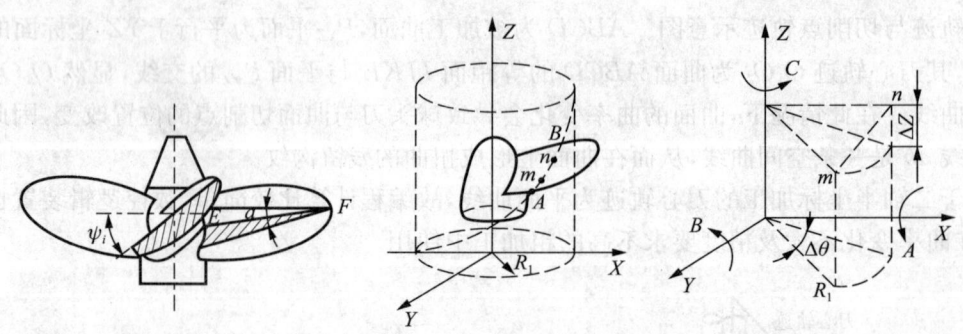

图 6-25 螺旋桨是五坐标加工

6.2.3 数控铣削刀具

1. 数控铣削刀具的基本要求

(1) 铣刀刚性要好

一是为提高生产效率而采用大切削用量的需要;二是为适应数控铣床加工过程中难以调整切削用量的特点。例如,当工件各处的加工余量相差悬殊时,通用铣床遇到这种情况很容易采取分层铣削方法加以解决,而数控铣削就必须按程序规定的走刀路线前进,遇到余量大时无法像通用铣床那样"随机应变",除非在编程时能够预先考虑到,否则铣刀必须返回原点,用改变切削面高度或加大刀具半径补偿值的方法从头开始加工,多走几刀。但这样势必造成余量小的地方经常走空刀,降低了生产效率,如刀具刚性较好就不必这么办。再者,在通用铣床上加工时,若遇到刚性不强的刀具,也比较容易从振动、手感等方面及时发现并及时调整切削用量加以弥补,而数控铣削时则很难办到。在数控铣削中,因铣刀刚性较差而断刀并造成工件损伤的事例是常有的,所以解决数控铣刀的刚性问题是至关重要的。

(2) 铣刀的耐用度要高

尤其是当一把铣刀加工的内容很多时,如刀具不耐用而磨损较快,就会影响工件的表面质量与加工精度,而且会增加换刀引起的调刀与对刀次数,也会使工作表面留下因对刀误差而形成的接刀台阶,降低了工件的表面质量。

除上述两点之外,铣刀切削刃的几何角度参数的选择及排屑性能等也非常重要,切屑粘刀形成积屑瘤在数控铣削中是十分忌讳的。总之,根据被加工工件材料的热处理状态、切削性能及加工余量,选择刚性好,耐用度高的铣刀,是充分发挥数控铣床的生产效率和获得满意的加工质量的前提。

2. 数控铣刀的选择

数控铣床上所采用的刀具要根据被加工零件的材料、几何形状、表面质量要求、热处理状态、切削性能及加工余量等,选择刚性好、耐用度高的刀具。在数控铣床上使用的刀具主要有平底立铣刀、面铣刀、球头刀、环形刀、鼓形刀和锥形刀等。

(1) 常用铣刀类型

① 面铣刀 如图 6-26 所示为几种常用硬质合金面铣刀,面铣刀的圆周表面和端面上都有切削刃,端部切削刃为副切削刃。面铣刀多制成套式镶齿结构,刀齿为高速钢或硬质合金,刀体为 40Cr。高速钢面铣刀按国家标准规定,直径 $d=80\sim250$ mm,螺旋角 $\beta=10°$,刀齿数 $Z=10\sim26$。

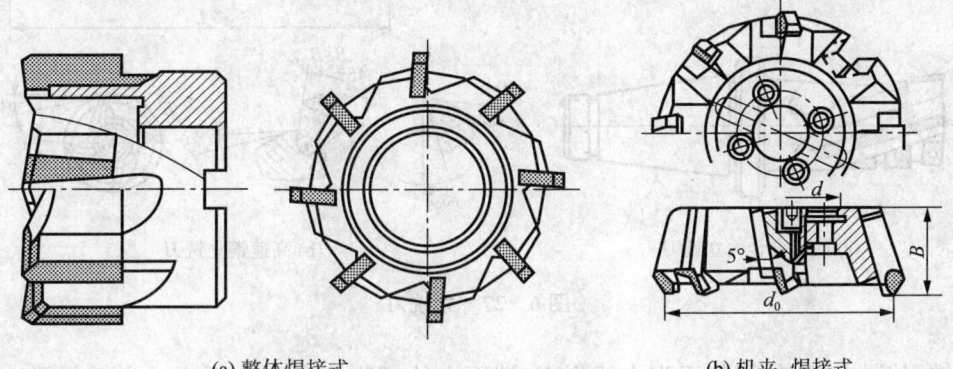

(a) 整体焊接式   (b) 机夹-焊接式

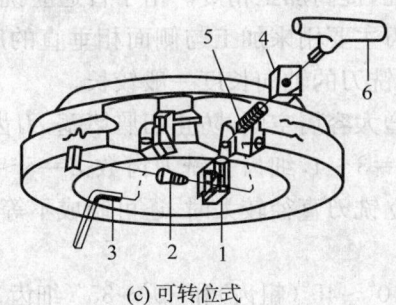

(c) 可转位式

图 6-26 硬质合金面铣刀

1—刀垫和刀片;2—内六角螺钉;3—内六角扳手;4—楔形压块;5—双头螺柱;6—专用锁紧扳手

硬质合金面铣刀按刀片和刀齿的安装方式可分为整体焊接式、机夹-焊接式和可转位式三种。整体焊接式面铣刀是将硬质合金刀片直接焊接到铣刀刀体上。机夹-焊接式面铣刀是将硬质合金刀片焊接在小刀齿上,再将小刀齿用机械夹固的方式安装在刀体上。这两种铣刀的焊接应力大,难于保证焊接质量,刀具寿命短;并且重磨时装卸、调整较费时间,已逐渐被可转位面铣刀所取代。

可转位面铣刀是将可转位刀片通过夹紧元件夹固在刀体上。这种铣刀是将可转位刀片通过夹紧装置夹固在刀体上,当刀片的一个切削刃用钝后,直接在机床上将刀片转位或更新刀片。目前先进的可转位式数控面铣刀的刀体趋向于用轻质高强度铝、镁合金制造,切削刃采用大前角、负刃倾角,可转位刀片(多种几何形状)带有三维断屑槽形,便于排屑。因此,这种铣刀在提高产品质量,加工效率,降低成本,操作使用方便等方面都具有明显的优越性,目前已得到广泛应用。

转位式铣刀要求刀片定位精度高、夹紧可靠、排屑容易、更换刀片迅速等,同时各定位、夹紧元件通用性要好,制造要方便,并且应经久耐用。

② 立铣刀 立铣刀是数控铣加工中最常用的一种铣刀,广泛用于加工平面类零件,立铣刀除其用端刃铣削外,也常用其侧刃铣削,有时端刃、侧刃同时进行铣削,立铣刀也可称为圆柱铣刀,其结构如图 6-27 所示。

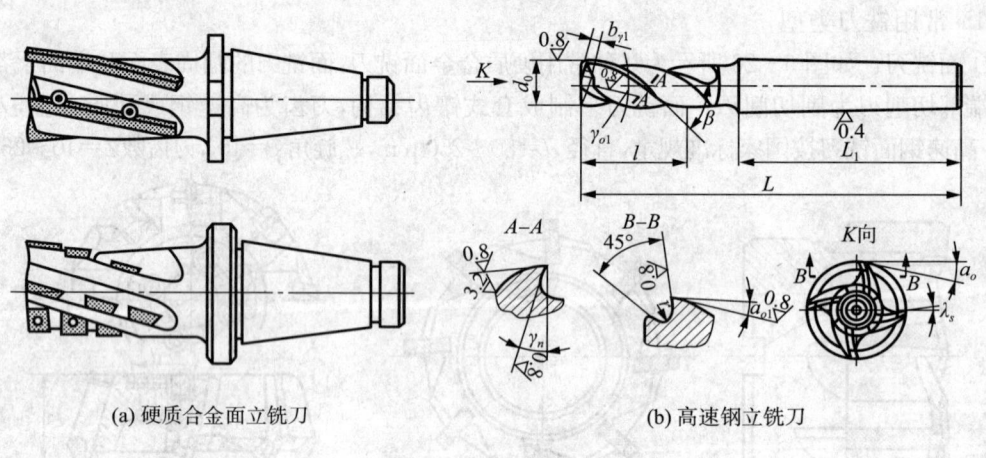

(a) 硬质合金面立铣刀   (b) 高速钢立铣刀

图 6-27 立铣刀

立铣刀圆柱表面的切削刃为主切削刃,端面上的切削刃为副切削刃。主切削刃一般为螺旋齿,这样可以增加切削平稳性,提高加工精度。由于普通立铣刀端面中心处无切削刃。所以立铣刀不能作轴向进给,端面刃主要用来加工与侧面相垂直的底平面。为了能加工较深的沟槽,并保证有足够的被磨量,立铣刀的轴向长度一般较长。

为了改善切屑卷曲情况,增大容屑空间,防止切屑堵塞,刀齿数比较少,容屑槽圆弧半径则较大。一般粗齿立铣刀齿数 $Z=3\sim4$,细齿立铣刀齿数 $Z=5\sim8$,套式结构 $Z=10\sim20$,容屑槽圆弧半径 $r=2\sim5$ mm。当立铣刀直径较大时,还可制成不等齿距结构,以增强抗振作用,使切削过程平稳。

标准立铣刀的螺旋角 $\beta=40°\sim45°$(粗齿)和 $30°\sim35°$(细齿),套式结构立铣刀的 β 为 $15°\sim25°$。直径较小的立铣刀,一般制成带柄形式。$\phi(2\sim7)$mm 的立铣刀制成直柄;$\phi(6\sim63)$mm 的立铣刀制成莫氏锥柄;$\phi(25\sim80)$mm 的立铣刀作成 7:24 锥柄,内有螺孔用来拉紧刀具。

由于数控机床要求铣刀能快速自动装卸,故立铣刀柄部形式也有很大不同,一般是由专业厂家按照一定的规范设计制造成统一形式、统一尺寸的刀柄。直径大于 $\phi(40\sim160)$ mm 的立铣刀可做成套式结构。

③ 成型铣刀 一般都是为特定的工件或加工内容专门设计制造的,适用于加工平面类零件的特定形状(如角度面、凹槽面等),也适用于特形孔或台,如图 6-28 所示的是几种常用的成型铣刀。

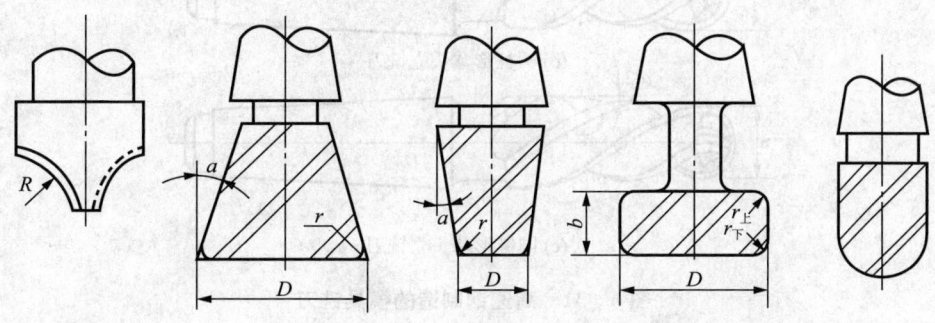

图 6-28 成型铣刀

④ 球头铣刀 适用于加工空间曲面零件,有时也用于平面类零件较大的转接凹圆弧的补加工,如图 6-29 所示。

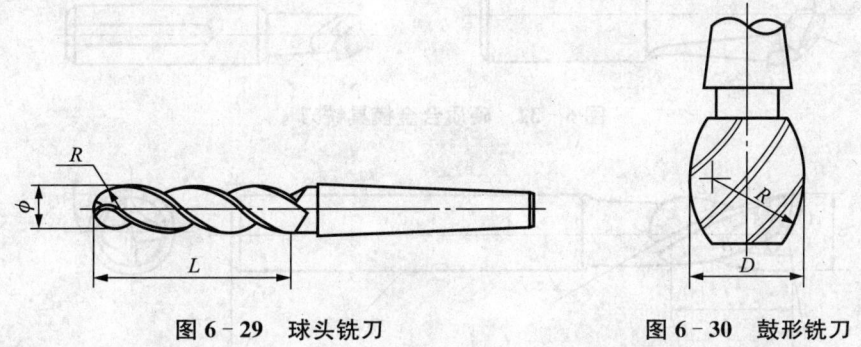

图 6-29 球头铣刀　　　　图 6-30 鼓形铣刀

⑤ 鼓形铣刀 图 6-30 所示的是一种典型的鼓形铣刀,主要用于对变斜角面的近似加工。

⑥ 模具铣刀 模具铣刀由立铣刀发展而成,可分为圆锥形立铣刀(圆锥半角 $\alpha/2=3°、5°、7°、10°$)、圆柱形球头立铣刀和圆锥形球头立铣刀三种,其柄部有直柄、削平型直柄、有莫氏锥柄。它的结构特点是球头或端面上布满了切削刃,圆周刃与球头刃圆弧连接,可以作径向和轴向进给。铣刀工作部分用高速钢或硬质合金制造。国家标准规定直径 $d=4\sim63$ mm。图 6-31所示为高速钢制造的模具铣刀。图 6-32 所示为用硬质合金制造的模具铣刀。小规格的硬质合金模具铣刀多制成整体结构,$\phi16$ mm 以上直径的,制成焊接或机夹可转位刀片结构。

⑦ 键槽铣刀 键槽铣刀如图 6-33 所示,它有两个刀齿,圆柱面和端面都有切削刃,端面刃延至中心,既像立铣刀又像钻头。加工时先轴向进给达到槽深,然后沿键槽方向铣出键槽全长。

按国家标准规定,直柄键槽铣刀直径 $d=2\sim22$ mm,锥柄键槽铣刀直径 $d=14\sim50$ mm。键槽铣刀直径的偏差有 e8 和 d8 两种。键槽铣刀的圆周切削刃仅在靠近端面的一小段长度内

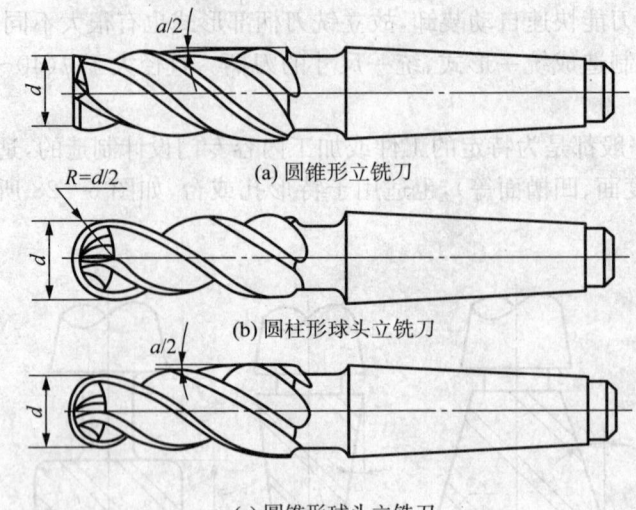

图 6-31 高速钢制造的模具铣刀

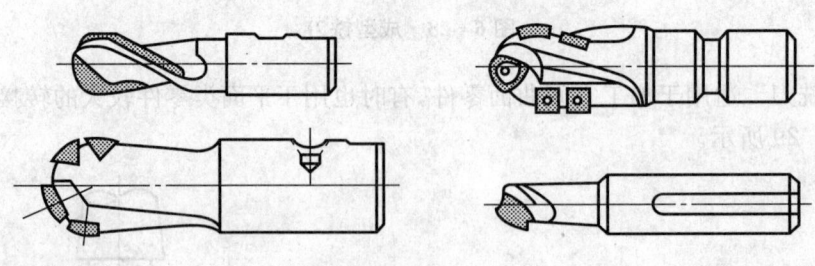

图 6-32 硬质合金模具铣刀

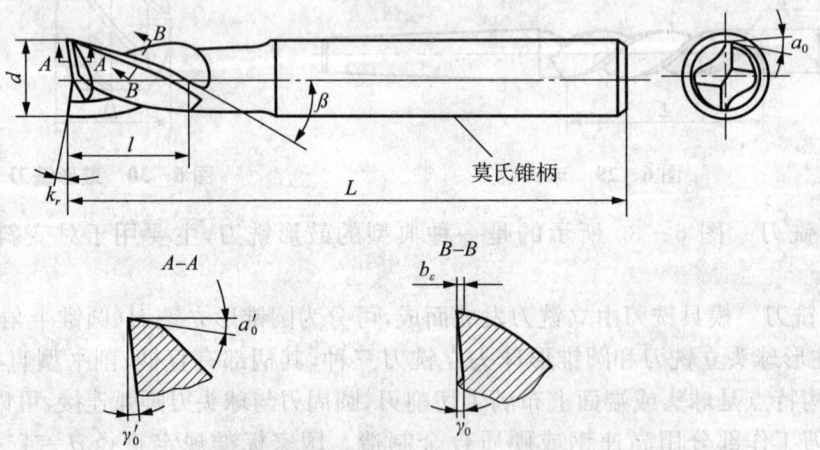

图 6-33 键槽铣刀

发生磨损,重磨时,只需刃磨端面切削刃,因此重磨后铣刀直径不变。除上述几种类型的铣刀外,数控铣床也可使用各种通用铣刀。但因不少数控铣床的主轴内有特殊的拉刀位置或因主轴内孔锥度有别,须配置过渡套和拉杆。

(2) 根据被加工零件的几何形状选择刀具的类型

① 加工曲面类零件 为了保证刀具切削刃与加工轮廓在切削点相切,而避免刀刃与工件

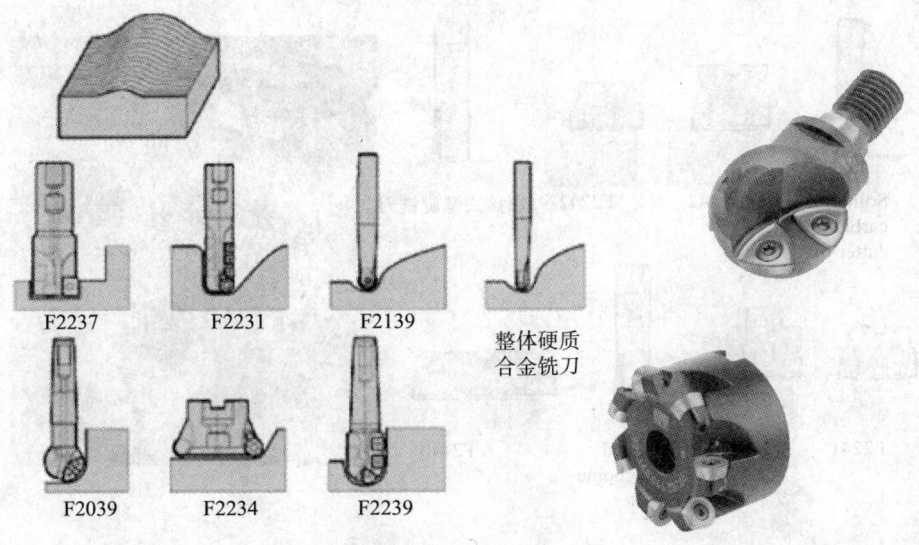

图 6-34 加工曲面类铣刀

轮廓发生干涉，常采用球头铣刀。加工曲面较平坦部位时，刀具以球头顶端刃切削，切削条件较差，因而应采用环形铣刀。加工空间曲面、模具型腔或凸凹模成型表面等多选用模具铣刀。在单件或小批量生产中，为取代多坐标联动机床，常采用鼓形刀或锥形刀来加工飞机上一些直纹曲面类零件。如图 6-34 所示为加工曲面类铣刀。

② 铣较大平面　为了提高生产效率和提高加工表面粗糙度，应采用可转位式硬质合金盘形面铣刀，如图 6-35 所示。一般采用两次走刀，一次粗铣、一次精铣。当连续切削时，粗铣刀直径要小些以减小切削扭矩，精铣刀直径要大一些，最好能包容待加工表面的整个宽度。加工余量大且加工表面又不均匀时，刀具直径要选得小一些，否则，当粗加工时会因接刀刀痕过深而影响加工质量。

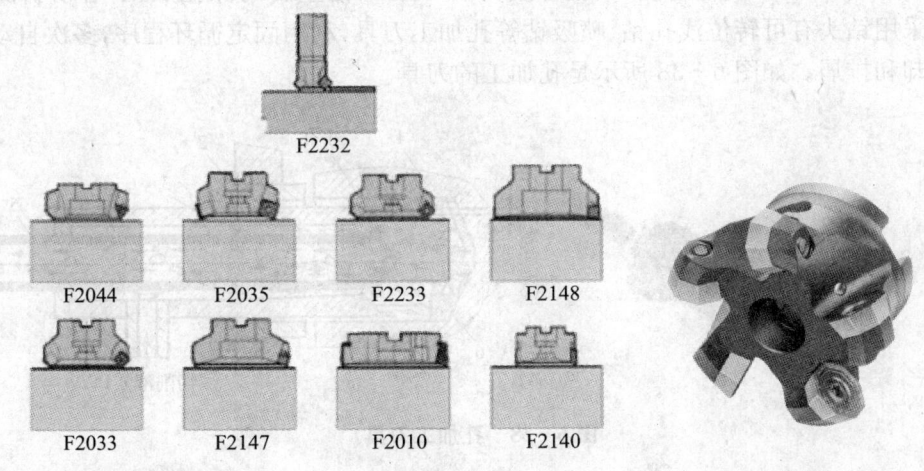

图 6-35 加工大平面铣刀

③ 铣小平面或台阶面　一般采用通用铣刀，如图 6-36 所示。
④ 铣键槽　主要用于立式铣床上加工圆头封闭键槽等。如图 6-37 所示，键槽铣刀有两

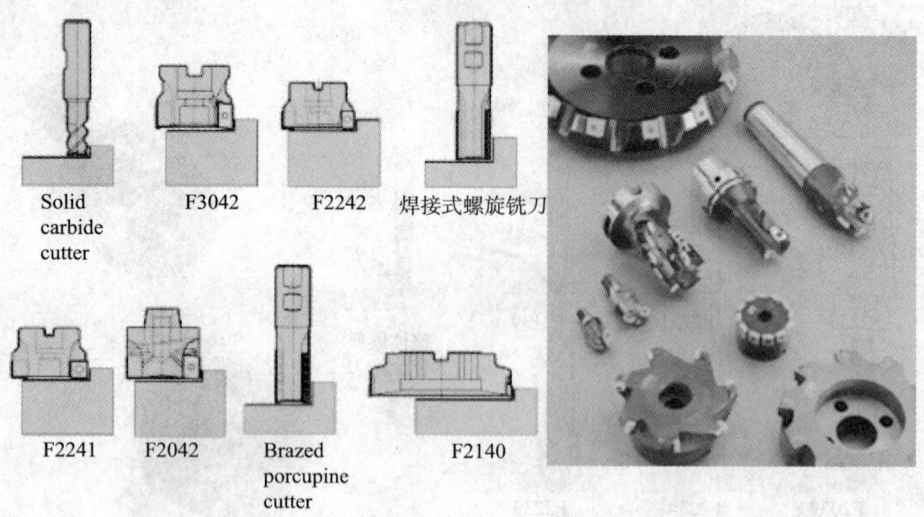

图 6-36 加工台阶面铣刀

个刀齿,圆柱面和端面都有切削刃。键槽铣刀可以不经预钻工艺孔而轴向进给达到槽深,然后沿键槽方向铣出键槽全长。

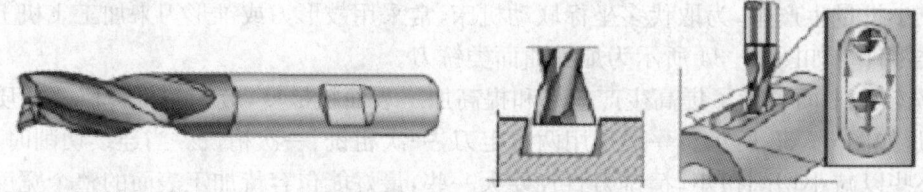

图 6-37 加工槽类铣刀

⑤ 孔加工 一般不采用钻模,钻孔深度为直径的 5 倍左右的深孔加工,容易折断钻头。孔加工可采用钻头有可转位浅孔钻、喷吸钻等孔加工刀具,利用固定循环程序,多次自动进退,以利于冷却和排屑。如图 6-38 所示是孔加工的刀具。

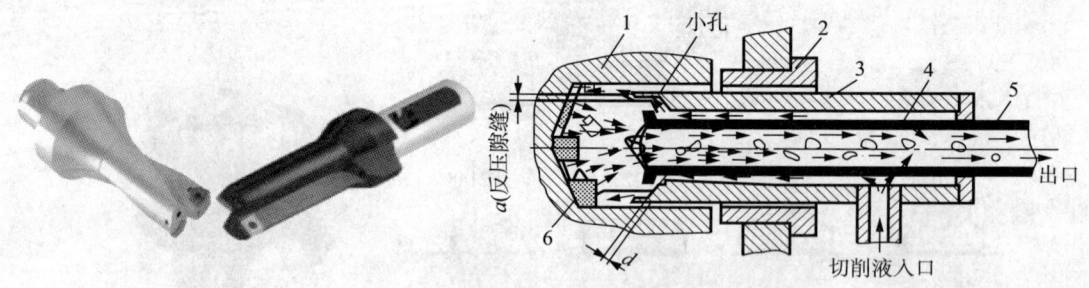

图 6-38 孔加工刀具

铣刀类型应与加工工件尺寸与表面形状相适应。加工较大的平面应选择面铣刀;加工凸台、凹槽及平面轮廓应选择立铣刀;加工毛坯表面或粗加工选用镶硬质合金的玉米铣刀;曲面加工常采用球头铣刀,但加工曲面较平坦的部位应采用环形铣刀;加工空间曲面、模具型腔或凸模成型表面等多选用模具铣刀;加工封闭的键槽选择键槽铣刀;选用鼓形铣刀、锥铣刀可加工类似飞机上的变斜角零件的变斜角面。图 6-39 所示是铣削加工时工作形状和刀具形状的关系。

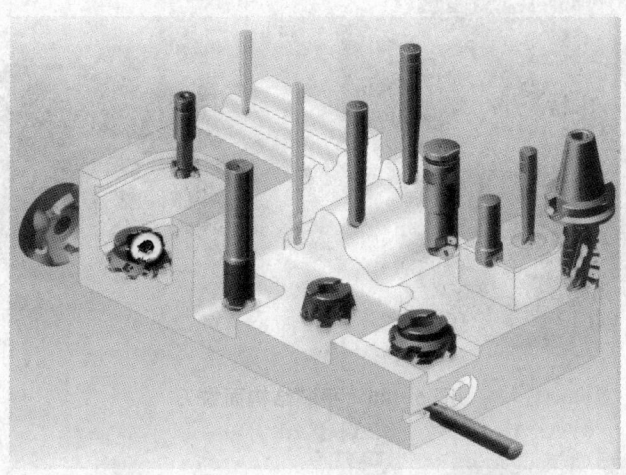

图 6-39　铣削加工时工作形状和刀具形状的关系

(3) 常用铣刀的特点及其适用范围

数控铣刀为多齿回转刀具,其每一个刀齿都相当于一把车刀固定在铣刀的回转面上。铣削时同时参加切削的切削刃较长,且无空行程,v_c 也较高,所以生产率较高。铣刀种类很多,结构不一,应用范围很广,按其用途可分为加工平面用铣刀、加工沟槽用铣刀、加工成型面用铣刀等三大类。

通用规格的铣刀已标准化,一般均由专业工具厂生产。

主要有平底立铣刀、面铣刀、球头刀、环形刀、鼓形刀和锥形刀等。

(4) 铣刀结构选择

铣刀一般由刀片、定位元件、夹紧元件和刀体组成。由于刀片在刀体上有多种定位与夹紧方式,刀片定位元件的结构又有不同类型,因此铣刀的结构型式有多种,分类方法也较多。选用时,主要可根据刀片排列方式。刀片排列方式可分为平装结构和立装结构两大类。

① 平装结构(刀片径向排列)

平装结构铣刀(如图 6-40 所示)的刀体结构工艺性好,容易加工,并可采用无孔刀片(刀片价格较低,可重磨)。由于需要夹紧元件,刀片的一部分被覆盖,容屑空间较小,且在切削力方向上的硬质合金截面较小,故平装结构的铣刀一般用于轻型和中型的铣削加工。

② 立装结构(刀片切向排列)

立装结构铣刀(如图 6-41 所示)的刀片只用一个螺钉固定在刀槽上,结构简单,转位方便。虽然刀具零件较少,但刀体的加工难度较大,一般需用五坐标加工中心进行加工。由于刀片采用切削力夹紧,夹紧力随切削力的增大而增大,因此可省去夹紧元件,增大了容屑空间。由于刀片切向安装,在切削力方向的硬质合金截面较大,因而可进行大切深、大走刀量切削,这种铣刀适用于重型和中型的铣削加工。

(5) 铣刀角度的选择

铣刀的角度有前角、后角、主偏角、副偏角、刃倾角等。为满足不同的加工需要,有多种角度组合型式。各种角度中最主要的是主偏角和前角(制造厂的产品样本中对刀具的主偏角和

图 6-40 平装结构面铣刀

 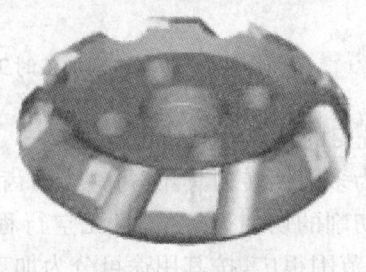

图 6-41 立装结构面铣刀

前角一般都有明确说明)。

① 主偏角 κ_r

主偏角为切削刃与切削平面的夹角,如图 6-42 所示。铣刀的主偏角有 90°、88°、75°、70°、60°、45°等几种。

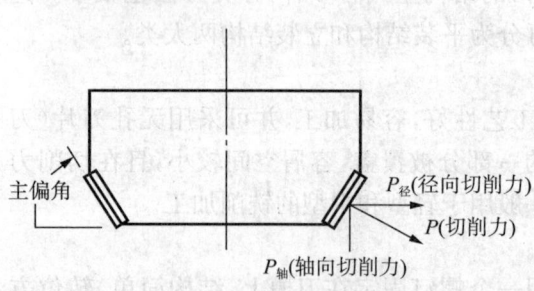

图 6-42 面铣刀的主偏角

主偏角对径向切削力和切削深度影响很大。径向切削力的大小直接影响切削功率和刀具的抗震性能。铣刀的主偏角越小,其径向切削力越小,抗震性也越好,但切削深度也随之减小。

90°主偏角,在铣削带凸肩的平面时选用,一般不用于单纯的平面加工。该类刀具通用性好(既可加工台阶面,又可加工平面),在单件、小批量加工中选用。由于该类刀具的径向切削力等于切削力,进给抗力大,易震动,因而要求机床具有较大功率和足够的刚性。在加工带凸肩的平面时,也可选用 88°主偏角的铣刀,较之 90°主偏角铣刀,其切削性能有一定改善。

60°~75°主偏角,适用于平面铣削的粗加工。由于径向切削力明显减小(特别是 60°时),其抗震性有较大改善,切削平稳、轻快,在平面加工中应优先选用。75°主偏角铣刀为通用型刀具,适用范围较广;60°主偏角铣刀主要用于镗铣床、加工中心上的粗铣和半精铣加工。

45°主偏角,此类铣刀的径向切削力大幅度减小,约等于轴向切削力,切削载荷分布在较长的切削刃上,具有很好的抗震性,适用于镗铣床主轴悬伸较长的加工场合。用该类刀具加工平面时,刀片破损率低,耐用度高;在加工铸铁件时,工件边缘不易产生崩刃。

② 前角 γ

铣刀的前角可分解为径向前角 γ_f[图 6-43(a)]和轴向前角 γ_p[图 6-43(b)],径向前角 γ_f 主要影响切削功率;轴向前角 γ_p 则影响切屑的形成和轴向力的方向,当 γ_p 为正值时切屑即飞离加工面。

径向前角 γ_f 和轴向前角 γ_p 正负的判别见图 6-43。常用的前角组合形式如下:

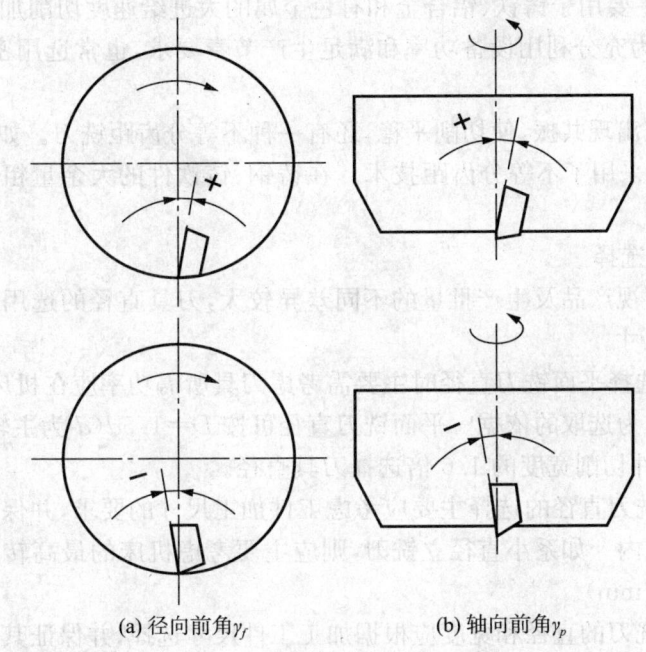

(a) 径向前角 γ_f　　(b) 轴向前角 γ_p

图 6-43　面铣刀的前角

(a) 双负前角　双负前角的铣刀通常均采用方形(或长方形)无后角的刀片,刀具切削刃多(一般为 8 个),且强度高、抗冲击性好,适用于铸钢、铸铁的粗加工。由于切屑收缩比大,需要较大的切削力,因此要求机床具有较大功率和较高刚性。由于轴向前角为负值,切屑不能自动排出,当切削韧性材料时易出现积屑瘤和刀具振动。

凡能采用双负前角刀具加工时建议优先选用双负前角铣刀,以便充分利用和节省刀片。当采用双正前角铣刀产生崩刃(即冲击载荷大)时,在机床允许的条件下亦应优先选用双负前角铣刀。

(b) 双正前角　双正前角铣刀采用带有后角的刀片,这种铣刀楔角小,具有锋利的切削刃。由于切屑收缩比小,所耗切削功率较小,切屑成螺旋状排出,不易形成积屑瘤。这种铣刀最宜用于软材料和不锈钢、耐热钢等材料的切削加工。对于刚性差(如主轴悬伸较长的镗铣床)、功率小的机床和加工焊接结构件时,也应优先选用双正前角铣刀。

(c) 正负前角(轴向正前角、径向负前角)　这种铣刀综合了双正前角和双负前角铣刀的优点,轴向正前角有利于切屑的形成和排出;径向负前角可提高刀刃强度,改善抗冲击性能。此种铣刀切削平稳,排屑顺利,金属切除率高,适用于大余量铣削加工。WALTER 公司的切向布齿重切削铣刀 F2265 就是采用轴向正前角、径向负前角结构的铣刀。

(6) 铣刀的齿数(齿距)选择

铣刀齿数多,可提高生产效率,但受容屑空间、刀齿强度、机床功率及刚性等的限制,不同直径的铣刀的齿数均有相应规定。为满足不同用户的需要,同一直径的铣刀一般有粗齿、中齿、密齿三种类型。

① 粗齿铣刀　适用于普通机床的大余量粗加工和软材料或切削宽度较大的铣削加工;当机床功率较小时,为使切削稳定,也常选用粗齿铣刀。

② 中齿铣刀　系通用系列,使用范围广泛,具有较高的金属切除率和切削稳定性。

③ 密齿铣刀　主要用于铸铁、铝合金和有色金属的大进给速度切削加工。在专业化生产(如流水线加工)中,为充分利用设备功率和满足生产节奏要求,也常选用密齿铣刀(此时多为专用非标铣刀)。

为防止工艺系统出现共振,使切削平稳,还有一种不等分齿距铣刀。如 WALTER 公司的 NOVEX 系列铣刀均采用了不等分齿距技术。在铸钢、铸铁件的大余量粗加工中建议优先选用不等分齿距的铣刀。

(7) 铣刀直径的选择

铣刀直径的选用视产品及生产批量的不同差异较大,刀具直径的选用主要取决于设备的规格和工件的加工尺寸。

① 平面铣刀　选择平面铣刀直径时主要需考虑刀具所需功率应在机床功率范围之内,也可将机床主轴直径作为选取的依据。平面铣刀直径可按 $D=1.5d$(d 为主轴直径)选取。在批量生产时,也可按工件切削宽度的 1.6 倍选择刀具直径。

② 立铣刀　立铣刀直径的选择主要应考虑工件加工尺寸的要求,并保证刀具所需功率在机床额定功率范围以内。如系小直径立铣刀,则应主要考虑机床的最高转数能否达到刀具的最低切削速度(60 m/min)。

③ 槽铣刀　槽铣刀的直径和宽度应根据加工工件尺寸选择,并保证其切削功率在机床允许的功率范围之内。

(8) 铣刀的最大背吃刀量

不同系列的可转位面铣刀有不同的最大背吃刀量。最大背吃刀量越大的刀具所用刀片的尺寸越大,价格也越高,因此从节约费用、降低成本的角度考虑,选择刀具时一般应按加工的最大余量和刀具的最大背吃刀量选择合适的规格。当然,还需要考虑机床的额定功率和刚性应能满足刀具使用最大背吃刀量时的需要。

(9) 刀片牌号的选择

合理选择刀片硬质合金牌号的主要依据是被加工材料的性能和硬质合金的性能。一般选用铣刀时,可按刀具制造厂提供加工的材料及加工条件来配备相应牌号的硬质合金刀片。

由于各厂生产的同类用途硬质合金的成分及性能各不相同,硬质合金牌号的表示方法也不同,为方便用户,国际标准化组织规定,切削加工用硬质合金按其排屑类型和被加工材料分为三大类:P 类、M 类和 K 类。在第 2 章已有详细的叙述。根据被加工材料及适用的加工条件,每大类中又分为若干组,用两位阿拉伯数字表示,每类中数字越大,其耐磨性越低、韧性越高。

上述三类牌号的选择原则如表 6-1 所示。

表 6-1　P、M、K 类合金切削用量的选择

	P01	P05	P10	P15	P20	P25	P30	P40	P50
		M10	M20	M30	M40				
	K01	K10	K20	K30	K40				
进给量			→						
背吃刀量			→						
切削速度						←			

各厂生产的硬质合金虽然有各自编制的牌号，但都有对应国际标准的分类号，选用十分方便。

6.2.4 切削用量的选择

在数控机床上加工零件时，切削用量都预先编入程序中，在正常加工情况下，人工不能改变切削用量。只有在试加工或出现异常情况时，才能通过速率调节旋钮或电手轮调整切削用量。因此程序中选用的切削用量应是最佳的、合理的切削用量。只有这样才能提高数控机床的加工精度、刀具寿命和生产率，降低加工成本。影响切削用量的因素有：

（1）机床　切削用量的选择必须在机床主传动功率、进给传动功率以及主轴转速范围、进给速度范围之内。机床—刀具—工件系统的刚性是限制切削用量的重要因素。切削用量的选择应使机床—刀具—工件系统不发生较大的"震颤"。如果机床的热稳定性好，热变形小，可适当加大切削用量。

（2）刀具　刀具材料是影响切削用量的重要因素，表 6-2 是常用刀具材料的性能比较。

数控机床所用的刀具多采用可转位刀片（机夹刀片）并具有一定的寿命。机夹刀片的材料和形状尺寸必须与程序中的切削速度和进给量相适应并存入刀具参数中。标准刀片的参数请参阅有关手册及产品样本。

表 6-2　常用刀具材料的性能比较

刀具材料	切削速度	耐磨性	硬度	硬度随温度变化
高速钢	最低	最差	最低	最大
硬质合金	低	差	低	大
陶瓷刀片	中	中	中	中
金刚石	高	好	高	小

（3）工件　不同的工件材料要采用与之适应的刀具材料、刀片类型，要注意可切削性。可切削性良好的标志是，在高速切削下有效地形成切屑，同时具有较小的刀具磨损和较好的表面加工质量。较高的切削速度、较小的背吃刀量和进给量，可以获得较好的表面粗糙度。合理的恒切削速度、较小的背吃刀量和进给量可以得到较高的加工精度。

（4）冷却液　冷却液同时具有冷却和润滑作用。带走切削过程产生的切削热，降低工件、刀具、夹具和机床的温升，减少刀具与工件的摩擦和磨损，提高刀具寿命和工件表面加工质量。

使用冷却液后,通常可以提高切削用量。冷却液必须定期更换,以防因其老化而腐蚀机床导轨或其他零件,特别是水溶性冷却液。

铣削加工的切削用量包括:切削速度、进给速度、背吃刀量和侧吃刀量。从刀具耐用度出发,切削用量的选择方法是:先选择背吃刀量或侧吃刀量,其次选择进给速度,最后确定切削速度。

1. 背吃刀量 a_p 或侧吃刀量 a_e

背吃刀量 a_p 为平行于铣刀轴线测量的切削层尺寸,单位为 mm。端铣时,a_p 为切削层深度;而圆周铣削时,为被加工表面的宽度。侧吃刀量 a_e 为垂直于铣刀轴线测量的切削层尺寸,单位为 mm。端铣时,a_e 为被加工表面宽度;而圆周铣削时,a_e 为切削层深度,见图 6-44。

背吃刀量或侧吃刀量的选取主要由加工余量和对表面质量的要求决定:

(1) 当工件表面粗糙度 $R_a=12.5\sim25\ \mu m$ 时,如果圆周铣削加工余量小于 5 mm,端面铣削加工余量小于 6 mm,粗铣一次进给就可以达到要求。但是在余量较大,工艺系统刚性较差或机床动力不足时,可分为两次进给完成。

(2) 当工件表面粗糙度 $R_a=3.2\sim12.5\ \mu m$ 时,应分为粗铣和半精铣两步进行。粗铣时背吃刀量或侧吃刀量选取同前。粗铣后留 $0.5\sim1.0$ mm 余量,在半精铣时切除。

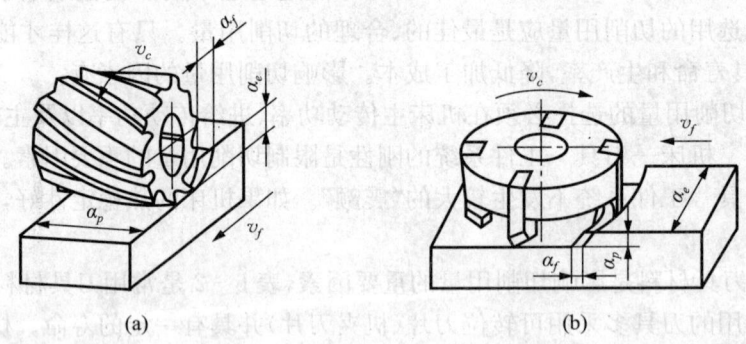

图 6-44 铣削加工的切削用量

当工件表面粗糙度值 $R_a=0.8\sim3.2\ \mu m$ 时,应分为粗铣、半精铣、精铣三步进行。半精铣时背吃刀量或侧吃刀量取 $1.5\sim2$ mm;精铣时,圆周铣侧吃刀量取 $0.3\sim0.5$ mm,面铣刀背吃刀量取 $0.5\sim1$ mm。

2. 进给量 f 与进给速度 v_f 的选择

铣削加工的进给量 f(mm/r)是指刀具转一周,工件与刀具沿进给运动方向的相对位移量;进给速度 v_f(mm/min)是单位时间内工件与铣刀沿进给方向的相对位移量。进给速度与进给量的关系为 $v_f=nf$(n 为铣刀转速,单位是 r/min)。进给量与进给速度是数控铣床加工切削用量中的重要参数,根据零件的表面粗糙度、加工精度要求、刀具及工件材料等因素,参考切削用量手册选取或通过选取每齿进给量 f_z,再根据公式 $f=zf_z$(z 为铣刀齿数)计算。

每齿进给量 f_z 的选取主要依据工件材料的力学性能、刀具材料、工件表面粗糙度等因素。工件材料强度和硬度越高,f_z 越小;反之则越大。硬质合金铣刀的每齿进给量高于同类高速钢铣刀。工件表面粗糙度要求越高,f_z 就越小。每齿进给量的确定可参考表 6-3 选取。工件刚性差或刀具强度低时,应取较小值。

表 6-3 铣刀每齿进给量参考值

工件材料	f_z/mm			
	粗铣		精铣	
	高速钢铣刀	硬质合金铣刀	高速钢铣刀	硬质合金铣刀
钢	0.10~0.15	0.10~0.25	0.02~0.05	0.10~0.15
铸铁	0.12~0.20	0.15~0.30		

3. 切削速度 v_c

铣削的切削速度 v_c 与刀具的耐用度、每齿进给量、背吃刀量、侧吃刀量以及铣刀齿数成反比,而与铣刀直径成正比。其原因是当 f_z、a_p、a_e 和 z 增大时,刀刃负荷增加,而且同时工作的齿数也增多,使切削热增加,刀具磨损加快,从而限制了切削速度的提高。为提高刀具耐用度允许使用较低的切削速度。但是加大铣刀直径则可改善散热条件,可以提高切削速度。

铣削加工的切削速度 v_c 可参考表 6-4 选取,也可参考有关切削用量手册中的经验公式通过计算选取。

表 6-4 铣削加工的切削速度参考值

工件材料	硬度(HBS)	$v_c/(\text{m} \cdot \text{min}^{-1})$	
		高速钢铣刀	硬质合金铣刀
钢	<225	18~42	66~150
	225~325	12~36	54~120
	325~425	6~21	36~75
铸铁	<190	21~36	66~150
	190~260	9~18	45~90
	260~320	4.5~10	21~30

6.3 数控铣与加工中心的编程基础

6.3.1 编程的基本概念

数控编程是从零件图纸到获得数控加工程序的全过程。它的主要任务是计算加工走刀中的刀位点。刀位点一般取为刀具轴线与刀具表面的交点,多轴加工中还要给出刀轴矢量。

1. 刀位点

刀位点是刀具上的一个基准点,刀位点相对运动的轨迹即加工路线,也称编程轨迹。

2. 对刀和对刀点

对刀是指操作员在启动数控程序之前,通过一定的测量手段,使刀位点与对刀点重合。可以用对刀仪对刀,其操作比较简单,测量数据也比较准确。还可以在数控机床上定位好夹具和安装好零件之后,使用量块、塞尺、千分表等,利用数控机床上的坐标对刀。对于操作者来说,确定对刀点是非常重要的,会直接影响零件的加工精度和程序控制的准确性。在批量生产过程中,更要考虑到对刀点的重复精度,操作者有必要加深对数控设备的了解,掌握更多的对刀技巧。

(1) 对刀点的选择原则

在机床上容易找正,在加工中便于检查,编程时便于计算,而且对刀误差小。

对刀点可以选择零件上的某个点(如零件的定位孔中心),也可以选择零件外的某一点(如夹具或机床上的某一点),但必须与零件的定位基准有一定的坐标关系。

提高对刀的准确性和精度,即便零件要求精度不高或者程序要求不严格,所选对刀部位的加工精度也应高于其他位置的加工精度。

选择接触面大、容易监测、加工过程稳定的部位作为对刀点。

对刀点尽可能与设计基准或工艺基准统一,避免由于尺寸换算导致对刀精度甚至加工精度降低,增加数控程序或零件数控加工的难度。

为了提高零件的加工精度,对刀点应尽量选在零件的设计基准或工艺基准上。例如以孔定位的零件,以孔的中心作为对刀点较为适宜。

对刀点的精度既取决于数控设备的精度,也取决于零件加工的要求,人工检查对刀精度以提高零件数控加工的质量。尤其在批量生产中要考虑到对刀点的重复精度,该精度可用对刀点相对机床原点的坐标值进行校核。

(2) 对刀点的选择方法

对于数控车床或车铣加工中心类数控设备,由于中心位置(X_0,Y_0,A_0)已由数控设备确定,确定轴向位置即可确定整个加工坐标系。因此,只需要确定轴向(Z_0或相对位置)的某个端面作为对刀点即可。

对于三坐标数控铣床或三坐标加工中心,相对于数控车床或车铣加工中心要复杂很多,根据数控程序的要求,不仅需要确定坐标系的原点位置(X_0,Y_0,Z_0),而且要同加工坐标系 G54、G55、G56、G57 等的确定有关,有时也取决于操作者的习惯。对刀点可以设在被加工零件上,也可以设在夹具上,但是必须与零件的定位基准有一定的坐标关系,Z 方向可以简单地通过确定一个容易检测的平面来确定,而 X、Y 方向确定需要根据具体零件选择与定位基准有关的平面、圆。

对于四轴或五轴数控设备,增加了第 4、第 5 个旋转轴,同三坐标数控设备选择对刀点类似,由于设备更加复杂,同时数控系统智能化,提供了更多的对刀方法,需要根据具体数控设备和具体加工零件确定。

对刀点相对机床坐标系的坐标关系可以简单地设定为互相关联,如对刀点的坐标为(X_0,Y_0,Z_0),同加工坐标系的关系可以定义为$(X_0+X_r,Y_0+Y_r,Z_0+Z_r)$,转换为加工坐标系 G54、G55、G56、G57 等,只要通过控制面板或其他方式输入即可。这种方法非常灵活,技巧性很强,可为后续数控加工带来很大方便。

3. 零点漂移现象

零点漂移现象是受数控设备周围环境影响因素引起的,在同样的切削条件下,对同一台设备来说、使用相同一个夹具、数控程序、刀具,加工相同的零件,发生的一种加工尺寸不一致或精度降低的现象。

零点漂移现象主要表现在数控加工过程的一种精度降低现象或者可以理解为数控加工时的精度不一致现象。零点漂移现象在数控加工过程中是不可避免的,对于数控设备是普遍存在的,一般受数控设备周围环境因素的影响较大,严重时会影响数控设备的正常工作。影响零点漂移的原因很多,主要有温度、冷却液、刀具磨损、主轴转速和进给速度变化大等。

4. 刀具补偿

经过一定时间的数控加工后,刀具的磨损是不可避免的,其主要表现在刀具长度和刀具半径的变化上,因此,刀具磨损补偿也主要是指刀具长度补偿和刀具半径补偿。

5. 刀具半径补偿

在零件轮廓加工中,由于刀具总有一定的半径如铣刀半径,刀具中心的运动轨迹并不等于所需加工零件的实际轨迹,而是需要偏置一个刀具半径值,这种偏移习惯上成为刀具半径补偿。因此,进行零件轮廓数控加工时必须考虑刀具的半径值。

6. 刀具长度补偿

在数控铣、镗床上,当刀具磨损或更换刀具时,使刀具刀尖位置不在原始加工的编程位置时,必须通过延长或缩短刀具长度方向一个偏置值的方法来补偿其尺寸的变化,以保证加工深度或加工表面位置仍然能达到原设计要求尺寸。

7. 零件加工坐标系和坐标原点

工件坐标系又称编程坐标系,是由编程员在编制零件加工程序时,以工件上某一固定点为原点建立的坐标系。零件坐标系的原点称为零件零点(零件原点或程序零点),而编程时的刀具轨迹坐标是按零件轮廓在零件坐标系的坐标确定的。

加工坐标系的原点在机床坐标系中称为调整点。在加工时,零件随夹具安装在机床上,零件的装夹位置相对于机床是固定的,所以零件坐标系在机床坐标系中的位置也就确定了。这时测量的零件原点与机床原点之间的距离称作零件零点偏置,该偏置需要预先存储到数控系统中。

在加工时,零件原点偏置便能自动加到零件坐标系上,使数控系统可按机床坐标系确定加工时的绝对坐标值。因此,编程员可以不考虑零件在机床上的实际安装位置和安装精度,而利用数控系统的偏置功能,通过零件原点偏置值,补偿零件在机床上的位置误差,现在的数控机床都有这种功能,使用起来很方便。零件坐标系的位置以机床坐标系为参考点,在一个数控机床上可以设定多个零件坐标系,分别存储在 G54/G59 等中,零件零点一般设在零件的设计基准、工艺基准处,便于计算尺寸。

一般数控设备可以预先设定多个工作坐标系(G54~G59),这些坐标系存储在机床存储器内,工作坐标系都是以机床原点为参考点,分别以各自与机床原点的偏移量表示,需要提前输入机床数控系统。

加工坐标系是零件加工的所有刀具轨迹输出点的定位基准。有了加工坐标系,在编程时,无需考虑工件在机床上的安装位置,只要根据工件的特点及尺寸来编程即可。加工坐标系的原点即为工件加工零点。工件加工零点的位置是任意的,是由编程人员在编制数控加工程序时根据零件的特点选定。工件零点可以设置在加工工件上,也可以设置在夹具上或机床上。为了提高零件的加工精度,工件零点尽量选在精度较高的加工表面上;为方便数据处理和简化程序编制,工件零点应尽量设置在零件的设计基准或工艺基准上,对于对称零件,最好将工件零点设在对称中心上,容易找准,检查也方便。

6.3.2 数控铣床的坐标系统

为了描述点在平面和空间中的位置,首先需要定义一个确定方向和相对位置的坐标系,数控机床的坐标系采用右手直角笛卡儿坐标系。它规定直角坐标 X、Y、Z 三个坐标轴的正方向用右手法则判定,围绕各坐标轴的旋转轴 A、B、C 的正方向用右手螺旋法则判定。数控加工采用的是空间三维坐标系,三维坐标系是在二维即平面坐标系的基础上增加了一个垂直方向的轴,通常称之为 Z 轴,为平行于机床主轴的坐标轴,如图 6-45 所示。

1. 建立加工坐标系的步骤

为了在数控设备上加工零件,首先需要确定工件在机床上的位置,因此,必须建立一个与加工零件相关的坐标系,虽然数控设备的优势在于机床上、工件上、夹具上的任何位置都可以作为数控编程的零点而建立坐标系,但最佳的解决方案是选择既简单又方便定位的位置,这样操作者通过按控制面板上的几个按钮就可以完成建立加工坐标系了。具体操作可以简单地定义为以下几个步骤:

（1）根据数控编程坐标系或加工坐标系确定零件坐标系的位置和坐标轴的方向。

（2）利用零件和夹具上定位面建立加工坐标系。

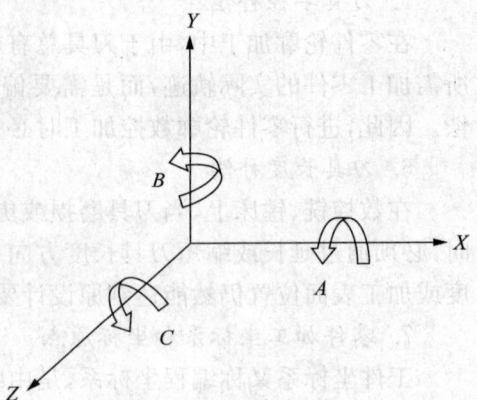

图 6-45　数控机床的坐标系

（3）校正加工坐标系,通过校正加工坐标系,使建立的加工坐标系满足数控加工的要求。

2. 建立加工坐标系的要素

几何元素点、线、面对找正和校正加工坐标系非常有用,一个关键的因素是可以确定零件和夹具上的特征位置,进而确定加工坐标系的位置。在实际操作中,零件和夹具上的定位面、定位孔等经常作为找正和校正加工坐标系的主要手段,这主要基于通过简单的几何运算就可以将机床坐标系和零件坐标系联系起来。以下是建立加工坐标系的三个要素。

（1）确定坐标平面:选择和找正定位面确定工作平面的方向和位置。

（2）确定坐标轴方向:平移或旋转所测量的元素作为方向矢量确定加工坐标系的坐标轴方向,旋转元素需垂直于已找正的元素。这控制着轴线相对于工作平面的旋转定位。

（3）确定坐标系原点:作为定义 X、Y、Z 坐标轴的原点或零点。

3. 数控铣床的零点

数控程序的刀位点位置和刀位矢量确定依赖于加工坐标系的位置,所以,在加工零件前必须确定加工坐标系或编程坐标系的准确位置。

在普通设备上加工工件时,操作技师通常使用刀具的刃边或刃口来确定工件的边缘位置作为加工的零点,然后用机床刻度盘的刻度值或者数字显示器显示的读数通过简单的数学运算来确定工作坐标系的零点,所有的位置都以此点作为参考点,这也就是加工坐标系的由来。

数控铣床和普通铣床的工作原理是一样的:加工前必须确定工件在机床上的位置,或者用刻度盘值或者用位置数字显示器的数值给零件定位。然后,操作者通过按数控机床控制面板上的按钮来建立加工坐标系,也就是通常所说的零点。只不过零点的位置确定是通过数控设备控制系统内部的运算来完成的。

在数控铣床上建立工件的加工坐标系,是为了确定工件在加工坐标系中的准确位置,首先应该了解两个零点的概念,它们分别是机床坐标系原点和加工坐标系原点。

数控铣床都有一个参考点,也就是通常所说的机床坐标系原点或机床的初始位置,是由机床制造商设置在机床上的一个固定基准位置点,通过限位开关或传感器来建立。作用是使机床与控制系统同步,建立测量机床运动的起始点。从实际意义上讲,机床零点是固定不变的,通常在机床的右上方。当机床启动后,机床必须执行返回到机床零点的固定循环程序即初始化程序,然后将机床参考点和机床原点之间的偏置值自动存储在机床控制单元中。

对于数控编程和数控加工来说,还有一个重要的原点是程序原点,是编程员在进行数控编程时定义的几何基准点,并以此点作为加工坐标系的原点,即通常所说的工件原点。工件坐标系是零件进行数控编程时确定的加工坐标系。

4. 数控铣床偏置

(1) 机床偏置的概念

机床零点和工作零点之间的距离,叫做偏置,如图 6-46 所示。每个坐标轴都有互相关联的各自的偏置值,该值存储在机床控制单元的偏置寄存器中。在进行零件数控加工时,机床控制单元将一直存储这些偏置值,并利用这些偏置值自动跟踪和移动刀具到正确的位置。偏置值也可以在机床控制单元中进行编辑或调整。例如:在 X 向偏置值上加 1 mm,则整个坐标系就会向 X 正向移动 1 mm,这是一种常见的控制工件加工质量而进行的调整方法。

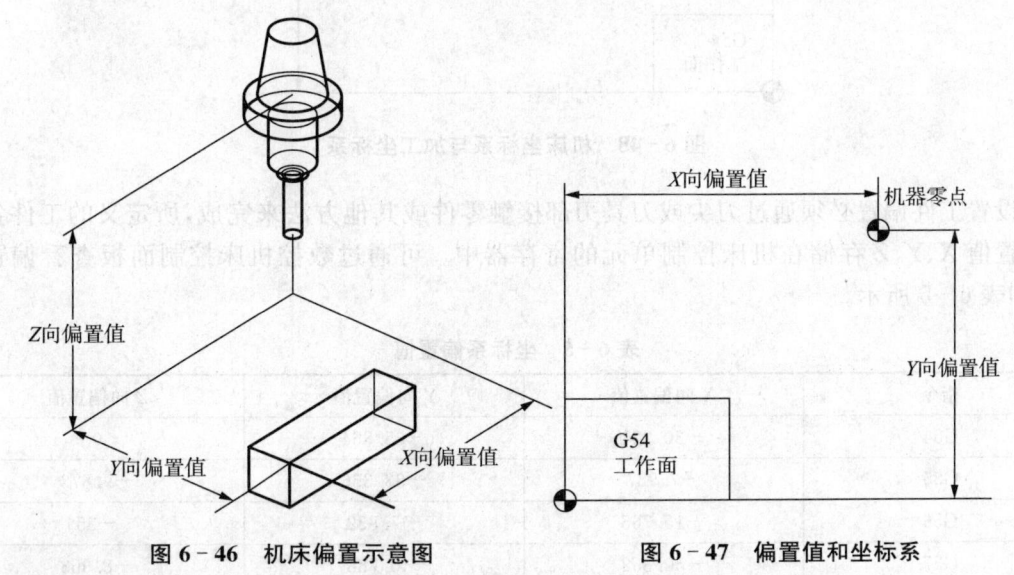

图 6-46 机床偏置示意图　　图 6-47 偏置值和坐标系

(2) 机床坐标系的设置和偏置

现在,大多数数控机床都能建立多个工件偏置来定义多个工件坐标系。事实上,即便加工同一个工件需要建立多个工件坐标系,也无需完全重新建立工作坐标系。该任务可以通过设置 G 代码或 G 指令来完成工件的偏置。最常用的坐标系设置指令为 G54,其他坐标系设置指令为 G55~G59 等。如图 6-47 所示的 X 轴偏置值和 Y 轴偏置值即为 G54 指令所设定的工作坐标系。

其他的工作坐标系设置,如 G55 指令所定义的工作坐标系可以存储在同一个坐标工作平面如 G54 中,如图 6-48 所示,选择 G55 指令也就是通常所说的建立另一个工件坐标系 G55。

建立另一个工件坐标系指令代码可以是常见的 G54~G59,也可以是其他的 G 代码,这完全取决于机床制造商为偏置值而设定的 G 代码定义格式。必须在你的零件程序中使用该代码定义偏置值或坐标系。调出定义工件偏置值的 G 代码,通常在绝对的安全位置如在程序开始部分：
O1111
N5 G54 G90 G40 G70；
或者在换刀后：
N20 M06 T09；
N25 G54 G00 X50.0 Y20.0 Z100.0；

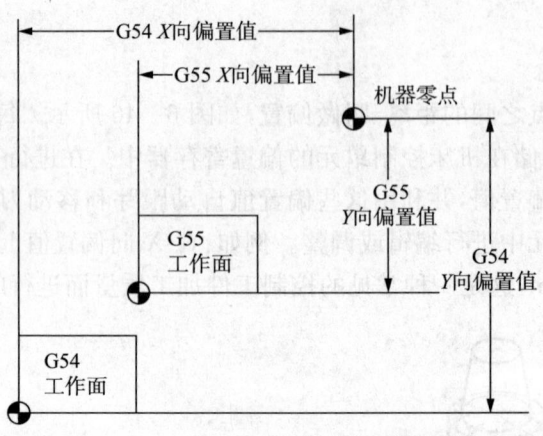

图 6-48　机床坐标系与加工坐标系

设置工件偏置必须通过刀尖或刀具刃部接触零件或其他方法来完成，所定义的工件各轴的偏置值 X、Y、Z 存储在机床控制单元的寄存器中。可通过数控机床控制面板查看偏置记录，如表 6-5 所示。

表 6-5　坐标系偏置值

指令	X 向偏置值	Y 向偏置值	Z 向偏置值
G54	-30.221	-65.864	0
G55	-7.987	-33.366	-9.873
G56	-15.765	-7.832	-35
G57	-50.352	-0.788	-8.963

(3) 工件偏置的作用

在数控编程过程中，为了避免尺寸计算，需要多次将工作坐标系进行适当的平移、旋转。一般数控机床可以预先设定 6 个（G54～G59）工件坐标系，这些坐标系的坐标原点相对于机床原点的坐标偏置值存储在机床控制单元中，在机床进行回零操作或初始化后仍然存在，一旦程序中指定了该 G 指令，数控系统即指定并调出该坐标系作为当前的工件坐标系，该工件坐标系原点即为当前程序原点，后续程序中工件移动坐标值均为相对该坐标系原点的坐标值。

(4) Z 坐标偏置和刀具长度偏置

Z 轴的坐标偏置值由于主轴上装有刀具而使得 Z 方向的偏置值设置变得复杂一些，因为该偏置值是机床原点到工件坐标系原点之间的 Z 轴的偏置值，而不是铣刀刃端到工件坐标系之间的 Z 轴偏置值。相对来说，X、Y 两个轴偏置值的测量和设置相对简单一些，因为操作者可以试着把机床主轴的中心线与工件的边缘对齐。Z 坐标偏置值设置则有一些不同之处，原因是数控铣床主轴上装有刀具,因而不得不考虑刀具对 Z 轴偏置值的影响。刀具长度偏置成为解决这个问题的有效方法。

当控制系统执行程序中的指令使 Z 轴到达指定的水平位置时,控制系统要做的工作是将程序中的坐标点的数值和刀具长度偏置值都加到 Z 轴的坐标偏置值中。例如:

控制系统执行的数控程序为 G01 Z−100.0;

Z 坐标偏置值为 −12.5;

刀具长度偏置值为 35.8;

则控制系统执行该程序段时迅速进行如下数学运算:

机床 Z 位置 = −100.0 + (−12.5) + 35.8 = −76.7

然后主轴带动刀具移动到该位置。

机床控制系统只执行运动控制点的机床绝对位置也就是机床坐标系的绝对坐标值,而所有的其他数值的作用只是使数控编程和刀具设置变得简单罢了。

当运行数控程序时,数控系统根据刀具长度偏置值使刀具自动离开工件一个适当的距离,来完成刀具长度偏置工作。

在加工过程中,为了控制切削深度或进行试切加工,常常采用加大刀具长度偏置值的方法,以控制刀具的切削深度,而不需重新修改数控程序。

6.3.3 FANUC 系统常用基本指令

数控系统是数控机床的核心。数控机床根据功能和性能要求,配置不同的数控系统。系统不同,其指令代码也有差别,因此,编程时应按所使用数控系统代码的编程规则进行编程。下面介绍的可编程功能为 FANUC 系统的常用基本指令。

1. 参考点

参考点是机床上的一个固定的点,它的位置由各轴的参考点开关和撞块位置以及各轴伺服电机的零点位置来确定。用参考点返回功能,刀具可以非常容易地移动到该位置。参考点可用作刀具自动交换的位置。用机床参数可在机床坐标系中设定 4 个参考点。

(1) 自动返回参考点指令——G28

格式:G28 IP_;

该指令使主轴以快速定位进给速度经由 IP 指定的中间点返回机床参考点,中间点的指定既可以是绝对值方式的,也可以是增量值方式的,这取决于当前的模态。一般的,该指令用于整个加工程序结束后使工件移出加工区,以便卸下加工完毕的零件和装夹待加工的零件。

注意:为了安全起见,在执行该命令以前应该取消刀具半径补偿和长度补偿。

G28 指令中的坐标值将被数控存储作为中间点存储,另一方面,如果一个轴没有被包含在 G28 指令中,数控存储的该轴的中间点坐标值将使用以前的 G28 指令中所给定的值。例如:

N1 X20.0 Y54.0;

N2 G28 X−40.0 Y−25.0;中间点坐标值(−40.0,−25.0)

N3 G28 Z31.0;中间点坐标值(−40.0,−25.0,31.0)

该中间点的坐标值主要由 G29 指令使用。

(2) 从参考点自动返回指令——G29

格式:G29 IP_;

该指令使主轴以快速定位进给速度从参考点经由中间点运动到指令位置,中间点的位置由以前的 G28 或 G30 指令确定。一般来说,该指令用在 G28 或 G30 之后,被指令轴位于参考点或第二参考点的时候。

在增量值方式模态下,指令值为中间点到终点(指令位置)的距离。

(3) 参考点返回检查指令——G27

格式:G27 IP_;

该指令使主轴以快速定位进给速度运动到 IP 指令的位置,然后检查该点是否为参考点,如果是,则发出该轴参考点返回的完成信号(点亮该轴的参考点到达指示灯);如果不是,则发出一个报警,并中断程序运行。

在刀具偏置的模态下,刀具偏置对 G27 指令同样有效,所以一般来说执行 G27 指令以前应该取消刀具偏置(半径偏置和长度偏置)。如果机床闭锁开关置上位时,NC 不执行 G27 指令。

(4) 返回第二参考点指令——G30

格式:G30 IP_;

该指令的使用和执行都和 G28 非常相似,唯一不同的就是 G28 使指令轴返回机床参考点,而 G30 使指令轴返回第二参考点。可以使用 G29 指令使指令轴从第二参考点自动返回。

第二参考点也是机床上的固定点,它和机床参考点之间的距离由参数给定,第二参考点指令一般在机床中主要用于刀具交换。

注意:与 G28 一样,为了安全起见,在执行该命令以前应该取消刀具半径补偿和长度补偿。

2. 坐标系

通常编程人员开始编程时,并不知道被加工零件在机床上的位置,他所编制的零件程序通常是以工件上的某个点作为零件程序的坐标系原点来编写加工程序,当被加工零件夹压在机床工作台上以后,先将数控所使用的坐标系的原点偏移到与编程使用的原点重合的位置,再进行加工。所以坐标系原点偏移功能对于数控机床来说是非常重要的。

用编程指令可以使用下列四种坐标系:

① 机床坐标系;

② 工件坐标系;

③ 可编程工作坐标系;

④ 局部坐标系。

(1) 选用机床坐标系指令——G53

格式:(G90)G53 IP_;

该指令使刀具以快速进给速度运动到机床坐标系中 IP_指定的坐标值位置,一般的,该指令在 G90 模态下执行。G53 指令是一条非模态的指令,也就是说它只在当前程序段中起作用。

机床坐标系零点与机床参考点之间的距离由参数设定,无特殊说明,各轴参考点与机床坐标系零点重合。

(2) 使用预置的工件坐标系指令——G54~G59

在机床中,我们可以预置六个工件坐标系,通过在数控系统面板上的操作,设置每一个工件坐标系原点相对于机床坐标系原点的偏移量,然后使用 G54~G59 指令来选用它们,G54~

G59 都是模态指令，分别对应 1#～6# 预置工件坐标系。

在机床的数控编程中，插补指令和其他与坐标值有关的指令中的 IP_，除非有特指外，都是指在当前坐标系（指令被执行时所使用的坐标系）中的坐标位置。绝大多数情况下，当前坐标系是 G54～G59 中的一个（G54 为上电时的初始模态），直接使用机床坐标系的情况不多。

(3) 可编程工件坐标系指令——G92

格式：(G90)G92 IP_；

该指令建立一个新的工件坐标系，使得在这个工件坐标系中，当前刀具所在点的坐标值为 IP_指令的值。G92 指令是一条非模态指令，但由该指令建立的工件坐标系却是模态的。实际上，该指令也是给出了一个偏移量，这个偏移量是间接给出的，它是新工件坐标系原点在原来的工件坐标系中的坐标值，从 G92 的功能可以看出，这个偏移量也就是刀具在原工件坐标系中的坐标值与 IP_指令值之差。如果多次使用 G92 指令，则每次使用 G92 指令给出的偏移量将会叠加。对于每一个预置的工件坐标系(G54～G59)，这个叠加的偏移量都是有效的。

(4) 局部坐标系指令——G52

G52 可以建立一个局部坐标系，局部坐标系相当于 G54～G59 坐标系的子坐标系。

格式：G52 IP_；

该指令中，IP_给出了一个相对于当前 G54～G59 坐标系的偏移量，也就是说，IP_给定了局部坐标系原点在当前 G54～G59 坐标系中的位置坐标，即使该 G52 指令执行前已经由一个 G52 指令建立了一个局部坐标系。取消局部坐标系的方法也非常简单，使用 G52 IP0；即可。

3. 刀具补偿功能

(1) 刀具半径补偿功能指令——G40、G41、G42

数控系统是通过控制刀具中心（刀位点）的轨迹来实现对工件加工的，实际上刀具是有一定半径的，不同的刀具其半径值不同，而同一把刀具由于磨损量的存在，其半径值在不同时间也不相同。如果按照刀具中心轨迹编程，其计算相当复杂，有时甚至是不可能的，尤其是对一些复杂的工件轮廓。数控系统有了半径补偿功能，其编程只需按工件轮廓进行，系统会根据输入的刀具半径偏置量自动计算出刀具中心轨迹，使刀具偏离工件轮廓一个刀具半径偏置量，同时也便于控制工件的尺寸精度。

刀具半径补偿功能指令格式：G41(G42){X_Y_}D__；

刀具补偿的建立必须在 G00 或 G01 状态下完成；X、Y 为运动的目标点编程坐标，即刀补建立完成后的终止点坐标；D 后面跟刀补号，代表刀具偏置参数库的刀补的具体数据。如 D01 表示刀具偏置参数库中的 1 号刀补值，所输数值为 10.5。

G41、G42 分别为刀具半径左补偿指令和刀具半径右补偿指令，刀具半径补偿功能分为两类：一类沿刀具前进方向看，刀具中心位于工件轮廓左边，称为刀具半径左补偿；另一类沿刀具前进方向看，刀具中心位于工件轮廓右边，称为刀具半径右补偿，如图 6-49 所示。

加工完毕后还必须用刀具半径补偿撤销指令 G40 来取消刀具的偏置，其格式同上，G40 必须与 G41 或 G42 成对使用，取消刀补也只能在 G00 或 G01 状态下。G40 与 G41、G42 皆为模态指令。如图 6-50 所示为刀具半径补偿实例，其加工程序如下：

O00011   程序号
N10 G54 G90 G17；   指定刀补面、快速定位
N20 M03 S1000；   主轴正转
N30 Z-5；   刀具下到切削深度

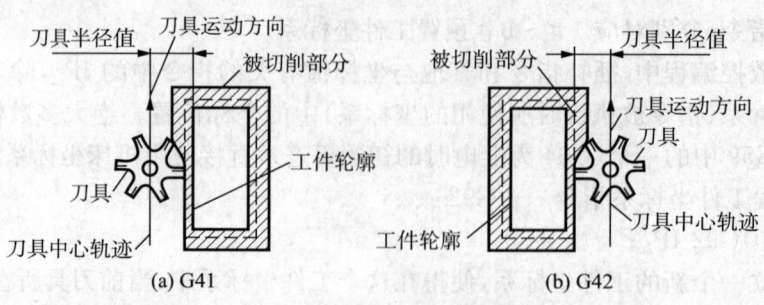

图 6-49 刀具的补偿方向

N40 G41 X30 Y20 D01;	建立左刀补
N50 G01 Y70 F100;	
N60 X70;	
N70 Y30;	
N80 X20;	以上为整个切削过程
N90 G00 Z150;	抬刀
N100 G40 X0 Y30 M05;	G40 取消刀补、主轴停转
N110 M30;	程序结束

(2) 刀具长度补偿指令——G43,G44,G49

格式为 G43(G44)H_;其中:H 后面一般跟两位数字,表示刀具长度偏置寄存器代号,加工前须将具体的补偿值输入此代号中,其值可为正值、也可为负值;G43 为刀具长度补偿指令,执行此指令时,刀具移动的实际位置等于指令值加上长度补偿值;G44 为刀具长度负补偿指令,执行此指令时,刀具移动的实际位置等于指令值减去长度补偿值;取消刀具长度补偿指令为 G49,其格式同上。G49 指令必须与 G43 或 G44 指令成对使用。

另外,输入 H00 指令亦可取消刀具长度补偿。

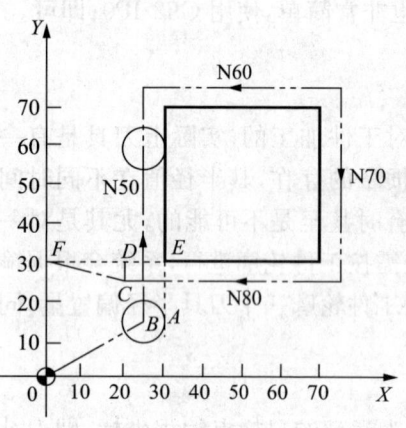

图 6-50 刀具半径补偿实例

刀具长度补偿指令一般用于刀具轴向即 Z 轴方向的补偿。当刀具磨损、换刀或存在刀具安装误差时,不必更改程序,只需修改长度偏置寄存器代号中的补偿值即可,简化了编程工作量。同一把刀具通过控制刀具补偿值的大小进行 Z 轴方向的粗、精加工;多把刀具对同一个工件的加工,可以用对刀块或电子对刀仪对刀的方法把其他刀具相对于某一把刀具(作为基准刀具)的相对长度计算出来,编程时采用长度补偿指令处理即可。

4. 固定循环功能

在前面介绍的常用加工指令中,每一个 G 指令一般都对应机床的一个动作,它需要用一个程序段来实现。为了进一步提高编程工作效率,FANUC 系统设计有固定循环功能,它规定对于一些典型孔加工中的固定、连续的动作,用一个 G 指令表达,即用固定循环指令来选择孔加工方式。

如图 6-51 所示,以立式数控机床加工为例,钻、镗固定循环动作顺序可分解为 6 个基本操作动作:①X 和 Y 轴快速定位到孔中心的位置上(初始平面);②快速运行到靠近孔上方的安全高度平面（R 平面）；③钻、镗孔的切削加工；④在孔底做需要的动作；⑤退回到安全平面高度（G99）或初始平面高度（G98）；⑥快速退回到初始点的位置。

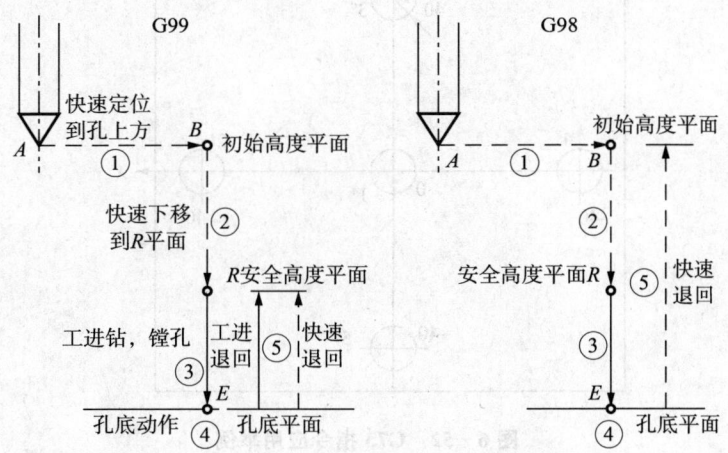

图 6-51 固定循环动作分解

常用的固定循环有高速深孔钻循环、螺纹切削循环、精镗循环等。

编程格式：G90 /G91 G98/G99 G73～G89 X_Y_Z_R_Q_P_F_K_

式中　G90 /G91——绝对坐标编程或增量坐标编程；

　　　G98——返回起始点；

　　　G99——返回 R 平面；

　　　G73～G89——孔加工方式，如钻孔加工、高速深孔钻加工、镗孔加工等；

　　　X、Y——孔的位置坐标；

　　　Z——孔底坐标；

　　　R——安全面（R 面）的坐标。增量方式时，为起始点到 R 面的增量距离；在绝对方式时，为 R 面的绝对坐标；

　　　Q——每次切削深度；

　　　P——孔底的暂停时间；

　　　F——切削进给速度；

　　　K——规定重复加工次数。

固定循环由 G80 或 01 组 G 代码撤销。

（1）高速深孔钻循环指令——G73

G73 用于深孔钻削，在钻孔时采取间断进给，有利于断屑和排屑，适合深孔加工。如图 6-52 所示的 5-φ8 mm 深为 50 mm 的孔进行加工。显然，这属于深孔加工。

利用 G73 进行深孔钻加工的程序为：

O140

N10 G56 G90 G01 Z60 F2000；　　　　　选择 2 号加工坐标系，到 Z 向起始点

N20 M03 S600；　　　　　　　　　　　　主轴启动

N30 G98 G73 X0 Y0 Z-50 R30 Q5 F50；　　选择高速深孔钻方式加工 1 号孔

N40 G73 X40 Y0 Z-50 R30 Q5 F50；　　　选择高速深孔钻方式加工 2 号孔

N50 G73 X0 Y40 Z-50 R30 Q5 F50；　　　选择高速深孔钻方式加工 3 号孔

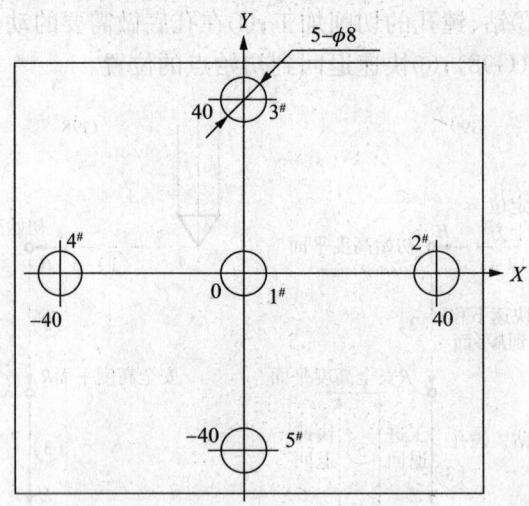

图 6-52 G73 指令应用举例

N60 G73 X—40 Y0 Z—50 R30 Q5 F50；　　选择高速深孔钻方式加工 4 号孔
N70 G73 X0 Y—40 Z—50 R30 Q5 F50；　　选择高速深孔钻方式加工 5 号孔
N80 G01 Z60 F2000；　　返回 Z 向起始点
N90 M05；　　主轴停
N100 M30；　　程序结束并返回起点

加工坐标系设置：G56 $X=-400$，$Y=-150$，$Z=-50$。

上述程序中，选择高速深孔钻加工方式进行孔加工，并以 G98 确定每一孔加工完后，回到 R 平面。设定孔口表面的 Z 向坐标为 0，R 平面的坐标为 30，每次切深量 $Q=5$，系统设定退刀排屑量 $d=2$。

(2) 螺纹加工循环指令(攻螺纹加工)
① 右旋螺纹加工循环指令——G84
G84 指令用于切削右旋螺纹孔。向下切削时主轴正转，孔底动作是变正转为反转，再退出。在 G84 切削螺纹期间速率修正无效，移动将不会中途停顿，直到循环结束。
② 左旋螺纹加工循环指令——G74
G74 指令用于切削左旋螺纹孔。主轴反转进刀，正转退刀，正好与 G84 指令中的主轴转向相反，其他运动均与 G84 指令相同。

(3) 精镗循环指令——G76
G76 指令用于精镗孔加工。镗削至孔底时，主轴停止在定向位置上，即准停，再使刀尖偏移离开加工表面，然后再退刀。这样可以高精度、高效率地完成孔加工而不损伤工件已加工表面。

程序格式中，Q 表示刀尖的偏移量，一般为正数，移动方向由机床参数设定。

G76 精镗循环的加工过程包括以下几个步骤：① 在 X、Y 平面内快速定位；② 快速运动到 R 平面；③ 向下按指定的进给速度精镗孔；④ 孔底主轴准停；⑤ 镗刀偏移；⑥ 从孔内快速退刀。

(4) 钻孔循环指令——G81
格式：G81 G_ X_ Y_ Z_ R_ F_；
说明：

① X,Y 为孔的位置,Z 为孔的深度,F 为进给速度(mm/min),R 为参考平面的高度。G 可以是 G98 和 G99,G98 和 G99 两个模态指令控制孔加工循环结束后刀具是返回初始平面还是参考平面;G98 返回初始平面,为缺省方式;G99 返回参考平面。

② 编程时可以采用绝对坐标 G90 和相对坐标 G91 编程,建议尽量采用绝对坐标编程。

③ 其动作过程如下:
(a) 钻头快速定位到孔加工循环起始点(X,Y);
(b) 钻头沿 Z 方向快速运动到参考平面 R;
(c) 钻孔加工;
(d) 钻头快速退回到参考平面 R 或快速退回到初始平面。

④ 该指令一般用于加工孔深小于 5 倍直径的孔。

(5) 锪孔循环指令——G82

格式:G82 G_ X_ Y_ Z_ R_ P_ F_;

说明:

① 在指令中 P 为锪刀在孔底的暂停时间,单位为 ms(毫秒),其余各参数的意义同 G81。

② 该指令在孔底加进给暂停动作,即当锪刀加工到孔底位置时,刀具不作进给运动,并保持旋转状态,使孔底更光滑。G82 一般用于扩孔和沉头孔加工。

③ 其动作过程如下:
(a) 锪刀快速定位到孔加工循环起始点(X,Y);
(b) 锪刀沿 Z 方向快速运动到参考平面 R;
(c) 锪孔加工;
(d) 锪刀在孔底暂停进给;
(e) 锪刀快速退回到参考平面 R 或快速退回到初始平面。

(6) 镗孔加工循环指令——G85

格式:G85 G_ X_ Y_ Z_ R_ F_;

说明:

① 以上各参数的意义同 G81。G85 指令主要适用于精镗孔等情况。

② 其动作过程如下:(a)镗刀快速定位到镗孔加工循环起始点(X,Y);(b)镗刀沿 Z 方向快速运动到参考平面 R;(c)镗孔加工;(d)镗刀以进给速度退回到参考平面 R 或初始平面。

(7) 取消固定循环指令——G80

G80 指令被执行以后,固定循环(G73、G74、G76、G81~G89)被该指令取消,点 R 和点 Z 的参数以及除 F 外的所有孔加工参数均被取消。

采用固定循环方式加工如图 6-53 所示零件的各孔。工件材料为 HT300,使用刀具 T01 为镗孔刀,T02 为 ϕ13 钻头,T03 为锪钻。

加工程序如下:

O1001

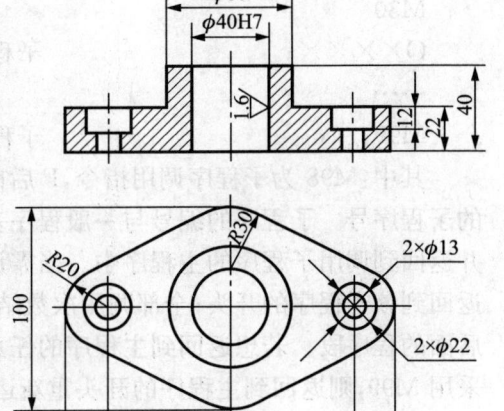

图 6-53 固定循环加工零件图

N010 T01；
N020 M06；
N030 G90 G00 G54 X0 Y0 T02；
N040 G43 H01 Z20.0 M03 S500 F30；
N050 G98 G85 X0 Y0 R3.0 Z-45.0；
N060 G80 G28 G49 Z0 M06；
N070 G00 X-60.0 Y50.0 T03；
N080 G43 H02 Z10.0 M03 S600；
N090 G98 G73 X-60.0 Y0 R-15.0 Z-48.0 Q4.0 F40；
N100 X60.0；
N110 G80 G28 G49 Z0 M06；
N120 G00 X-60.0 Y00.0；
N130 G43 H03 Z10.0 M03 S350；
N140 G98 G82 X-60.0 Y0 R-15.0 Z-32.0 P100 F25；
N150 X60.0；
N160 G80 G28 G49 Z0 M05；
N170 G91 G28 X0 Y0 M30。

5．子程序调用

某些被加工的零件中，常常会出现几何形状完全相同的加工轨迹，在程序编制中，将有固定顺序和重复模式的程序段，将这些刀具运动轨迹完全相同的程序段按照固定格式单独抽出编成"子程序"，存入数控系统内，需要时在主程序中用一个指令调用，这样可大大简化编程。

不同数控系统所用的格式和指令不同，FUNUCOi 系统的子程序调用格式为：

O××××；　　　　　　　　　主程序号
……

M98 P×××× ××××；　　　调用子程序
　　　调用次数 子程序号

M30

O××××；　　　　　　　　　子程序号
……

M99；　　　　　　　　　　　子程序结束指令

其中：M98 为子程序调用指令，P 后前 4 位为重复调用次数，省略时为 1 次，后 4 位为调用的子程序号。子程序的编号与一般程序基本相同，只是程序结束字为 M99 表示子程序结束，并返回到调用子程序的主程序中。当需调用子程序多次，每次子程序运行结束执行 M99 时，返回到该子程序的开头；全部调用次数结束执行 M99 指令时，返回到主程序中调用子程序段后面的程序段。若想返回到主程序的任意程序段中可由字母 P 指定程序段号；若主程序结束采用 M99，则返回到主程序的开头重新运行。

为了进一步简化程序，可以让子程序调用另一个子程序，这种程序的结构称为子程序嵌套。嵌套不是无限次的，在编程中使用较多的是两重嵌套。

使用子程序应注意下面三个问题。

（1）子程序调用多次时，每次子程序运行结束时要注意刀具的 Z 向位置；子程序运行结束,返回到主程序时,也要注意刀具的 Z 向位置,以免发生碰撞现象。

(2) 注意及时切换 G90、G91。用 G91 指令编制子程序常使编程大为简化,但每次运行子程序时,子程序 G90、G91 之间的切换和子程序结束返回到主程序时,主、子程序之间和子程序 G90、G91 之间的切换会常出问题。

(3) 当主程序在刀补状态下调用子程序时,若子程序中连续两个程序段以上出现非移动指令或非刀补平面轴运动指令,会出现过切。

例:如图 6-54(a)所示工件的型腔,用直径为 8 mm 的立铣刀进行粗铣加工。

解:

(1) 工艺分析

① 确定工艺路线。如图 6-54(b)所示,采用行切法,刀心轨迹 $B \to C \to D \to E \to F$ 作为一个循环单元,反复循环多次,设图示零件上表面的左下角为工件坐标系的原点。

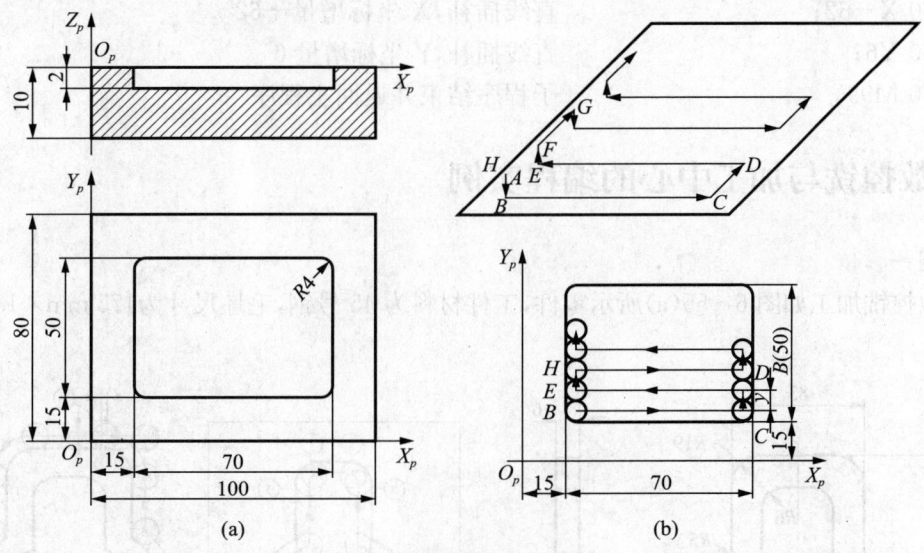

图 6-54 工件的型腔铣削

② 计算刀心轨迹坐标、循环次数及步进量(Y 方向步距)。如图 6-54(b)所示,设循环次数为 n,Y 方向步距为 y,步进方向槽宽为 B,刀具直径为 d,则各参数关系如下:

循环 1 次　铣出槽宽 $y+d$
循环 2 次　铣出槽宽 $3y+d$
循环 3 次　铣出槽宽 $5y+d$
……
循环 n 次　铣出槽宽
$$(2n-1)y+d=B$$

根据图纸尺寸要求,将 $B=50$,$d=8$ 代入式中,
$$(2n-1)y+d=B,$$
即
$$(2n-1)y=42$$

取 $n=4$,得 $Y=6$,

刀心轨迹有 1 mm 重叠,可行。

(2) 加工程序

O1100;	程序号
N010 G90 G92 X0 Y0 Z20;	用绝对坐标方式编程,建立工件坐标系
N020 G00 X19 Y19 Z2 S800 M03;	快速进给至 $X=19$, $Y=19$, 主轴正转, 转速 800 r/min
N030 G01 Z-2 F100;	Z 轴移进至 $Z=-2$
N040 M98 P10104;	重复调用子程序 O1010 四次
N050 G90 G00 Z20;	Z 轴快移至 $Z=20$
N060 X0 Y0 M05;	快速进给至 $X=0$, $Y=0$, 主轴停
N070 M30;	主程序结束
O1010;	子程序号
N010 G91 G01 X62 F100;	使用相对坐标方式编程,直线插补,X 坐标增量 62
N020 Y6;	直线插补,Y 坐标增量 6
N030 X-62;	直线插补,X 坐标增量 -62
N060 Y6;	直线插补,Y 坐标增量 6
N070 M99	子程序结束并返回主程序

6.4 数控铣与加工中心的编程实例

实例一

用数控铣加工如图 6-55(a)所示零件,工件材料为 45 号钢,毛坯尺寸为175 mm×130 mm×6.35 mm。

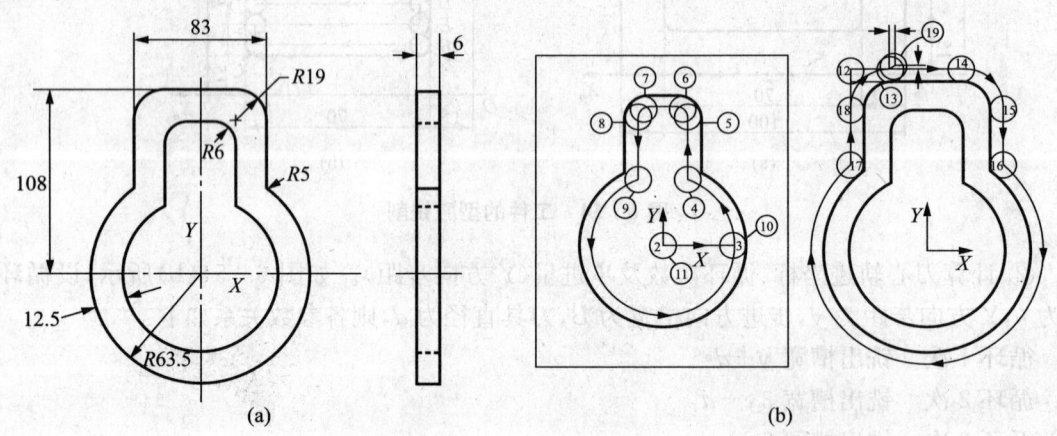

图 6-55 数控铣削加工(实例一)

解:轮廓加工轨迹如图 6-55(b)所示,工件坐标系原点(X_0,Y_0)定在距毛坯左边和底边均 65 mm 处,其 Z_0 定在毛坯上表面,采用 ϕ110 mm 柄铣刀,主轴转速 $n=1\,250$ r/min, 进给速度 $v_f=150$ mm/min。编写零件的加工程序见表 6-6。

表 6-6 数控铣削零件(实例一)的加工程序

程序	注释
O1111	程序号
N0010 G90 G21 G40 G80;	采用绝对尺寸指令、米制、注销刀具半径补偿和固定循环功能
N0020 G91 G28 X0 Y0 Z0;	刀具移至参考点

续表

程 序	注 释
N0030 G92 X−200 Y200 Z100;	设定工件坐标系原点坐标
N0040 G00 G90 X0Y0 S1250 M03;	刀具快速移至点2,主轴以1 250 r/min正转
N0050 G43 Z5 H01;	刀具沿Z轴快速定位至5 mm处
N0060 M08;	开冷却液
N0070 G01 Z−10 F150;	刀具沿Z轴以150 mm/min直线插补至−10处
N0080 G41 D01 X51;	刀具半径补偿有效,补偿号D01,直线插补至点3
N0090 G03 X29 Y42 I−51 J0;	逆时针圆弧插补至点4
N0100 G01 Y89.5;	直线插补至点5
N0110 G03 X23 Y95.5 I−6 J0;	逆时针圆弧插补至点6
N0120 G01 X−23;	直线插补至点7
N0130 G03 X−29 Y89.5 I0 J−6;	逆时针圆弧插补至点8
N0140 G01 Y42;	直线插补至点9
N0150 G03 X51 Y0 129 J−42;	逆时针圆弧插补至点10
N0160 G01 G40 X0;	直线插补至点11
N0170 G00 Z5;	沿Z轴快速定位至5 mm处
N0180 M05;	主轴停止
N0190 M00;	程序暂停
N0200 S1250 M03;	主轴正转
N0210 G00 X72.0 Y108;	快速定位到点12
N0220 G01 Z−10 F150;	沿Z轴下刀
N0230 X225;	直线插补至点14
N0240 G02 X41.5 Y89 I0 J−19;	顺时针圆弧插补至点15
N0250 G01 Y48;	直线插补至点16
N0260 G02 X−41.5 Y48 I−41.5 J−48;	顺时针圆弧插补至点17
N0270 G01 Y89;	直线插补至点18
N0280 G02 X−22.5 Y108 I19 J0;	顺时针圆弧插补至点13
N0290 G40 G01 Y110.5;	直线插补至点19
N0300 G49 G00 G90 Z20 M05;	刀具沿Z轴快速定位至20 mm处,主轴停转
N0310 M09;	关冷却液
N0320 G91 G28 X0 Y0 Z0;	返回参考点
N0330 M06;	换刀
N0340 M30;	程序结束

实例二

使用刀具补偿功能和固定循环功能加工如图6-56所示零件的12个孔。

解:

(1) 分析零件图样,进行工艺处理

该零件孔加工中,有通孔、盲孔,需钻、扩和镗加工。故选择钻头T01、扩孔刀T02和镗刀T03,加工坐标系原点在零件上表面处。由于有三种孔径尺寸的加工,按照先小孔后大孔加工的原则,确定加工路线为:从编程原点开始,先加工6个$\phi 6$的孔,再加工4个$\phi 10$的孔,最后加工两个$\phi 40$的孔。

T01、T02的主轴转速$n = 600$ r/min,进给速度$v_f = 120$ mm/min;T03 主轴转速$n = 300$ r/min,进给速度$v_f = 50$ mm/min。

(2) 加工调整

T01、T02和T03的刀具补偿号分别为H01、H02和H03。对刀时,以T01刀为基准,按图6-56所示的方法确定零件上表面为Z向零点,则H01中刀具长度补偿值设置为零,

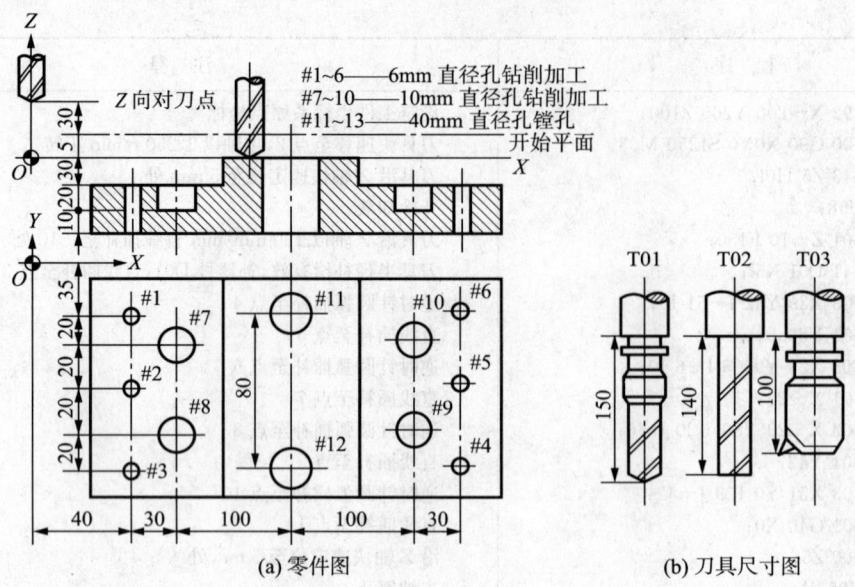

图 6-56 加工中心加工零件(实例二)

H02＝－10，H03＝－50。换刀时，用 M00 指令停止，手动换刀后再启动，继续执行程序。

（3）加工程序

O0001

N10 G54 G90 G00 X0 Y0 Z35.0；

N20 G43 Z5.0 H01；

N30 S600 M03；

N40 G99 G81 X40.0 Y－35.0 Z－63.0 R－27.0 F120；

N50 Y－75.0；

N60 G98 Y－115.0；

N70 G99 X300.0；

N80 Y－75.0；

N90 G98 Y－35.0；

N100 G00 X500.0 Y0 M05；

N110 G80 G49 Z20.0 M00；

N120 G43 Z5.0 H02；

N130 S600 M03；

N140 G99 G82 X70.0 Y－55.0 Z－50.0 R－27.0 P2000 F120；

N150 G98 Y－95.0；

N160 G99 X270.0；

N170 G98 Y－55.0；

N180 G00 X500.0 Y0 M05；

N190 G80 G49 Z20.0 M00；

N200 G43 Z5.0 H03；

N210 S300 M03；

N220 G86 G99 X170.0 Y-35.0 Z-65.0 R3.0 F50;
N230 G98 Y-115.0;
N240 G00 G80 G49 Z35.0 M05;
N250 X0 Y0;
N260 M30

实例三

用卧式加工中心加工如图 6-57 所示端盖。

解：

1) 工艺方案及工艺路线的确定

(1) 图纸分析和决定安装基准

端盖零件如图 6-57 所示，假定在卧式加工中心上只加工 B 面及各孔，根据图纸要求，选择 A 面为定位安装面，用弯板装夹。

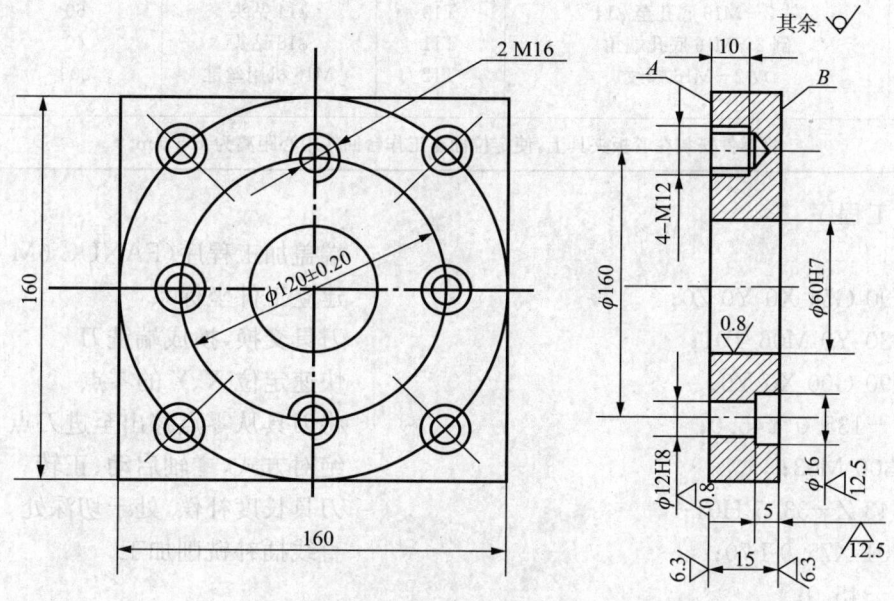

图 6-57 加工中心加工零件(实例三)

(2) 加工方法和加工路线的确定

加工时按先面后孔，先粗后精的原则。B 面用铣削加工，分粗铣和精铣；如 ϕ60H7 孔采用三次镗孔加工，即粗镗、半精镗和精镗；ϕ12H8 孔按钻、扩、铰方式进行；ϕ16 孔在 ϕ12 孔基础上再增加锪孔工序；螺纹孔采用钻孔后攻丝的方法加工；螺纹孔和阶梯孔在钻前都安排打中心孔工序；螺纹孔用钻头倒角。

工艺参数见表 6-7。

(3) 切削用量的选择

可根据有关手册查出所需的切削用量(略)。

2) 确定工件坐标系

(1) 选 ϕ60H7 孔为 X、Y 坐标原点，选距离被加工表面 30 mm 处为工件坐标系 Z_0 点，选距离工件表面 5 mm 处为 R 点平面；

(2) 计算刀具轨迹的坐标，本例铣削加工时要计算刀具轨迹坐标；

(3) 按工艺路线和坐标尺寸编制加工程序。

表 6-7 加工中心加工零件实例的工艺参数

工序	工序内容	刀具号	刀具规格	v_f/(mm·min^{-1})	a_p/mm
1	粗铣 7.2 平面留余量 0.5	T01	φ100 端铣刀	70	3.5
2	精铣 7.3 平面至尺寸	T13	φ100 端铣刀	50	0.5
3	精镗 φ60H7 孔至 φ58	T02	镗刀	60	0.2
4	半精镗 φ60H7 孔至 φ59.95	T03	镗刀	50	0.5
5	精镗 φ60H7 孔至尺寸	T04	精镗刀	40	0.2
6	钻 2—φ12H8 及 2—M16 的中心孔	T05	φ3 中心钻	50	—
7	钻 2—φ12H8 至 φ10	T06	φ10 钻头	60	—
8	扩 2—φ12H8 至 φ11.85	T07	φ11.85 扩孔钻	40	—
9	锪 2—φ16 至尺寸	T08	φ16 阶梯铣刀	30	—
10	铰 2—φ12H8 至尺寸	T09	φ12H8 铰刀	40	—
11	钻 2—M16 底孔至 φ14	T10	φ14 钻头	60	—
12	倒 2—M16 底孔端角	T11	φ18 钻头	40	—
13	攻 2—M16 螺纹	T12	M16 机用丝锥	200	—

将零件安装在弯板夹具上,使定位面至工作台回转中心距离为 185 mm。

3) 加工程序

O0003	端盖加工程序(FANUC 6M 系统)
N1 G90 G54 X0 Y0 Z0;	建立工件坐标系
N2 G30 Y0 M06 T01;	刀具交换,换成端铣刀
N3 G90 G00 X0 Y0;	快速定位 X、Y 的零点
N4 X−135.0 Y45.0;	将刀具从零点移出至进刀点
N5 S300 M03;	绝对方式,主轴启动、正转
N6 G43 Z−33.5 H01;	刀具长度补偿,处于切深处
N7 G01 X75.0 F70;	直线插补铣削加工
N8 Y−45.0;	
N9 X−135.0;	
N10 G00 G49 Z0 M05;	取消补偿,主轴停止
N11 G30 Y0 M06 T13;	刀具交换,换成精铣刀
N12 G00 X0 Y0;	
N13 X−135.0 Y45.0;	
N14 G43 Z−34.0 H13.535 M03;	
N15 G01 X75.0 F50;	
N16 Y−45.0;	
N17 X−135.0;	
N18 G00 G49 Z0 M05;	
N19 G30 Y0 M06 T02;	刀具交换,换成粗镗刀
N20 G00 X0 Y0;	
N21 G43 Z0 H02 S400 M03;	

N22 G98 G81 Z-50.0 R-25.0 Q0.2 P200 F40; 固定循环,粗镗 ϕ60H7 孔
N23 G00 G49 Z0 M05;
N24 G30 Y0 M06 T03;   刀具交换,换半精镗刀
N25 G00 G90 X0 Y0;
N26 G43 Z0 H03 S450 M03;
N27 G98 G81 Z-50.0 R-25.0 F50;   固定循环,半精镗 ϕ60H7 孔
N28 G00 G49 Z0 M05;
N29 G30 Y0 M06 T04;   刀具交换,换精镗刀
N30 G00 G90 X0 Y0;
……

思考题 6

1. 与数控铣床相比,加工中心在结构和功能上有什么不同?
2. 数控铣床及加工中心适合于加工什么样的零件?编程特点是什么?
3. 如何对数控铣削加工零件的零件图进行工艺分析?
4. 数控铣削加工零件的加工工序是如何划分的?
5. 如何选用数控铣削刀具?
6. 试述数控铣削及加工中心的加工工序的加工顺序安排原则。
7. 加工中心选择定位基准应遵循哪些原则?
8. 加工中心的固定循环是如何实现加工的?说出常见的固定循环。
9. 如何使用刀具长度补偿?举例说明什么情况下使用正补偿?什么情况下使用负补偿?
10. 试举例说明子程序如何调用?
11. 试举例说明如何使用刀具半径补偿?
12. 绝对编程指令和增量编程指令在编程中有何不同?试举例说明。
13. 加工题图 6-1 所示凸轮零件,试编写加工程序。
14. 加工题图 6-2 所示平板零件,试编写加工程序。

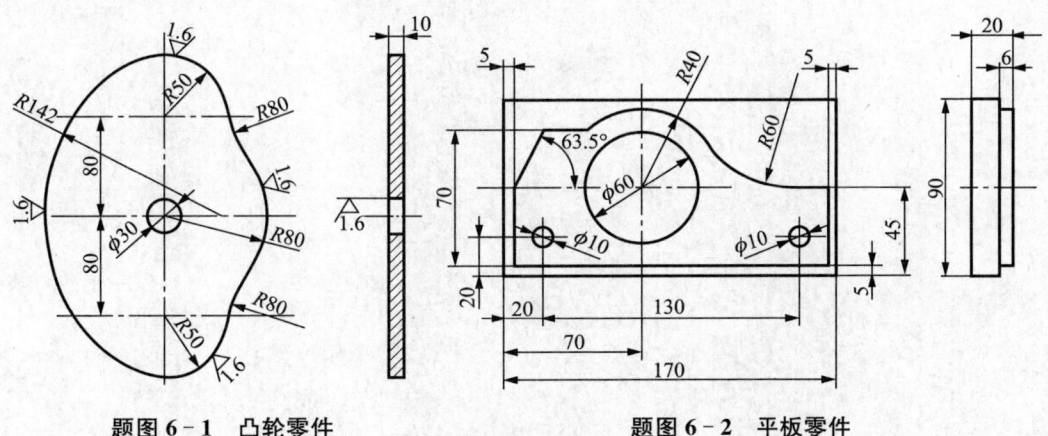

题图 6-1 凸轮零件   题图 6-2 平板零件

15. 加工题图 6-3 所示孔板零件,试用固定循环和子程序编写加工程序。
16. 加工题图 6-4 所示端盖零件,试编写加工程序。

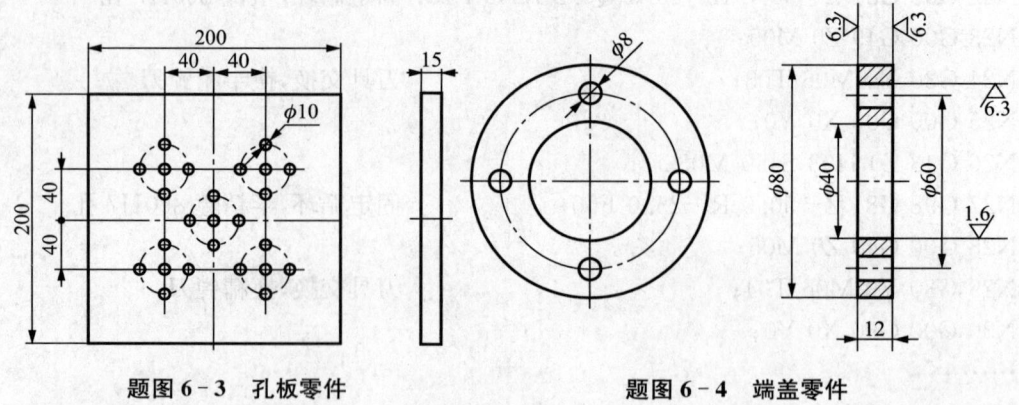

题图 6-3　孔板零件　　　　　　题图 6-4　端盖零件

7 数控线切割加工工艺与编程

7.1 数控线切割加工概述

电火花加工属于特种加工的一种方法,在电火花加工中采用线状电极(钼丝或铜丝)靠火花放电对工件进行切割,称为电火花线切割,简称线切割。电火花线切割机床的运动由数控装置控制时,称为数控线切割加工。

7.1.1 数控线切割加工原理

数控电火花线切割是利用移动的细金属导线作为工具电极,在金属丝与工件间施加脉冲火花放电,对工件进行切割加工。工件的形状是由数控系统控制工作台相对于电极丝的运行轨迹决定的,因此不需制造专用的电极,就可以加工形状复杂的模具零件。

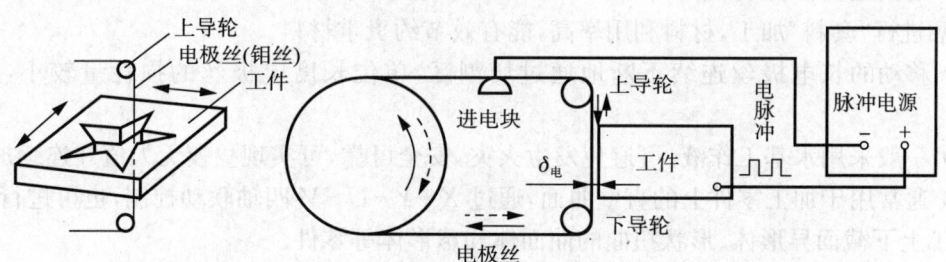

图 7-1 数控线切割加工的原理图

如图 7-1 所示,电极丝穿过工件上预先钻好的小孔(穿丝孔),经导轮由走丝机构带动进行轴向走丝运动。工件通过绝缘板安装在工作台上,由数控装置按加工程序指令控制沿 X、Y 两个坐标方向移动而合成所需的直线、圆弧等平面轨迹。在移动的同时,线电极和工件间不断地产生放电腐蚀现象,工作液通过喷嘴注入,将电蚀产物带走,最后在金属工件上留下细丝切割形成的细缝轨迹线,从而达到了使一部分金属与另一部分金属分离的加工要求。

根据电极丝的运行速度,数控线切割机床通常分为两大类:一类是快走丝数控线切割机床,这类机床的电极丝作高速往复运动,一般走丝速度为 8~12 m/s;另一类是慢走丝数控线切割机床,这类机床的电极丝作低速单向运动,一般走丝速度为 0.2 m/s。

(1) 快走丝数控线切割机床

快走丝数控线切割机床通常使用钼丝作为电极,线切割速度可达 350 mm²/min;切割零件的表面粗糙度一般为 $R_a=1.25$~$2.5~\mu m$,最佳也只有 $R_a=1~\mu m$;线切割零件的加工精度在 0.01~0.02 mm 左右。

(2) 慢走丝数控线切割机床

慢走丝数控线切割机床使用铜丝作为加工电极,且铜丝仅使用一次,不重复使用。线切割速度为 40～80 mm²/min;所加工的工件表面粗糙度一般可达 $R_a=1.25\ \mu m$,最佳可达 $R_a=0.2\ \mu m$ 左右;零件的加工精度在 0.002～0.005 mm 左右。所以在加工高精度零件时,慢走丝数控线切割机床得到了广泛的应用。

7.1.2 数控线切割加工特点

传统的车、铣、钻加工中,刀具硬度必须比工件硬度大,而数控电火花线切割机床的电极丝不必比工件材料硬,只要是导电或半导电的材料都能进行加工。数控线切割加工与电火花加工的共性在于金属材料的硬度并不影响加工的速度。因此,数控线切割常用来加工硬度很高或很脆的材料,用一般切削加工方法难以加工或无法加工的难切削高硬度材料,以及各种稀有、贵重金属材料。其工艺特点如下:

(1) 数控线切割加工是轮廓切割加工,不用设计和制造成型工具电极,这大大降低了加工费用,缩短了生产周期。

(2) 直接利用电能进行脉冲放电加工,工具电极和工件不直接接触,无机械加工中的宏观切削力,适宜于加工低刚度零件及细小零件。

(3) 在加工中作为刀具的电极丝无须刃磨,可节省辅助时间和刀具费用。

(4) 电极丝直径较细,介于 $\phi 0.003$～0.3 mm 之间,切缝很窄可达 0.005 mm,实现工件材料沿轮廓进行"套料"加工,材料利用率高,能有效节约贵重材料。

(5) 移动的长电极丝连续不断地通过切割区,单位长度电极丝的损耗量较小,加工精度高。

(6) 一般采用水基工作液,可避免发生火灾,安全可靠,可实现昼夜无人值守连续加工。

(7) 通常用于加工零件上的直壁曲面,通过 $X-Y-U-V$ 四轴联动控制,也可进行锥度切割和加工上下截面异形体、形状扭曲的曲面体和球形体等零件。

(8) 不能加工盲孔及纵向阶梯表面。

7.1.3 数控线切割加工的应用

数控线切割加工为新产品的试制、精密零件及模具加工开辟了一条新的途径,主要应用于以下几个方面。

(1) 加工模具

电火花线切割加工主要应用于冲模、挤压模、塑料模、电火花型腔模的电极加工等,由于电火花线切割加工速度和精度的迅速提高,目前已达到可与坐标磨床相竞争的程度。例如,中小型冲模,材料为模具钢,过去用分开模和曲线磨削的方法加工,现在改用电火花线切割整体加工的方法,制造周期可缩短 3/4～5/4,成本降低 2/3～3/4,配合精度高,不需要熟练的操作工。因此,一些工业发达国家的精密冲模、磨削等工序,已被电火花和电火花线切割加工所代替。

(2) 加工电火花成型加工用的电极

一般穿孔加工的电极以及带锥度型腔加工的电极,若采用铜钨、银钨合金之类的材料,用线切割加工特别经济,同时也适用于加工微细、复杂形状的电极。

(3) 新产品试制及难加工零件

在新产品开发过程中需要单件的样品,使用线切割直接切割出零件,无需模具,这样可以大大缩短新产品的开发周期并降低试制成本。如在冲压生产时,未开出落料模时,先用线切割加工的样板进行成型等后续加工,得到验证后再制造落料模。在零件制造方面,可用于加工品种多、数量少的零件,特殊难加工材料的零件,材料试验样件,各种型孔、凸轮、样板、成型刀具,同时还可以进行微细加工和异形槽加工等。

7.2 数控电火花线切割工艺与工装基础

电火花线切割加工,一般作为工件加工中的最后工序,要达到加工零件的加工要求,应合理控制线切割加工的各种工艺因素,同时选择合适的工装。

7.2.1 线切割加工的主要工艺指标

(1) 切割速度 v_{wi} 在保持一定的表面粗糙度的前提下,单位时间内电极丝中心在工件上切过的面积总和即为切割速度,单位为 mm^2/min。

(2) 表面粗糙度 我国和欧洲常用轮廓算术平均偏差 $R_a(\mu m)$ 来表示,日本常用 R_{max} 来表示。

(3) 电极丝损耗量 对高速走丝机床,用电极丝在切割 $10\ 000\ mm^2$ 面积后电极丝直径的减小量来表示,一般减小量不应大于 $0.01\ mm$。

(4) 加工精度 加工精度指所加工工件的尺寸精度、形状精度和位置精度的总称。

7.2.2 影响线切割工艺指标的若干因素

影响线切割工艺指标的因素很多,也很复杂,主要包括以下几个方面。

1. 电参数对工艺指标的影响

主要包括以下几方面:

(1) 脉冲宽度 t_w。当 t_w 增大时,单个脉冲能量增多,切割速度提高,表面粗糙度变大,放电间隙增大,加工精度有所下降。粗加工时取较大的脉宽,精加工时取较小的脉宽,切割厚大工件时取较大的脉宽。

(2) 脉冲间隔 t。当 t 增大,单个脉冲能量降低,切割速度降低,表面粗糙度有所增大,粗加工及切割厚大工件时脉冲间隔取宽些,而精加工时取窄些。

(3) 开路电压 u_0。开路电压增大时,放电间隙增大,排屑容易,提高了切割速度和加工稳定性,但易造成电极丝振动,工件表面粗糙度变差,加工精度有所降低。通常精加工时取的开路电压比粗加工低,切割大厚度工件时取较高的开路电压。一般 $u_0 = 60 \sim 150\ V$。

(4) 放电峰值电流 i_p。放电峰值电流是决定单脉冲能量的主要因素之一。i_p 增大,单个脉冲能量增多,切割速度迅速提高,表面粗糙度增大,电极丝损耗比加大甚至容易断丝,加工精度有所下降。粗加工及切割厚件时应取较大的放电峰值电流,精加工时取较小的放电峰值电流。

(5) 放电波形 电火花线切割加工的脉冲电源主要有晶体管矩形波脉冲电源和高频分组

脉冲电源。在相同的工艺条件下高频分组脉冲能获得较好的加工效果,其脉冲波形如图7-2所示,它是矩形波改造后得到的一种波形,即把较高频率的脉冲分组输出。矩形波脉冲电源在提高切割速度和降低表面粗糙度之间存在矛盾,两者不能兼顾,只适用于一般精度和表面粗糙度的加工。高频分组脉冲波形是解决这个矛盾的比较有效的电源形式,得到了越来越广泛的应用。

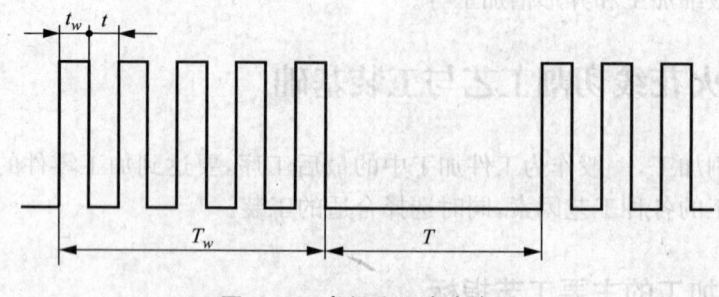

图7-2 高频分组脉冲波形

(6)极性 线切割加工因脉冲较窄,所以都用正极性加工,即工件接电源的正极,否则切割速度会变低而电极丝损耗增大。

(7)变频、进给速度 即预置进给速度的调节,对切割速度、加工速度和表面质量的影响很大。因此,调节预置进给速度应紧密跟踪工件蚀除速度,以保持加工间隙恒定在最佳值上。这样可使有效放电状态的比例大,而开路和短路的比例小,使切割速度达到给定加工条件下的最大值,相应的加工精度和表面质量也好。如果预置进给速度调得太快,超过工件可能的蚀除速度,会出现频繁的短路现象,切割速度反而低,表面粗糙度也差,上下端面切缝呈焦黄色,甚至可能断丝;反之,进给速度调得太慢,大大落后于工件的蚀除速度,极间将偏于开路,有时会时而开路时而短路,上下端面切缝呈焦黄色。这两种情况都大大影响工艺指标。因此,应按电压表、电流表调节进给旋钮,使表针稳定不动,此时进给速度均匀、平稳,是线切割加工速度和表面粗糙度均好的最佳状态。

2. 非电参数对工艺指标的影响

(1)走丝速度对工艺指标的影响

对于高速走丝线切割机床,在一定的范围内,随着走丝速度的提高,有利于电极丝把工作液带入较大厚度的工件放电间隙中,有利于放电通道的消电离和电蚀产物的排除,保持放电加工的稳定,从而提高切割速度;但走丝速度过高,将加大机械振动,降低加工精度和切割速度,表面粗糙度也将恶化,并且易断丝。

低速走丝时由于电极丝张力均匀,振动较小,电极丝直径较小,因而加工稳定性、表面粗糙度及加工精度等均很好。表7-1是在瑞士阿奇公司低速走丝电火花线切割机床上切割加工的工艺效果,可供参考。

(2)工件厚度及材料对工艺指标的影响

工件薄时,工作液容易进入并充满放电间隙,有利于排屑和消电离,加工稳定性好;但工件太薄时,电极丝容易产生抖动,对加工精度和表面粗糙度不利,且脉冲利用率低,切削速度因而下降。工件厚时,工作液难于进入和充满放电间隙,加工稳定性差,但电极丝不易抖动,因而加工精度和表面粗糙度较好,但过厚时排屑困难,导致切割速度下降。

表7-1 低速走丝线切割加工的工艺效果

工件材料	电极丝直径 d/mm	切割厚度 H/mm	切缝厚度 s/mm	表面粗糙度 R_a/μm	切割速度 v_{wi}/(mm²·min^{-1})	电极丝材料
碳钢铬钢	0.1	2~20	0.13	0.2~0.3	7	
	0.15	2~50	0.19	0.35~0.5	12	
	0.2	2~75	0.259	0.35~0.71	25	
	0.25	10~125	0.34	0.35~0.71	25	
	0.3	75~150	0.378	0.35~0.5	25	
铜	0.25	2~40	0.32	0.35~0.7	19.4	黄铜丝
硬质合金	0.1	2~20	0.19	0.15~0.24	3.5	
	0.15	2~30	0.229	0.24~0.25	7.1	
	0.25	2~50	0.361	0.2~0.5	12.2	
石墨	0.25	2~40	0.351	0.35~0.6	12	
铝	0.25	2~40	0.34	0.5~0.83	60	
碳钢铬钢	0.08	2~10	0.105	0.35~0.55	5	钼丝
	0.1	2~10	0.125	0.47~0.59	7	
硬质合金	0.08	2~12.7	0.105	0.078~0.23	4	
	0.1	2~12.7	0.125	0.118~0.23	6	

(3) 电极丝材料及直径对加工指标的影响

高速走丝用的电极丝材料应具有良好的导电性、较大的抗拉强度和良好的耐电腐蚀性能，且电极丝的质量应该均匀，不能有弯折和打结现象。钼丝韧性好，放电后不易变脆，不易断丝，因而应用广泛。黄铜丝加工稳定，切割速度高，但电极丝损耗大。

低速走丝线切割机床上常采用0.2 mm的黄铜丝，也可采用钨丝、钼丝。

电极丝直径大时，能承受较大的电流，从而使切割速度提高，同时切缝宽，放电产生的腐蚀物排除条件得到改善而使加工稳定，但加工精度和表面粗糙度下降。当直径过大时，切缝过宽，需要蚀除的材料增多，导致切割速度下降，而且难以加工出内尖角的工件。高速走丝时电极丝的直径可在0.1~0.25 mm之间选用，常用的电极丝为0.12~0.18 mm，低速走丝直径可在0.076~0.3 mm之间，最常采用的为0.2 mm。电极丝直径及与之相适应的切割厚度见表7-2所示。

表7-2 电极丝直径与合适的切割厚度

电极丝材料	电极丝直径/mm	合适的切割厚度/mm
钨丝	φ0.05	0~5
	φ0.07	0~8
	φ0.10	0~30
铜丝	φ0.10	0~15
	φ0.15	0~30
	φ0.20	0~80
	φ0.25	0~100

(4) 工作液对加工指标的影响

在电火花线切割加工中,工作液为脉冲放电的介质,对加工工艺指标的影响很大。同时,工作液通过循环过滤装置连续地向加工区供给,对电极丝和工件进行冷却,并及时从加工区排除电蚀产物,以保持脉冲放电过程能稳定而顺利地进行。低速走丝线切割机床大都采用去离子水作为工作液,只有在特殊精加工时才采用绝缘性能较高的煤油。高速走丝线切割机床大都使用专用乳化液。乳化液的品种很多,各有特点,有的适合精加工,有的适合于大厚度切割,有的适合于高速切割等。因此,必须按照线切割加工的需要正确选用。

(5) 工件材料内部残余应力的影响

对热处理后的坯料进行线切割时,由于大面积去除金属和切断加工,材料内部残余应力的相对平衡状态受到破坏,从而产生很大的变形,零件的加工精度下降,有的零件甚至在切割中出现裂纹、断裂。减少变形和裂纹的措施如下:

① 改善热处理工艺,减少内部残余应力。

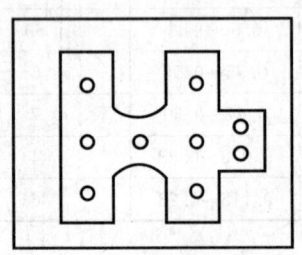
图 7-3 减小切割体积

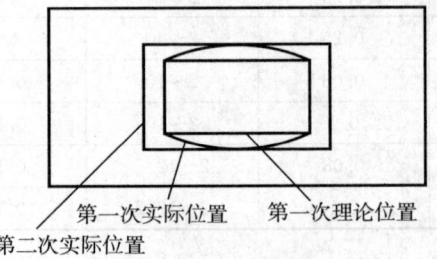
图 7-4 二次切割法

② 减小切割体积,在淬火前先用切削加工方法把中心部分材料切除或预钻孔,使热处理均匀发生,如图 7-3 所示。

③ 精度要求高的,采用二次切割法。第一次加工单边留下余量 0.1~0.5 mm,余量大小根据淬硬程度、工件厚度、壁厚等确定。第二次加工时将第一次加工的变形切除,如图 7-4 所示。

④ 为了避免材料组织及内应力对加工精度的影响,必须合理地选择切割的走向和进刀点。通常切割路径应使夹持部分位于程序的最后一条加工语句处,如图 7-5 所示,这样可以减小工件变形引起的误差。进刀点的选择要尽量避免留下接刀痕,如图 7-6 所示。当接刀痕不可避免时,应尽量把进刀点放在尺寸精度要求不高或容易钳修处,如图 7-7 所示。

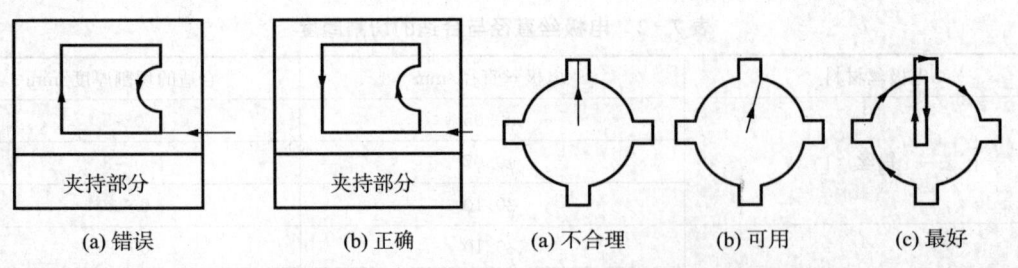

图 7-5 夹持部分安放　　　　　图 7-6 进刀点避免留下刀痕

⑤ 若精度要求高,应先在坯料内加工出穿丝孔,以免当从坯料外切入时引起坯料切开处变形,如图 7-8 所示。

⑥ 工件上的剩磁会使内应力不均匀,且加工时对排屑不利,因此平磨过的工件应先充分去磁。

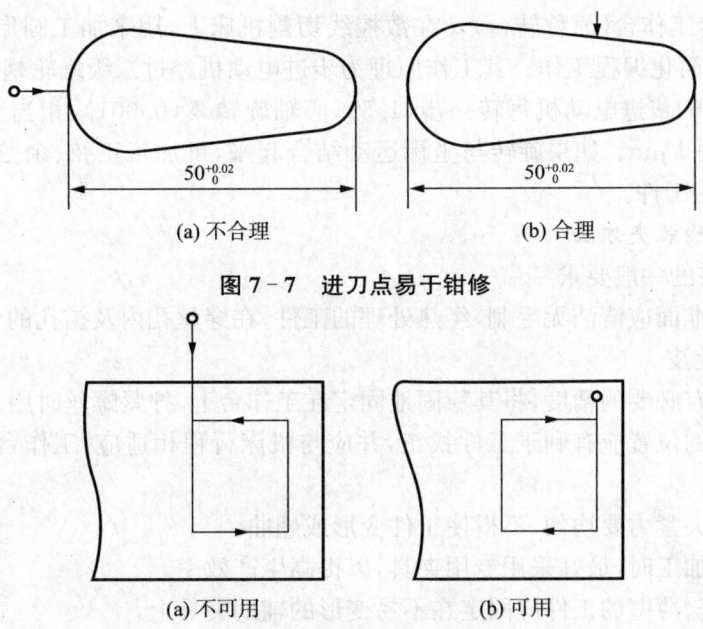

图 7-7 进刀点易于钳修

图 7-8 切割起点确定

7.2.3 电火花线切割典型夹具、附件及工件装夹

工件装夹的形式对加工精度有直接影响。电火花线切割加工机床的夹具一般是在通用夹具上采用压板螺钉固定工件。为了适应各种形状工件加工的需要,还可使用磁性夹具、旋转夹具或专用附件。

1. 常用工夹具、附件

(1) 压板夹具 由于线切割机床主要用于切割冲模的型腔,因此机床出厂时通常只提供一对夹持板形工件的压板夹具(压板、紧固螺钉等)。

(2) 磁性夹具 采用磁性工作台或磁性基座夹持工件,不需要压板和螺钉,操作快速方便,定位后不会因压紧而变动,见图 7-9。

要注意保护上述两类夹具的基准面,避免工件将其划伤或拉毛。压板夹具应定期修磨基准面,保持两件夹具的等高性。夹具的绝缘性也应经常检查和测试,因有时绝缘体受损造成绝缘电阻减小,影响正常的切割。

(3) 分度夹具 分度夹具是根据加工电机转子、定子等多型孔的旋转形工件设计的,可保证高的分度精度。近年来,因微机控制器及自动编程机对加工图形具有对称、旋转等功能,所以分度夹具用得较少。

(4) 3R 夹具 3R 基准导轨是 3R 线切割新概念中的基本元件,它能给线切割机床的工作

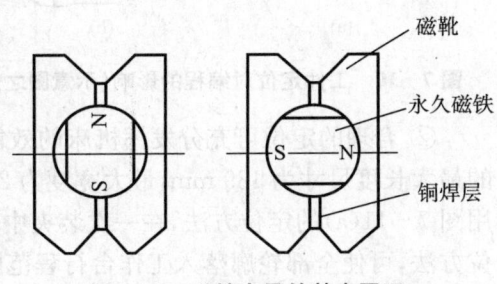

图 7-9 磁性夹具的基本原理

台提供 X、Y、Z 方向的固定基准。并且可以有不同的长度和不同位置的安装孔,以应用于不同的线切割机床。

(5) 数控回转工作台(简称转台)　在数控线切割机床上,用来加工圆形或阿基米德螺旋线形凸轮,可大大简化编程工作。其工作原理为步进电动机经过二级蜗轮蜗杆传动标准心轴,传动比为 1∶1 800,步进电动机每转一步(1.5′),心轴旋转 3″(0.001°),相当于工件半径为 70 mm 的圆周上移动 1 μm。如果旋转与坐标运动结合起来,可加工正弦、余弦、双曲线、螺旋线等特殊曲线轮廓的工件。

2. 工件的正确装夹方法

(1) 正确装夹的一般要求

① 工件的基准面应清洁无毛刺,经热处理的工件,在穿丝孔内及扩孔的台阶处,要清除热处理残留物及氧化皮。

② 夹具应具有必要的精度,将其稳固地固定在工作台上,拧紧螺丝时用力要均匀。

③ 工件装夹的位置应有利于工件找正,并应与机床行程相适应,工作台移动时工件不得与丝架相碰。

④ 对工件的夹紧力要均匀,不得使工件变形或翘曲。

⑤ 大批零件加工时,最好采用专用夹具,以提高生产效率。

⑥ 细小、精密、薄壁的工件应固定在不易变形的辅助夹具上。

(2) 工件在工作台上的装夹位置对编程的影响

① 适当的定位可以简化编程工作　工件在工作台上的位置不同,会影响工件轮廓线的方位,也就影响各点坐标的计算结果,从而影响各段程序。在图 7-10(a)中,若使工件的 α 角为 0°、90°以外的任意角,则矩形轮廓各线段都成了切割程序中的斜线,这样,计算各点的坐标、填写程序单及穿孔纸带等都比较麻烦,还可能发生错误。如条件允许,使工件的 α 角成 0°和 90°,则各条程序皆为直线程序,这就简化了编程,从而减少差错。同理,图 7-10(b)中的图形,当 α 角为 0°、90°或 45°时,也会简化编程,提高质量,而为其他角度时,会使编程复杂些。

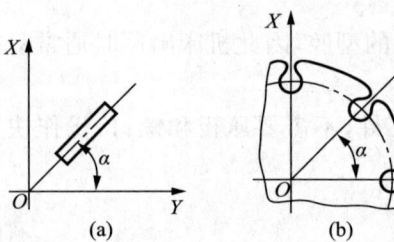
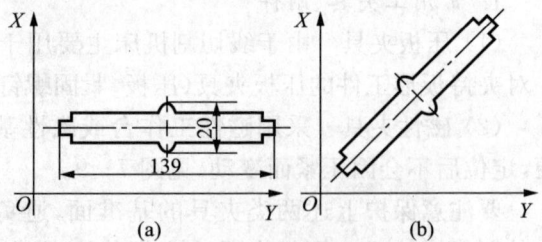

图 7-10　工件定位对编程的影响(示意图之一)　　图 7-11　工件定位对编程的影响(示意图之二)

② 合理的定位可充分发挥机床的效能　有时则与上述情况相反,如图 7-11 所示,工件的最大长度尺寸为 139 mm,最大宽度为 20 mm,工作台行程为 100 mm×120 mm。很明显,若用图 7-11(a)的定位方法,在一次装夹中就不能完成全部轮廓的加工,如选图 7-11(b)的定位方法,可使全部轮廓落入工作台行程范围内,虽然编程比较复杂,但可在一次装夹中完成全部加工。

③ 正确定位可提高加工的稳定性　在加工时,执行各条程序切割的稳定性并不相同,如较长直线的切割过程,就容易出现加工电流不稳定、进给不均匀等,严重时还会引起断丝。因此编程时应使零件的定位尽量避开较长的直线程序。

7.3 数控线切割加工工艺的制订

7.3.1 数控线切割的工艺基础

数控电火花线切割加工,一般是作为工件尤其是模具加工中的最后工序,要达到加工零件的精度及表面粗糙度要求,应合理控制线切割加工时的各种工艺参数(电参数、切割速度、工件装夹等),同时应安排好零件的工艺路线及线切割加工前的准备加工。有关模具加工的线切割加工工艺准备和工艺过程,如图7-12所示。

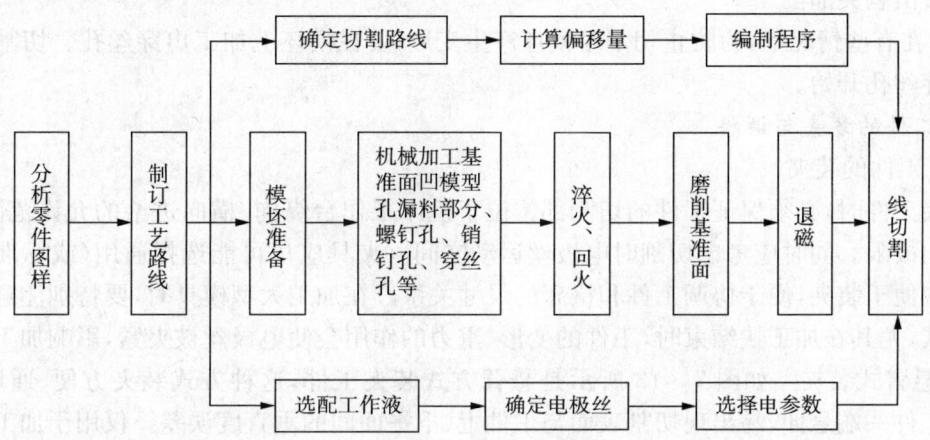

图7-12 线切割加工的工艺准备和工艺过程

1. 模坯准备

(1) 工件材料及毛坯

模具工作零件一般采用锻造毛坯,其线切割加工常在淬火与回火后进行。由于受材料淬透性的影响,当大面积去除金属和切断加工时,会使材料内部残余应力的相对平衡状态遭到破坏而产生变形,影响加工精度,甚至在切割过程中造成材料突然开裂。为减少这种影响,除在设计时应选用锻造性能好、淬透性好、热处理变形小的合金工具钢(如Cr12、Cr12MoV、CrWMn)作模具材料外,对模具毛坯锻造及热处理工艺也应正确进行。

(2) 模坯准备工序　模坯的准备工序是指凸模或凹模在线切割加工之前的全部加工工序。

① 凹模的准备工序

(a) 下料　用锯床切断所需材料。

(b) 锻造　改善内部组织,并锻成所需的形状。

(c) 退火　消除锻造内应力,改善加工性能。

(d) 刨(铣)　刨六面,并留磨削余量0.4~0.6 mm。

(e) 磨　磨出上下平面及相邻两侧面,对角尺。

(f) 画线　划出刃口轮廓线和孔(螺孔、销孔、穿丝孔等)的位置。

(g) 加工型孔部分　当凹模较大时,为减少线切割加工量,需将型孔漏料部分铣(车)出,只切割刃口高度;对淬透性差的材料,可将型孔的部分材料去除,留3~5 mm切割余量。

(h) 孔加工　加工螺孔、销孔、穿丝孔等。

(I) 淬火　达到设计要求。

(j) 磨　磨削上下平面及相邻两侧面,对角尺。

(k) 退磁处理。

② 凸模的准备工序　凸模的准备工序,可根据凸模的结构特点,参照凹模的准备工序,将其中不需要的工序去掉即可。但应注意以下几点:

(a) 为便于加工和装夹,一般都将毛坯锻造成平行六面体。对尺寸、形状相同,断面尺寸较小的凸模,可将几个凸模制成一个毛坯。

(b) 凸模的切割轮廓线与毛坯侧面之间应留足够的切割余量(一般不小于 5 mm)。毛坯上还要留出装夹部位。

(c) 在有些情况下,为防止切割时模坯产生变形,要在模坯上加工出穿丝孔。切割的引入程序从穿丝孔开始。

2. 工件的装夹与调整

(1) 工件的装夹

装夹工件时,必须保证工件的切割部位位于机床工作台纵向、横向进给的允许范围之内,避免超出极限。同时应考虑切割时电极丝运动空间。夹具应尽可能选择通用(或标准)件,所选夹具应便于装夹,便于协调工件和机床的尺寸关系。在加工大型模具时,要特别注意工件的定位方式,尤其在加工快结束时,工件的变形、重力的作用会使电极丝被夹紧,影响加工。

① 悬臂式装夹　如图 7-13 所示是悬臂方式装夹工件,这种方式装夹方便、通用性强。但由于工件一端悬伸,易出现切割表面与工件上、下平面间的垂直度误差。仅用于加工要求不高或悬臂较短的情况。

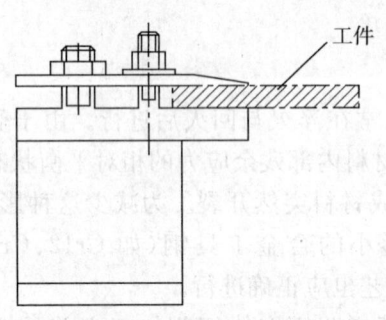 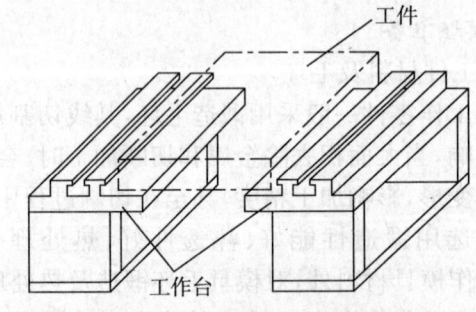

图 7-13　悬臂式装夹　　　　图 7-14　两端支撑方式装夹

② 两端支撑方式装夹　如图 7-14 所示是两端支撑方式装夹工件,这种方式装夹方便、稳定,定位精度高,但不适于装夹较大的零件。

③ 桥式支撑方式装夹　这种方式是在通用夹具上放置垫铁后再装夹工件,如图 7-15 所示。这种方式装夹方便,对大、中、小型工件都能采用。

④ 板式支撑方式装夹　如图 7-16 所示是板式支撑方式装夹工件。根据常用的工件形状和尺寸,采用有通孔的支撑板装夹工件。这种方式装夹精度高,但通用性差。

(2) 工件的调整

采用以上方式装夹工件,还必须与 X、Y 保持平行,以保证所切割的表面与基准面之间的相对位置精度。常用的找正方法有:

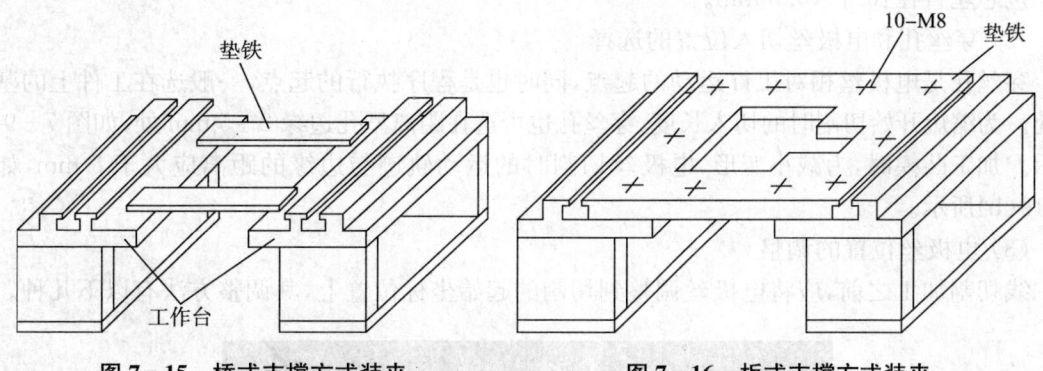

图 7-15　桥式支撑方式装夹　　　　　图 7-16　板式支撑方式装夹

① 用百分表找正　如图 7-17 所示,用磁力表架将百分表固定在丝架或其他位置上,百分表的测量头与工件基面接触,往复移动工作台,按百分表指示值调整工件的位置,直至百分表指针的偏摆范围达到所要求的数值。找正应在相互垂直的三个方向上进行。

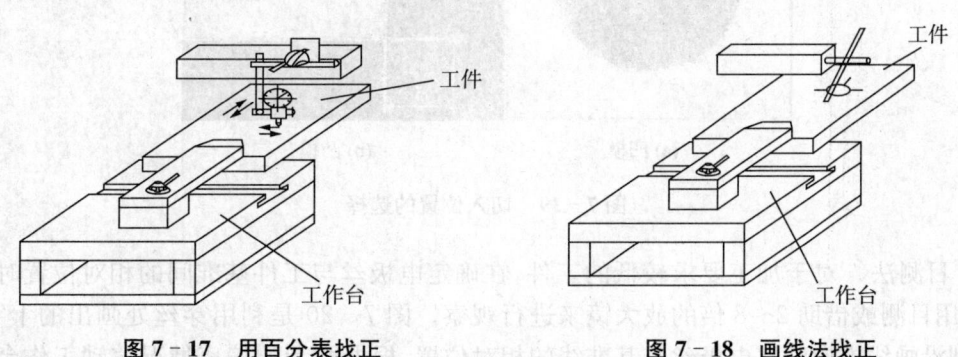

图 7-17　用百分表找正　　　　　　图 7-18　画线法找正

② 画线法找正　工件的切割图形与定位基准之间的相互位置精度要求不高时,可采用画线法找正,如图 7-18 所示。利用固定在丝架上的画针对准工件上画出的基准线,往复移动工作台,目测画针、基准间的偏离情况,将工件调整到正确位置。

3. 电极丝的选择和调整

(1) 电极丝的选择

电极丝应具有良好的导电性和抗电蚀性,抗拉强度高、材质均匀。常用电极丝有钼丝、钨丝、黄铜丝和包芯丝等。钨丝抗拉强度高,直径在 0.03~0.1 mm 范围内,一般用于各种窄缝的精加工,但价格昂贵。黄铜丝适合于慢速加工,加工表面粗糙度和平直度较好,蚀屑附着少,但抗拉强度差,损耗大,直径在 0.1~0.3 mm 范围内,常用于慢速单向走丝加工。钼丝抗拉强度高,适合于快速走丝加工,所以我国的快速走丝机床大都选用钼丝做电极丝,直径在 0.08~0.2 mm 范围内。

电极丝直径的选择应根据切缝宽窄、工件厚度和拐角尺寸大小来选择。若加工带尖角、窄缝的小型模具宜选用较细的电极丝;若加工大厚度工件或大电流切割时应选较粗的电极丝。电极丝的主要类型、规格如下:

钼丝直径:0.08~0.2 mm;

钨丝直径:0.03~0.1 mm;

黄铜丝直径:0.1~0.3 mm;

包芯丝直径：0.1～0.3 mm。

(2) 穿丝孔和电极丝切入位置的选择

穿丝孔是电极丝相对工件运动的起点，同时也是程序执行的起点，一般选在工件上的基准点处。为缩短开始切割时的切入长度，穿丝孔也可选在距离型孔边缘 2～5 mm 处，如图 7-9(a) 所示。加工凸模时，为减小变形，电极丝切割时的运动轨迹与边缘的距离应大于 5 mm，如图 7-19(b) 所示。

(3) 电极丝位置的调整

线切割加工之前，应将电极丝调整到切割的起始坐标位置上，其调整方法有以下几种。

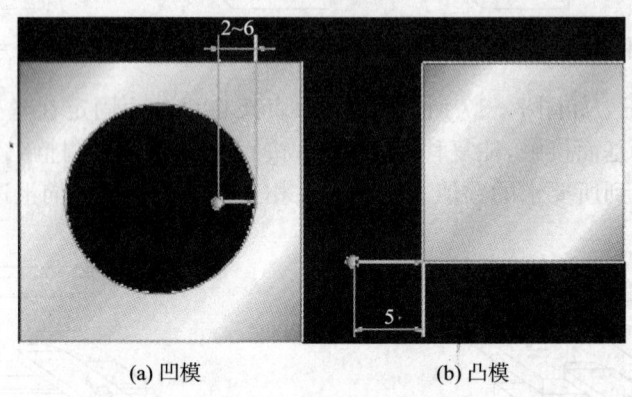

图 7-19 切入位置的选择

① 目测法 对于加工要求较低的工件，在确定电极丝与工件基准间的相对位置时，可以直接利用目测或借助 2～8 倍的放大镜来进行观察。图 7-20 是利用穿丝处画出的十字基准线，分别沿画线方向观察电极丝与基准线的相对位置，根据两者的偏离情况移动工作台，当电极丝中心分别与纵横方向基准线重合时，工作台纵、横方向上的读数就确定了电极丝中心的位置。

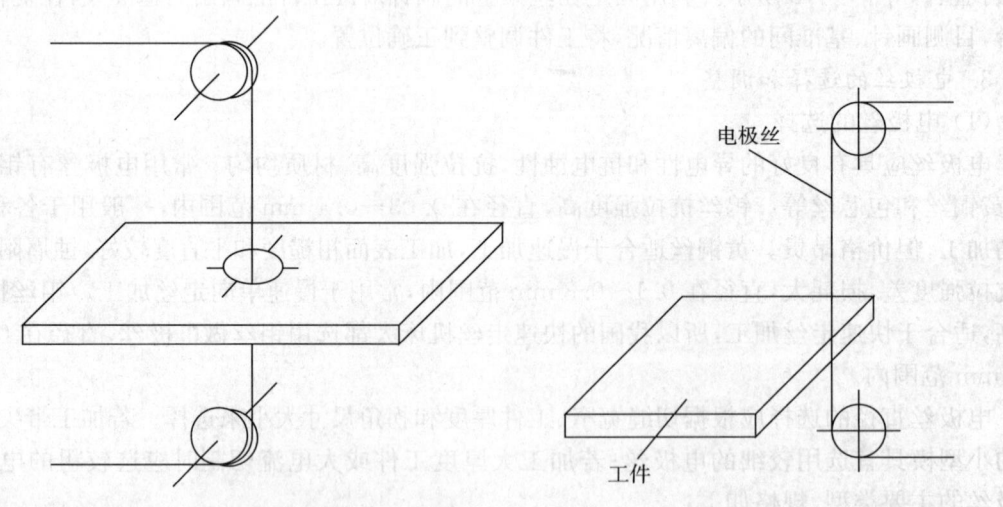

图 7-20 目测法调整电极丝位置　　图 7-21 火花法调整电极丝位置

② 火花法 如图 7-21 所示，移动工作台使工件的基准面逐渐靠近电极丝，在出现火花的瞬时，记下工作台的相应坐标值，再根据放电间隙推算电极丝中心的坐标。此法简单易行，

但往往因电极丝靠近基准面时产生的放电间隙,与正常切割条件下的放电间隙不完全相同而产生误差。

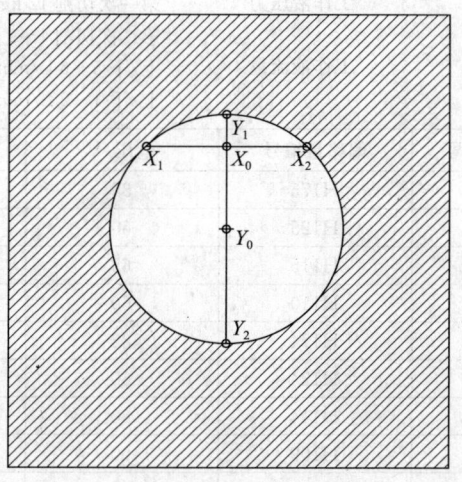

图 7-22 自动找中心

③ 自动找中心 所谓自动找中心,就是让电极丝在工件孔的中心自动定位。此法是根据线电极与工件的短路信号,来确定电极丝的中心位置。数控功能较强的线切割机床常用这种方法。如图 7-22 所示,首先让线电极在 X 轴方向移动至与孔壁接触(使用半程移动指令 G82),则此时当前点 X 坐标为 X_1,接着线电极往反方向移动与孔壁接触,此时当前点 X 坐标为 X_2,然后系统自动计算 X 方向中点坐标 $X_0[X_0=(X_1+X_2)/2]$,并使线电极到达 X 方向中点 X_0;接着在 Y 轴方向进行上述过程,线电极到达 Y 方向中点坐标 $Y_0[Y_0=(Y_1+Y_2)/2]$。这样经过几次重复就可找到孔的中心位置,如图 7-22 所示。当精度达到所要求的允许值之后,就确定了孔的中心。

4. 工艺参数的选择

(1) 脉冲参数的选择

线切割加工一般都采用晶体管高频脉冲电源,用单个脉冲能量小、脉宽窄、频率高的脉冲参数进行正极性加工。加工时,可改变的脉冲参数主要有电流峰值、脉冲宽度、脉冲间隔、空载电压、放电电流。要求获得较好的表面粗糙度时,所选用的电参数要小;若要求获得较高的切割速度,脉冲参数要选大一些,但加工电流的增大受排屑条件及电极丝截面积的限制,过大的电流易引起断丝,快速走丝线切割加工脉冲参数的选择见表 7-3。慢速走丝线切割加工脉冲参数的选择见表 7-4。

表 7-3 快速走丝线切割加工脉冲参数的选择

应 用	脉冲宽度 $t_i/\mu s$	电流峰值 I_e/A	脉冲间隔 $t_0/\mu s$	空载电压/V
快速切割或加大厚度工件 $R_a>2.5\mu m$	20~40	大于 12	为实现稳定加工,一般选择 $t_0/t_i=3\sim4$ 以上	一般为 70~90
半精加工 $R_a=1.25\sim2.5\mu m$	6~20	6~12		
精加工 $R_a<1.25\mu m$	2~6	4.8 以下		

表7-4 慢速走丝线切割加工脉冲参数的选择

工件材料　WC　　　　　　　　工作液电阻率　　10×10^4 Ω·cm
电极丝直径　ϕ0.2 mm　　　　工作液压力　　　第一次切割 12 kg/cm^2
电极丝张力　0.2A(1 200g)　　　　　　　　　　　第二次切割 1～2 kg/cm^2
电极丝速度　6～10 mm^2/min　　工作液流量　　　上/下 5～6 L/min(第一次切割)
　　　　　　　　　　　　　　　　　　　　　　　上/下 1～2 L/min(第二次切割)

工件厚度/mm		加工条件编号	偏移量编号	电压/V	电流/A	速度 mm^2/min
20	1st	C423	H175	32	7.0	2.0～2.6
	2nd	C722	H125	60	1.0	7.0～8.0
	3rd	C752	H115	65	0.5	9.0～10.0
	4th	C782	H110	60	0.3	9.0～10.0
30	1st	C433	H174	32	7.2	1.5～1.8
	2nd	C722	H124	60	1.0	6.0～7.0
	3rd	C752	H114	60	0.7	9.0～10.0
	4th	C782	H109	60	0.3	9.0～10.0
40	1st	C433	H178	34	7.5	1.2～1.5
	2nd	C723	H128	60	1.5	5.0～6.0
	3rd	C753	H113	65	1.1	9.0～10.0
	4th	C783	H108	30	0.7	9.0～10.0
50	1st	C453	H178	35	7.0	0.9～1.1
	2nd	C723	H128	58	1.5	4.0～50.
	3rd	C753	H113	42	1.3	6.0～7.0
	4th	C783	H108	30	0.7	9.0～10.0
60	1st	C463	H179	35	7.0	0.8～0.9
	2nd	C724	H129	58	1.5	4.0～5.0
	3rd	C754	H114	42	1.3	6.0～7.0
	4th	C784	H109	30	0.7	9.0～10.0
70	1st	C473	H185	33	6.8	0.6～0.8
	2nd	C724	H135	55	1.5	3.5～4.5
	3rd	C754	H115	35	1.5	4.0～5.0
	4th	C784	H110	30	1.0	7.0～8.0
80	1st	C483	H185	33	6.5	0.5～0.6
	2nd	C725	H135	55	1.5	3.5～4.5
	3rd	C755	H115	35	1.5	4.0～5.0
	4th	C785	H110	30	1.0	7.0～8.0
90	1st	C493	H185	34	6.5	0.5～0.6
	2nd	C725	H135	52	1.5	3.0～4.0
	3rd	C755	H115	30	1.5	3.5～4.5
	4th	C785	H110	30	1.5	7.0～8.0
100	1st	C493	H185	34	6.3	0.4～0.5
	2nd	C725	H135	52	1.5	3.0～4.0
	3rd	C755	H115	30	1.5	3.0～4.0
	4th	C785	H110	30	1.0	7.0～8.0

(2) 工艺尺寸的确定

丝切割加工时，为了获得所要求的加工尺寸，电极丝和加工图形之间必须保持一定的距离，如图 7-23 所示。图中点画线表示电极丝中心的轨迹，实线表示型孔或凸模轮廓。编程时首先要求出电极丝中心轨迹与加工图形之间的垂直距离 ΔR（间隙补偿距离），并将电极丝中心轨迹分割成单一的直线或圆弧段，求出各线段的交点坐标后，逐步进行编程。具体步骤如下：

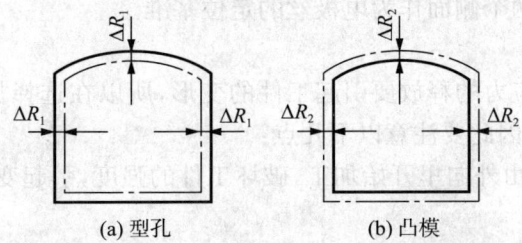

图 7-23 电极丝中心运动轨迹与给定图线的关系

① 设置加工坐标系　根据工件的装夹情况和切割方向，确定加工坐标系。为简化计算，应尽量选取图形的对称轴线为坐标轴。

② 补偿计算　按选定的电极丝半径 r，放电间隙 δ 和凸、凹模的单面配合间隙 $Z/2$，则加工型孔的补偿距离 $\Delta R_1 = r + \delta$，如图 7-23(a) 所示。加工凸模的补偿距离 $\Delta R_2 = r + \delta - Z/2$，如图 7-23(b) 所示。

③ 将电极丝中心轨迹分割成平滑的直线和单一的圆弧线，按型孔或凸模的平均尺寸计算出各线段交点的坐标值。

(3) 工作液的选配　工作液对切割速度、表面粗糙度、加工精度等都有较大影响，加工时必须正确选配。常用的工作液主要有乳化液和去离子水。

① 慢速走丝线切割加工，目前普遍使用去离子水。为了提高切割速度，在加工时还要加进有利于提高切割速度的导电液，以增加工作液的电导率。加工淬火钢，使电阻率在 2×10^4 $\Omega \cdot cm$ 左右；加工硬质合金电阻率在 30×10^4 $\Omega \cdot cm$ 左右。

② 对于快速走丝线切割加工，目前最常用的是乳化液，乳化液是由乳化油和工作介质配制（浓度为 5%～10%）而成的。工作介质可用自来水，也可用蒸馏水、高纯水和磁化水。

7.3.2 数控线切割加工工艺分析

数控线切割加工时，为了使工件达到图样规定的尺寸、形状位置精度和表面粗糙度要求，必须合理制订数控线切割加工工艺。只有工艺合理，才能高效率地加工出质量好的工件。下面就数控线切割加工工艺分析的主要问题进行讨论。

1. 零件图工艺分析

零件图分析对保证工件加工质量和工件的综合技术指标是有决定意义的第一步。首先对零件图进行分析以明确加工要求。其次，对工件上已加工表面进行分析确定哪些面可以作为工艺基准，采用什么方法定位。在确定工艺基准时，除了遵循基准选择原则外，还应从数控加工的特点出发，使工序尺寸的标注方便于编程。除此以外，还要分析零件的形状及材料热处理后的状态，考虑会不会在加工过程中发生变形，哪些部位最容易变形。线切割加工往往是最后一道工序，如果发生变形往往难以弥补。应在加工中采取措施。从而制订出合理的加工路线。

2. 工艺基准的选择

(1) 分析选择主要定位基准以保证将工件正确、可靠地装夹在机床或夹具上。应尽量使定位基准与设计基准重合。

(2) 选择某些工艺基准作为电极丝的定位基准,用来将电极丝调整到相对于工件正确的位置。对于以底平面作主要定位基准的工件,当其上具有相互垂直而且又同时垂直于底平面的相邻侧面时,应选择这两个侧面作为电极丝的定位基准。

3. 加工路线的选择

在加工中,工件内部应力的释放要引起工件的变形,所以在选择加工路线时,尽量避免破坏工件或毛坯结构刚性。因此要注意以下几点:

(1) 避免从工件端面由外向里开始加工,破坏工件的强度,引起变形。应从穿丝孔开始加工。如图 7-24 所示。

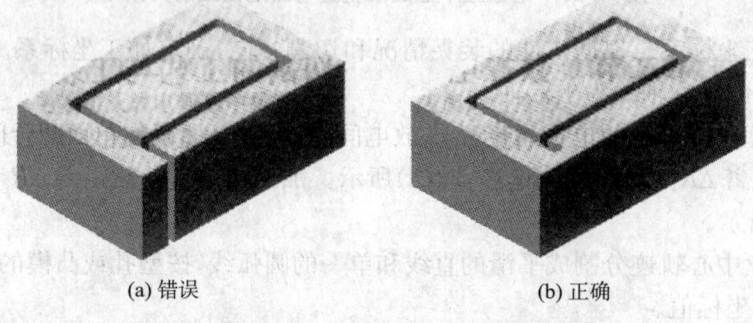

(a) 错误　　　　　　　　(b) 正确

图 7-24　加工路线选择之一

(2) 不能沿工件端面加工,这样放电时电极丝单向受电火花冲击力,使电极丝运行不稳定,难以保证尺寸和表面精度。

(3) 加工路线距端面距离应大于 5 mm。以保证工件结构强度少受影响而发生变形。

(4) 加工路线应向远离工件夹具的方向进行加工,以避免加工中因内应力释放引起工件变形。待最后再转向工件夹具处进行加工。

(5) 在一块毛坯上要切出两个以上零件不应该连续一次切割出来,而应从不同穿丝孔开始加工。如图 7-25 所示。

(a) 错误　　　　　　　　(b) 正确

图 7-25　加工路线选择之二

4. 确定穿丝孔的位置

(1) 当切割凸模需要设置穿丝孔时,位置可选在加工轨迹的拐角附近以简化编程。

(2) 切割凹模等零件的内表面时，将穿丝孔设置在工件对称中心，对编程计算和电极丝定位都较为方便。但切入行程较长，不适合大型工件采用。

(3) 在加工大型工件时，穿丝孔应设置在靠近加工轨迹边角处或选在已知坐标点上使运算简便，缩短切入行程。

(4) 在加工大型工件时，还应沿加工轨迹设置多个穿丝孔，以便发生断丝时能就近重新穿丝，切入断丝点。

穿丝孔的设置具有一定灵活性，应根据具体情况确定。

5. 确定加工参数

加工参数主要包括脉冲宽度、脉冲间隙、脉冲频率、峰值电流等电参数和进给速度、走丝速度等机械参数。在电火花加工中，提高脉冲频率或增加单个脉冲的能量都能提高生产率，但工件加工表面的粗糙度和电极丝损耗也随之增大。因此，应综合考虑各参数对加工的影响，合理地选择加工参数，在保证工件加工精度的前提下，提高生产率，降低加工成本。

(1) 脉冲宽度

脉冲宽度是指脉冲电流的持续时间。在其他加工条件相同的情况下，切割速度随着脉冲宽度的增加而增加。但是，电蚀物也随之增加，当脉冲宽度增加到使电蚀物来不及及时排除时，就会使加工不稳定、表面粗糙度增大，反而使切割速度降低。

(2) 脉冲间隔

其他条件不变，减小相邻两个脉冲之间的时间，相当于提高了脉冲频率，增加了单位时间内的放电次数，使切割速度提高。但是，当脉冲间隙减小到一定程度之后，电蚀物不能及时排除，加工间隙的绝缘强度来不及恢复，破坏了加工的稳定性，也会使切割速度下降。

(3) 峰值电流

峰值电流是指放电电流的最大值。峰值电流对切割速度的影响也就是单个脉冲能量对加工速度的影响，它和脉冲宽度对切割速度和表面粗糙度的影响相似，但程度更大些。因此，合理地增大脉冲电流的峰值，对提高切割速度是最为有效的。但峰值过大电极丝的损耗也随之增大，容易造成断丝，欲速则不达。

(4) 线切割加工的生产率

单位时间内所切割工件的面积为线切割加工切割速度，亦即生产率，也就是通常所说的加工快慢。因此，也有用电极丝沿加工轨迹的进给速度作为电火花线切割加工的切割速度。但是，即便加工参数相同，对不同的工件厚度，这个进给速度是不一样的。因此采用电极丝沿加工轨迹的进给速度乘以工件厚度来表示电火花线切割加工的速度是比较科学的。其公式为：

$$v_A = v_f H = A/t = HL/t \tag{7-1}$$

式中 v_A——电火花切割加工的切割速度(mm^2/s)；
　　v_f——加工进给速度(mm/s)；
　　H——工件厚度(mm)；
　　A——切割面积(mm^2)；
　　t——切割时间(s)；
　　L——切割轨迹长度(mm)。

6. 防松垫圈的加工实例

某机床在维修中，一个防松垫圈在拆卸时损坏，经测绘尺寸如图7-26所示。要求按图中尺寸加工出配件。

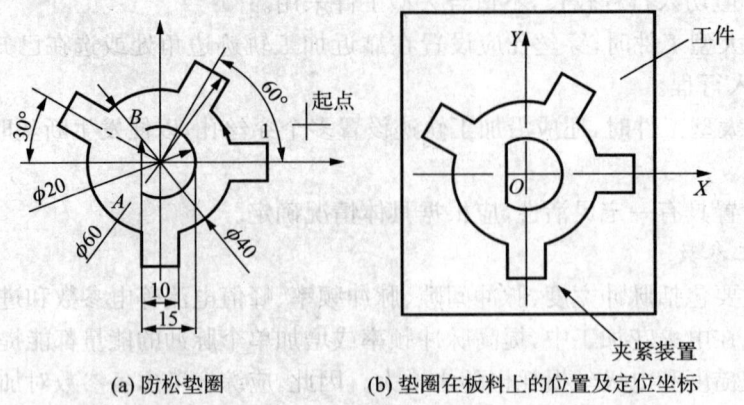

(a) 防松垫圈　　　　(b) 垫圈在板料上的位置及定位坐标

图 7-26　防松垫圈线切割实例

(1) 工艺分析

对于一时买不到需要自己加工的配件,应按单件生产来处理。尽管该零件为冲压件,但从加工成本角度考虑,采用不用制作模具的铣削和线切割方法都可行,但考虑到该零件很薄,不易铣削,故选用线切割方法最为合理。

(2) 机床的选择

由于该零件精度要求不高,故采用快走丝数控线切割机床。

(3) 确定工艺基准

选择底平面作为定位基准面,选择孔的中心作为工序尺寸基准,并作为加工内孔时的穿丝点。

(4) 确定加工路线

加工内孔时对工件的强度影响不大,采用顺、逆圆加工都可以。加工外轮廓时,应向远离工件夹具的方向进行加工,以避免加工中因内应力释放引起工件变形。待最后再转向接近工件装夹处进行加工,若采用悬臂式装夹,应从起点开始逆时针方向加工。

(5) 加工参数的确定

电极丝直径 $\phi0.15$ mm,放电间隙 $0.01\ \mu s$。

(6) 编制加工工艺卡片(略)。

7.4　线切割机床的程序编制

数控线切割编程与数控车、铣床、加工中心的编程过程一样,也是根据零件图样提供的数据,经过分析和计算,编写出线切割机床数控装置能接受的程序。数控线切割机床常用的手工编程格式有 3B、4B、ISO 格式。

7.4.1　3B 格式程序编制

早期数控线切割机床使用的是 5 指令 3B 格式编程,一般用于高速走丝,不能实现电极丝半径和放电间隙的自动补偿。

1. 3B程序格式

指令格式为:BX BY BJ GZ

其中:B叫分隔符号,用它来区分、隔离X、Y和J数值,B后的数值如为0,则此0可不写,但分隔符号B不能省略。G为计数方向,有G_X和G_Y两种。Z为加工码,有12种,即L_1、L_2、L_3、L_4、NR_1、NR_2、NR_3、NR_4、SR_1、SR_2、SR_3、SR_4。

加工圆弧时,程序中的X、Y必须是圆弧起点对其圆心的坐标值。加工斜线时,程序中的X、Y必须是该斜线段终点对其起点的坐标值,斜线段程序中的X、Y值允许把它们同时缩小相同的倍数,只要其比值保持不变即可,因为X、Y值只用来确定斜线的斜率,但J值不能缩小。对于与坐标轴重合的线段,在其程序中的X或Y值,均可不必写出或全写为0,但分隔符号B必须保留。X,Y坐标值为绝对值,单位为μm,$1\ \mu m$以下的按四舍五入计。

2. 计数方向G和计数长度J

(1) 计数方向G的确定 按X轴方向、Y轴方向计数,分为G_X、G_Y两种。它确定在加工直线或圆弧时按哪个坐标轴方向取计数长度值。

① 直线段:先假想地将坐标系原点移到该线段的起点上,再看线段终点所处的位置。按图7-27(a)所示以45°的线分界,在阴影区内时,计数方向为G_X;在非阴影区内时,计数方向为G_Y。亦即在假想坐标系里终点坐标X和Y的绝对值中哪个大,则哪个轴即为计数方向。当加工与坐标轴成45°角的线段时,计数方向取X轴、Y轴均可。

② 圆弧:同样将坐标原点假想地移到该圆弧的圆心上,看圆弧终点所处的位置。按图7-27(b)所示以45°线分界,在阴影区内时,主计数轴为G_X;在非阴影区内时,主计数轴为G_Y。不管是加工直线还是圆弧,计数方向均按终点的位置来确定。

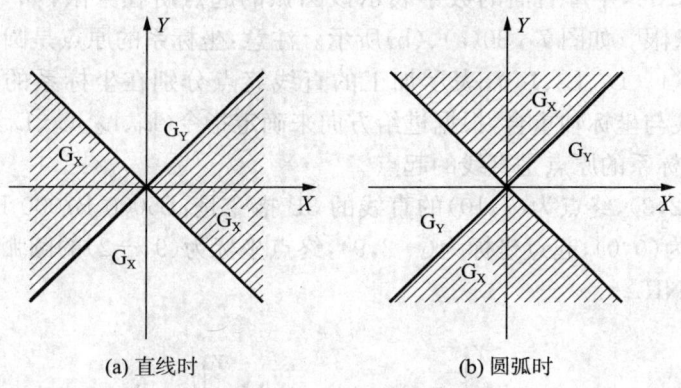

(a) 直线时   (b) 圆弧时

图7-27 计数方向的决定

(2) 计数长度J的确定 当计数方向确定后,计数长度J应取计数方向从起点到终点移动的总距离,即圆弧或直线段在计数方向坐标轴上投影长度的总和。

对于斜线,如图7-28(a)取$J=X_e$,如图7-28(b)取$J=Y_e$即可。

对于圆弧,它可能跨越几个象限,如图7-29的圆弧都是从A加工到B,图7-29(a)为G_X,$J=J_{x1}+J_{x2}$;图7-29(b)为G_Y,$J=J_{y1}+J_{y2}+J_{y3}$。

(3) 加工指令Z 加工指令是用来确定轨迹的形状、起点、终点所在坐标象限和加工方向的,它包括直线插补指令(L)和圆弧插补指令(R)两类。

圆弧插补指令(R)根据加工方向又可分为顺圆插补(SR_1、SR_2、SR_3、SR_4)和逆圆插补

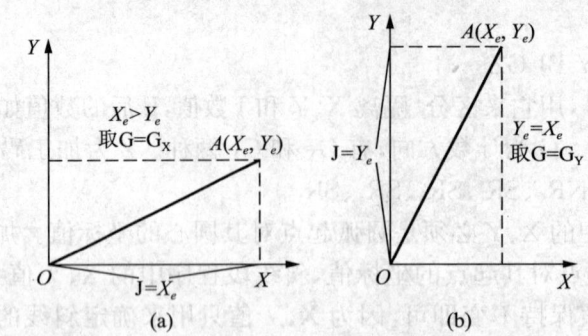

图 7-28 直线 J 的确定

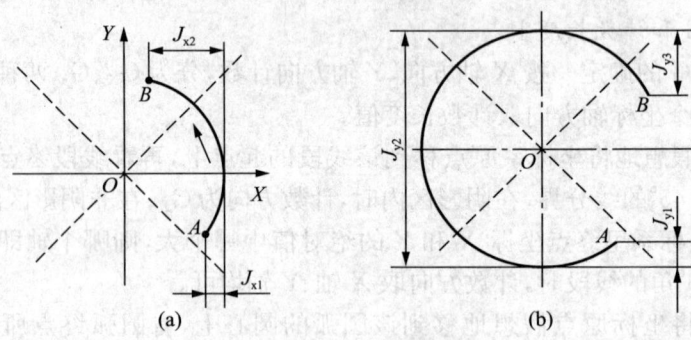

图 7-29 圆弧 J 的确定

(NR_1、NR_2、NR_3、NR_4),字母后面的数字表示该圆弧的起点所在象限,如 SR_1 表示顺圆弧插补,其起点在第一象限。如图 7-30(a)、(b)所示。注意:坐标系的原点是圆弧的圆心。

直线插补指令(L_1、L_2、L_3、L_4),表示加工的直线终点分别在坐标系的第一、二、三、四象限;如果加工的直线与坐标轴重合,根据进给方向来确定指令(L_1、L_2、L_3、L_4)。如图 7-30(c)、(d)所示。注意:坐标系的原点是直线的起点。

例如:起点为(2,3),终点为(7,10)的直线的 3B 指令是:B5000 B7000 B7000 G_Y L_1;半径为 9.22,圆心坐标为(0,0),起点坐标为(-2,9),终点坐标为(9,-2)的圆弧 3B 指令是:B2000 B9000 B25440 G_Y NR_2。

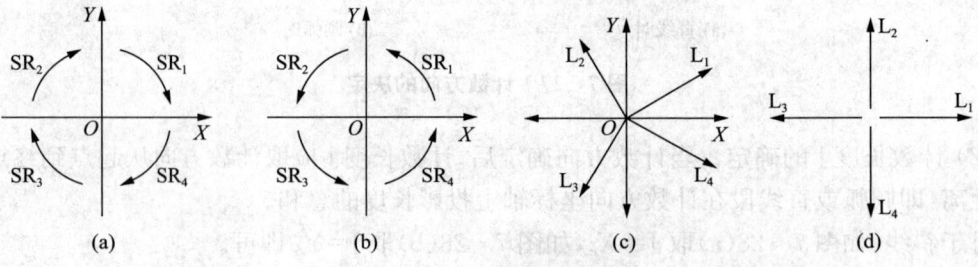

图 7-30 直线和圆弧加工指令

[例 7-1] 试用 3B 格式编写如图 7-31 所示轨迹的程序,切割路线为:$A \rightarrow B \rightarrow C \rightarrow D \rightarrow E$。

解:图 7-31 所示的凸模由三段直线与一段圆弧组成,应编制四条程序段(沿逆时针方向加工)。此外,还应增加钼丝从工件外部切入到轮廓线的引入段和从轮廓结束顺原路径引出的

程序段。若不考虑路径补偿,直接按图形轮廓编程,则所编加工程序如下:

BBB10000GYL 2　　　　　　(引入直线段)
BBB40000GXL1　　　　　　($A \to B$)
B1 B9B90000GYL1　　　　　($B \to C$)
B30000B40000B60000GXNR1　($C \to D$)
B1B9B90000GYL4　　　　　 ($D \to A$)
BBB10000GYL4　　　　　　(引出直线段)
D　　　　　　　　　　　　(停机)

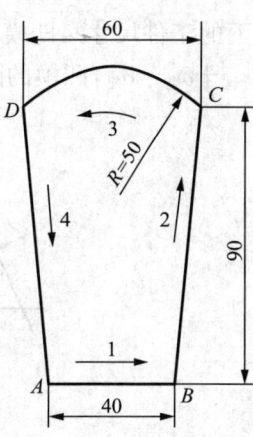

图 7-31　编程图形

3. 标注公差尺寸的编程计算

根据大量的统计表明,线切割加工后的实际尺寸大部分是在公差带的中值附近。因此对标注有公差的尺寸,应采用中差尺寸编程。其计算公式为:

中差尺寸＝基本尺寸＋(上偏差＋下偏差)/2

例如:半径 $R\ 20^{0}_{-0.02}$ 的中差尺寸为:$20+(0-0.02)/2=19.99$。

实际加工和编程时,要考虑钼丝半径 $r_{丝}$ 和单边放电间隙 $\delta_{电}$ 的影响。对于切割凹体,应将编程轨迹减小 $(r_{丝}+\delta_{电})$,切割凸体,则应偏移增大 $(r_{丝}+\delta_{电})$。切割模具时,还应考虑凸凹模之间的配合间隙 $\delta_{隙}$。

4. 间隙补偿量的确定

在数控线切割加工时,控制装置所控制的是电极丝中心轨迹,如图 7-32 所示(图中双点画线为电极丝中心轨迹),加工凸模时电极丝中心轨迹应在所加工图形的外面;加工凹模时,电极丝中心轨迹应在要求加工图形的里面。工件图形与电极丝中心轨迹间的距离,在圆弧的半径方向和线段的垂直方向都等于间隙补偿量 f。

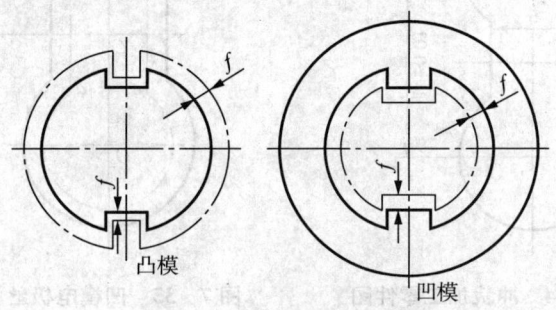

图 7-32　电极丝中心轨迹

(1) 间隙补偿量的符号　可根据在电极丝中心轨迹图形中圆弧半径及直线段法线长度的变化情况来确定。对于圆弧,当考虑电极丝中心轨迹后,其圆弧半径比原图形半径增大时取 $+f$,减小时取 $-f$;对于直线段,当考虑电极丝中心轨迹后,使该直线段的法线长度 P 增加时取 $+f$,减小时则取 $-f$,如图 7-33 所示。

(2) 间隙补偿量的算法　加工冲模的凸、凹模时,应考虑电极丝半径,考虑丝、电极丝和工件之间的单边放电间隙 $\delta_{电}$ 及凸模和凹模间的单边配合间隙 $\delta_{配}$。当加工冲孔模具时(即冲后要求保证工件孔的尺寸),凸模尺寸由孔的尺寸确定。因 $\delta_{配}$ 在凹模上扣除,故凸模的间隙补偿量 $f_{凸}=r_{丝}+\delta_{电}$,凹模的间隙补偿量 $f_{凹}=r_{丝}+\delta_{电}-\delta_{配}$。当加工落料模时(即冲后要求保证冲下的工件尺寸),凹模尺寸由工件尺寸确定。因 $\delta_{配}$ 在凸模上扣除,固凸模的间隙补偿量 $f_{凸}=r_{丝}+\delta_{电}-\delta_{配}$,凹模的间隙补偿量 $f_{凹}=r_{丝}+\delta_{电}$。

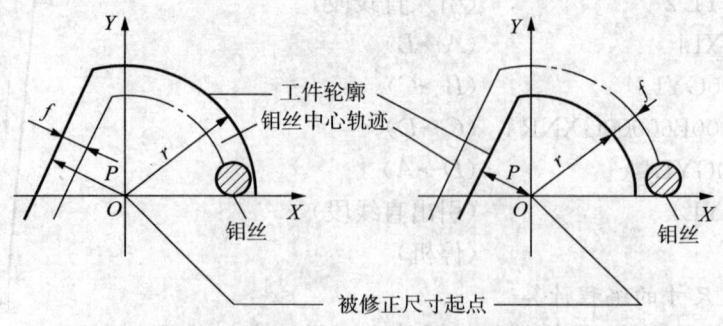

图 7-33　间隙补偿量的符号判别

[例 7-2]　编制加工如图 7-34 所示零件的凹模和凸模线切割程序。已知该模具为落料模,$r_{丝}=0.065,\delta_{电}=0.01,\delta_{配}=0.01$。

(1) 编制凹模程序　因该模具为落料模,冲下的零件尺寸由凹模决定,模具配合间隙在凸模上扣除,故凹模的间隙补偿量为:

$$f_{凹}=r_{丝}+\delta_{电}=(0.065+0.01)\text{mm}=0.075\text{ mm}$$

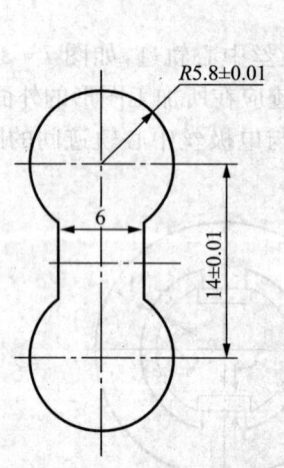
图 7-34　冲裁加工零件图

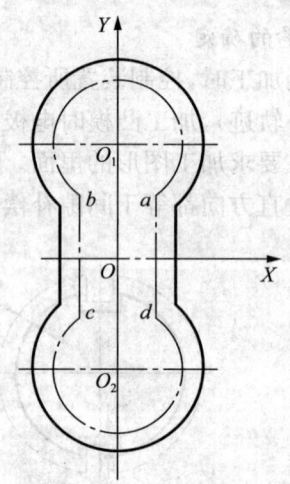
图 7-35　凹模电极丝中心轨迹

图 7-35 中点画线表示电极丝中心轨迹,此图对 X 轴上下对称,对 Y 轴左右对称。因此,只要计算一个点,其余三个点均可由对称得到,通过计算可得到各点的坐标为:

$O_1(0,7)$;$O_2(0,-7)$;$a(2.925,2.079)$;$b(-2.925,2.079)$;$c(-2.925,-2.079)$;$d(2.925,-2.079)$。

若将穿丝孔钻在 O 处,切割路线为:$O \to a \to b \to c \to d \to a \to O$,程序编制如下:

```
B2925B2079B2925GXL1        (O→a)
B2925B4921 B17050GXNR4     (a→b)
BBB4158GYL4                (b→c)
B2925B4921 B17050GXNR2     (c→d)
```

BBB4158GYL2   ($d \to a$)
B2925B2079B2925GXL3   ($a \to O$)
D

(2) 编制凸模程序 见图 7-36，凸模的间隙补偿量，$f_凸 = r_丝 + \delta_电 - \delta_配 = (0.065 + 0.01 - 0.01)\text{mm} = 0.065\text{ mm}$，计算可得到各点的坐标为：

$O_1(0,7); O_2(0,-7); a(3.065,2); b(-3.065,2); c(-3.065,-2); d(3.065,-2)$。

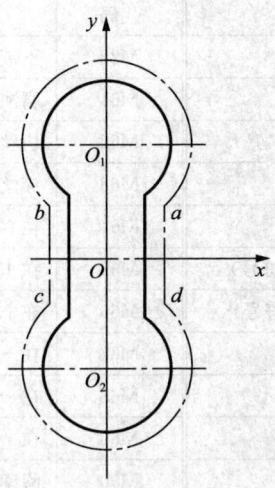

图 7-36 凸模电极丝中心轨迹

切割路线为：加工时先沿 L_1 切入 5 mm 至 b 点，沿凸模按逆时针方向切割回 b 点，再沿 L_3 退回 5 mm 至起始点。程序如下：

BBB5000GXL1   (沿 L_1 切入 5 mm 至 b 点)
BBB4000GYL4   ($b \to c$)
B3065B5000B17330GXNR2   ($c \to d$)
BBB4000GYL2   ($d \to a$)
B3065B5000B17330GXNR4   ($O \to b$)
BBB5000GxL3   (沿 L_3 退回 5 mm 至起始点)
D

7.4.2 4B 格式程序编制

所谓 4B 格式法，就是直线和圆弧、圆弧和圆弧相交时仍要加过渡圆，而直线和直线相交时不加过渡圆，只在前增加一个参数 R，形成 4B 指令，即可以说它具有电极丝间隙自动补偿功能。这种方法用于一些不适合直线间加过渡圆的工件加工。

4B 程序格式：BX BY BJ BRGD(DD)Z

其中：B、X、Y、J、G、Z 与 3B 相同。

式中 R——所要加工圆弧的半径，对于加工图形的尖角，一般取 $R=0.1$ mm 的过渡圆弧编程。半径增大时为正补偿，减小时为负补偿。

D(DD)——凸(凹)圆弧。

7.4.3　ISO 格式程序编制

慢走丝线切割加工常常采用国际上通用的 ISO 格式。表 7-5 为该机床使用的 IS 代码及其含义。

表 7-5　数控线切割机床的指令代码

代码	含义	代码	含义
%	程序开始	M22	不带电极丝的定位
N	程序号	M61	腐蚀起始孔
/N	可跳过的程序段	M62	切丝
X±	带符号的 X 轴上的增量	M63	穿丝
Y±	带符号的 Y 轴上的增量	M64	在 0°方向上找中心
I±	圆心在 X 轴方向上的相对距离(带符号)	M65	在 45°方向上找中心
J±	圆心在 Y 轴方向上的相对距离(带符号)	M66	在 +X 轴方向上接触感知,进行边沿定位
Q±	电极丝的轴向倾角(带符号)	M67	在 -X 轴方向上接触感知,进行边沿定位
R±	电极丝的前向倾角(带符号)	M68	在 +Y 轴方向上接触感知,进行边沿定位
G01	直线插补	M69	在 -Y 轴方向上接触感知,进行边沿定位
G02	顺圆插补	M90	阅读到终止指令,人工重新启动
G03	逆圆插补	M94	阅读到终止指令,自动重新启动
G40	无补偿的插补	M95	外围装置的指令
G41	生成圆锥或圆柱的圆弧插补	M96	外围装置的指令
G42	带有 Q 和 R 的直线插补	M97	外围装置的指令
G43	补偿量和圆锥寄存器的启动	M98	外围装置的指令
G44	用补偿量和圆锥曲线(双曲线)的插补	M99	复位 X-Y 的相关示数
G45	补偿量和双曲线(圆锥)的重新设置	T00~T99	调用电源寄存器
M00	程序停止	S00~S99	调用电极丝和冲洗寄存器
M02	程序结束	D01~D99	调用补偿寄存器
M21	带电极丝的定位	P01~P99	调用锥度角寄存器

1. 绝对坐标指令(G90)

该指令表示程序段中的编程尺寸是按绝对坐标给定的。

2. 增量坐标指令(G91)

该指令表示程序段中的编程尺寸是按增量坐标给定的,即坐标值均以前一个坐标作为起点来计算下一点的位置值。

3. 快速定位指令(G00)

在线切割机床不放电的情况下,使指定的坐标轴快速移动到指定位置。

编程格式:G00 X_ Y_

4. 直线插补指令(G01)

该指令可使机床加工任意斜率的直线轮廓。

格式:G01 X±_ Y±_

说明:X、Y 为目标点对前一点的相对坐标值。

5. 圆弧插补指令(G02、G03)

G02 为顺圆弧插补加工指令,G03 为逆圆弧插补加工指令。

格式:G02 X± _ Y± _ I± _ J± _

G03 X± _ Y± _ I± _ J± _

说明:X、Y 表示圆弧终点相对圆弧起点坐标;I,J 分别表示圆心相对圆弧起点在 X 方向和 Y 方向的增量坐标。

编辑 ISO 代码时,应注意所输入的数据都必须是六位整数,单位为 μm,不够六位时在最高位前加"0"补足。所用字母必须是大写形式。

[**例 7-3**] 切割如图 7-37 所示凸模,路径为:$A \to B \to C \to D \to E \to F \to G \to N \to I \to J \to K \to B \to A$。

加工程序为:

%N001 M63;	(程序开始,穿丝)
N002 D01 P01 S01 T01 G43;	(寄存器的定义及启动)
N003 G01 X+01 9800 G44;	(启动补偿寄存器,切割直线 BC)
N004 G01 Y+020000 G40;	(引入切割,无补偿的插补)
N005 G03 X+000200 Y+000200 J+000200 G44;	(切割圆弧 CD)
N006 G01 Y+039600;	(切割直线 DE)
N007 G03 X-000200 Y+000200 I-000200;	(切割圆弧 EF)
N008 G01 X-039600;	(切割直线 FG)
N009 G03 X-000200 Y-000200 J-000200;	(切割圆弧 GH)
N010 G01 Y-039600;	(切割直线 HI)
N011 G03 X+000200 Y-000200 I+000200;	(切割圆弧 IJ)
N012 G01 X+014800;	(切割直线 JK)
N013 M00;	(选择性停止)
N014 G01 X+005000;	(直线 KB—分离切割)
N015 G01 X+001000 G44;	(虚拟语句,X 后数字任意)
N016 G01 Y+020000 G40 M21;	(退出切割回起割点)
N017 G45;	(补偿量的重新设置)
N018 M02;	(程序结束)

程序说明:

① N003 和 N004 为倒装语句,N003 为切割第一元素程序段,而 N004 为引入切割程序段。该系统要求引入切割程序段必须放在切割第一元素程序段的后面。

② N015 程序段为虚拟语句,表示切割型线已完成。在该语句前一程序段已完成整个型线的切割。该语句的走向必须与前一程序段的走向一致,坐标值任意指定,系统执行该程序段时并不产生坐标移动。

③ 执行 N013 程序段时程序停止,操作者可用 501 粘接住工件后,方可执行下一程序段,以防止工件脱落不能满足加工要求。

④ D01 中设置的偏移量应为正值(逆时针方向切割时,凸模的补偿为正)。

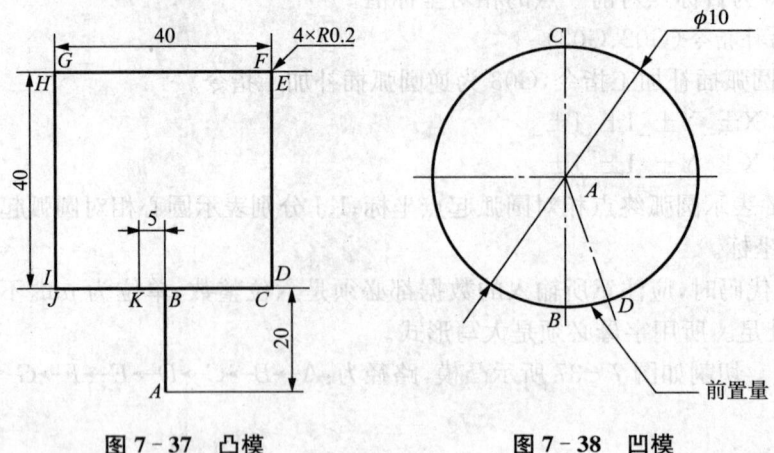

图 7-37 凸模　　　　　　图 7-38 凹模

[例 7-4] 切割如图 7-38 所示 ϕ10 mm 内孔,切割路径:$A \rightarrow B \rightarrow C \rightarrow D \rightarrow B \rightarrow A$,编制加工程序。

加工程序如下:

%N001 M63;	(程序开始,穿丝)
N002 D01 S01 T01 P11 G43;	(寄存器的定义及启动)
N003 G02 X+000000 Y+010000 I+000000 J+005000 G44;	(BC)
N004 G01 X+000000 Y−005000 G40;	(AB)
N005 G02 X+002823 Y−009127 J−005000 G44;	(CD)
N006 M00;	(选择性停止)
N007 G02 X−002823 Y−000873 I−002823 J+004127;	(DB)
N008 G01 X−001000 Y+000000 G44;	(虚拟语句)
N009 G01 Y+005000 G40;	(BA)
N010 G45;	(补偿量的重新设置)
N011 M02;	(程序结束)

程序说明:

① N003 和 N004 程序段为倒装语句。

② 程序中前置量设为 3 mm,执行 N006 程序段时程序停止,操作者可用强力磁铁吸住脱落件后,再执行下一程序段,这样可防止脱落件掉下砸坏工作台面。

③ D01 中设置的偏移量应为负值(逆时针方向切割时,凹模的补偿为负)。

[例 7-5] 如图 7-39 所示零件,按图中箭头所示加工轨迹方向,在暂不考虑线径补偿的情况下,以绝对坐标编程方式进行编程。

解:要对该图形轨迹进行编程,首先必须要根据装夹方位建立一坐标系,再求出各节点的坐标;然后,按加工顺序对直线和圆弧段分别编程即可。图 7-39 中,加工起始点即为穿丝孔所在位置,此点坐标为(−20,40),此程序开始段可按"G92 X−20.0 Y 40.0;"书写,则当执行此段程序时,即开始在系统内部建立一以图 7-39 中 O 点为原点的工件坐标系。其后程序中的坐标值即都是相对于此坐标系的。在该图形中,坐标值中不直观的是图中公切线的两个端点,需要通过几何计算才可算出。按图示作辅助线后,即可得知该公切线的法线与 X 轴的夹角为 30°,因此可按式 $X = X_0 + L\cos 30°$;$Y = Y_0 + L\sin 30°$ 算出公切线的两端点坐标分别为

(17.32,10)和(8.66,25)。整个图形编程如下(沿逆时针方向加工):

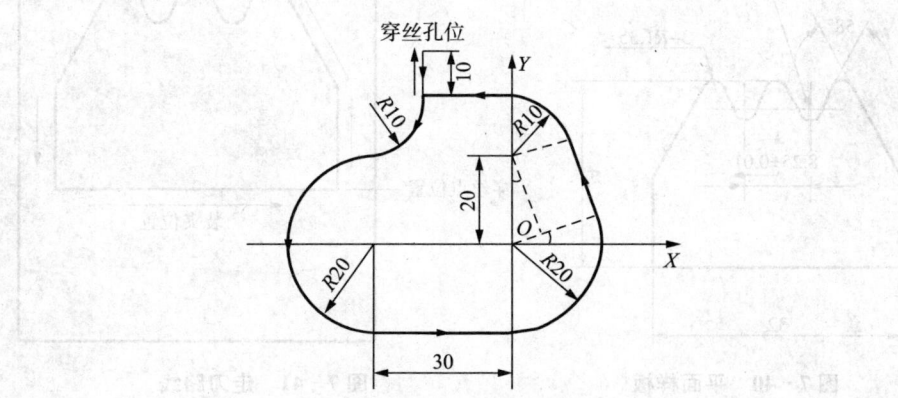

图 7-39 线切割编程图例

O0001
N001 G92 X-20.0 Y 40.0;   建立工件坐标系
N002 G90 G01 X-20.0 Y 30.0;   从穿丝孔到工件轮廓的引入线
N003 G02 X-30.0 Y 20.0 I-10.0 J 0.0;   左上方R10的顺圆
N004 G03 X-30.0 Y-20.0 I 0.0 J-20.0;   左下方R20的逆圆
N005 G01 X 0.0 Y-20.0;   正下方的水平直线
N006 G03 X 17.321 Y 10.0 I 0.0 J 20.0;   右下方R20的逆圆
N007 G01 X 8.66 Y 25.0;   右方公切线
N008 G03 X 0.0 Y 30.0 I-8.66 J-5.0;   右上方R10的逆圆
N009 G01 X-20.0 Y 30.0;   正上方的水平直线
N010 X-20.0 Y 40.0;   返回穿丝孔的引出线
N011 M02;   程序结束

7.5 综合编程实例

在对零件进行线切割加工时,必须正确地确定工艺路线和切割程序,包括对图纸的审核及分析,加工前的工艺准备和工件的装夹,程序的编制,加工参数的设定和调整以及检验等步骤。

[例 7-6] 按照技术要求,完成图 7-40 所示平面样板的加工。

(1) 零件图工艺分析

经过分析图纸,该零件尺寸要求比较严格,但是由于原材料是 2 mm 厚的不锈钢板,因此装夹比较方便。编程时要注意偏移补偿的给定,并留够装夹位置。

(2) 确定装夹位置及走刀路线

为了减小材料内部组织及内应力对加工精度影响,要选择合适的走刀路线,如图 7-41 所示。

(3) 编制程序

G92 X16000 Y-18000;

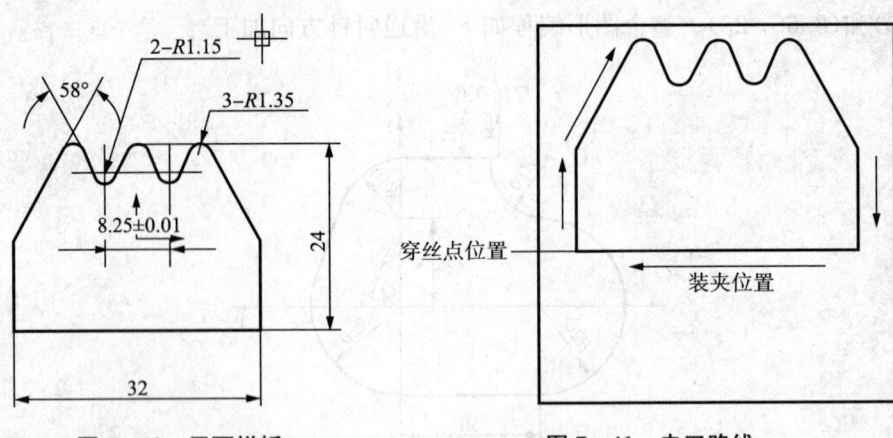

图 7-40 平面样板　　　　图 7-41 走刀路线

G01 X16100 Y－12100；

G01 X－16100 Y－12100；

G01 X－16100 Y－521；

G01 X－9518 Y11353；

G02 X－6982 Y11353 I1268 J－703；

G01 X－5043 Y7856；

G03 X－3207 Y7856 I918 J509；

G01 X－1268 Y11353；

G02 X1268 Y11353 I1268 J－703；

G01 X3207 Y7856；

G03 X5043 Y7856 I918 J509；

G01 X6982 Y11353；

G02 X9518 Y11353 I1268 J－703；

G01 X16100 Y－521；

G01 X16100 Y－12100；

G01 X16000 Y－18000；

M02；

（4）调试机床

调试机床应校正钼丝的垂直度（用垂直校正仪或校正模块），检查工作液循环系统及运丝机构工作是否正常。

（5）装夹及加工

① 将坯料放在工作台上，保证有足够的装夹余量。然后固定夹紧，工件左侧悬置。

② 将电极丝移至穿丝点位置，注意别碰断电极丝，准备切割。

③ 选择合适的电参数，进行切割。

此零件作为样板要求切割表面质量，而且板比较薄，属于粗糙度型加工，故选切割参数为：最大电流 3；脉宽 3；间隔比 4；进给速度 6。

加工时应注意电流表、电压表数值应稳定，进给速度应均匀。

［例 7-7］　按照技术要求，完成图 7-42 所示内花键扳手零件的加工。

(1) 零件图工艺分析

此零件尺寸要求精度不高,但内外两个型面都要加工,有一定的位置要求。

(2) 确定装夹位置及走刀路线

此零件毛坯料为 100 mm×32 mm×6 mm 板料,为防止工件翘起或低头,装夹采用两端支承方式。走刀路线是先切割内花键然后再切割外形轮廓。如图 7-43 所示。

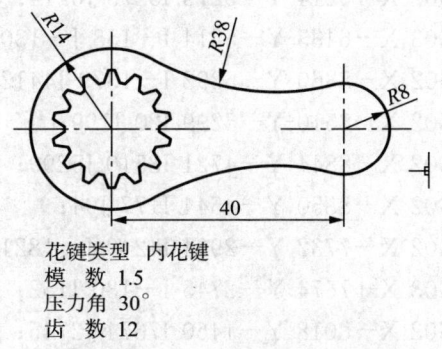

图 7-42 内花键扳手零件

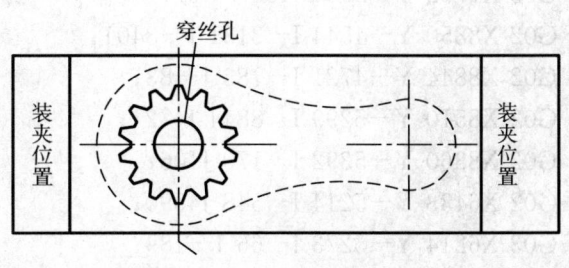

图 7-43 零件装夹位置

(3) 根据图纸所给参数编制程序

G92 X0 Y0;
G01 X－9936 Y490;
G02 X－8178 Y1299 I2769 J－3702;
G03 X－8018 Y1460 I－37 J197;
G02 X－7674 Y2745 I8018 J－1460;
G03 X－7732 Y2964 I－188 J67;
G02 X－8850 Y4544 I3131 J3401;
G02 X－8844 Y4721 I183 J83;
G02 X－8510 Y5299 I8844 J－4721;
G02 X－8360 Y5392 I170 J－106;
G02 X－6433 Y5214 I548 J－4590;
G03 X－6214 Y5273 I66 J189;
G02 X－5273 Y6214 I6214 J－5273;
G03 X－5214 Y6433 I－130 J153;
G02 X－5392 Y8360 I4412 J1379;
G02 X－5299 Y8510 I199 J－20;
G02 X－4721 Y8844 I5299 J－8510;
G02 X－4544 Y8850 I94 J－177;
G02 X－2964 Y7732 I－1821 J－4249;
G03 X－2745 Y7674 I152 J130;
G02 X－1460 Y8018 I2745 J－7674;
G03 X－1299 Y8178 I－36 J197;
G02 X－490 Y9936 I4511 J－1011;

G02 X－334 Y10019 I163 J－116;
G02 X334 Y10019 I334 J－10019;
G02 X490 Y9936 I－7 J－199;
G02 X1299 Y8178 I－3702 J－2769;
G03 X1460 Y8018 I197 J37;
G02 X2745 Y7674 I－1460 J－8018;
G03 X2964 Y7732 I67 J188;
G02 X4544 Y8850 I3401 J－3131;
G02 X4721 Y8844 I83 J－183;
G02 X5299 Y8510 I－4721 J－8844;
G02 X5392 Y8360 I－106 J－170;
G02 X5214 Y6433 I－4590 J－548;
G03 X5273 Y6214 I189 J－66;
G02 X6214 Y5273 I－5273 J－6214;
G03 X6433 Y5214 I153 J130;
G02 X8360 Y5392 I1379 J－4412;
G02 X8510 Y5299 I－20 J－199;
G02 X8844 Y4721 I－8510 J－5299;
G02 X8850 Y4544 I－177 J－94;
G02 X7732 Y2964 I－4249 J1821;
G03 X7674 Y2745 I130 J－152;
G02 X8018 Y1460 I－7674 J－2745;
G03 X8178 Y1299 I197 J36;

G02 X9936 Y490 I—1011 J—4511;
G02 X10019 Y334 I—116 J—163;
G02 X10019 Y—334 I—10019 J—334;
G02 X9936 Y—490 I—199 J7;
G02 X8178 Y—1299 I—2769 J3702;
G03 X8018 Y—1460 I37 J—197;
G02 X7674 Y—2745 I—8018 J1460;
G03 X7732 Y—2964 I188 J—67;
G02 X8850 Y—4544 I—3131 J—3401;
G02 X8844 Y—4721 I—183 J—83;
G02 X8510 Y—5299 I—8844 J4721;
G02 X8360 Y—5392 I—170 J106;
G02 X6433 Y—5214 I—548 J4590;
G03 X6214 Y—5273 I—66 J—189;
G02 X5273 Y—6214 I—6214 J5273;
G03 X5214 Y—6433 I130 J—153;
G02 X5392 Y—8360 I—4412 J—1379;
G02 X5299 Y—8510 I—199 J20;
G02 X4721 Y—8844 I—5299 J8510;
G02 X4544 Y—8850 I—94 J77;
G02 X2964 Y—7732 I1821 J4249;
G03 X2745 Y—7674 I—152 J—130;
G02 X1460 Y—8018 I—2745 J17674;
G03 X1299 Y—8178 I36 J—197;
G02 X490 Y—9936 I—4511 J1011;
G02 X334 Y—10019 I—163 J116;
G02 X—334 Y—10019 I—334 J10019;
G02 X—490 Y—9936 I7 J199;
G02 X—1299 Y—8178 I3702 J2769;
G03 X—1460 Y—8018 I—197 J—37;
G02 X—2745 Y—7674 I1460 J8018;
G03 X—2964 Y—7732 I—67 J—188;
G02 X—4544 Y—8850 I—3401 J3131;
G02 X—4721 Y—8844 I—83 J183;
G02 X—5299 Y—8510 I4721 J8844;
G02 X—5392 Y—8360 I106 J170;
G02 X—5214 Y—6433 I4590 J548;
G03 X—5273 Y—6214 I—189 J66;
G02 X—6214 Y—5273 I5273 J6214;
G03 X—6433 Y—5214 I—153 J—130;
G02 X—8360 Y—5392 I—1379 J4412;
G02 X—8510 Y—5299 I20 J199;
G02 X—8844 Y—4721 I8510 J5299;
G02 X—8850 Y—4544 I177 J94;
G02 X—7732 Y—2964 I4249 J—1821;
G03 X—7674 Y—2745 I—130 J152;
G02 X—8018 Y—1460 I7674 J2745;
G03 X—8178 Y—1299 I—197 J—36;
G02 X—9936 Y—490 I1011 J4511;
G02 X—10019 Y—334 I116 J163;
G02 X—10019 Y334 I10019 J334;
G02 X—9936 Y490 I199 J—7;
G01 X0 Y0;
M21;
M00;
G00 X—20000 Y0;
M00;
M20;
G01 X—14100 Y0;
G02 X7416 Y11992 I14100 J0;
G03 X37773 Y7788 I19934 J32234;
G02 X37772 Y—7788 I2227 J—7788;
G03 X7416 Y—11992 I—10422 J—36438;
G02 X—14100 Y0 I—7416 J11992;
G01 X—20000 Y0;
M02;

(4) 调试机床

校正钼丝的垂直度,检查工作液及运丝机构工作是否正常。

(5) 装夹及加工

将坯料放在工作台上,保证有足够的装夹余量,然后工件两端固定夹紧;将电极丝抽出移至穿丝点位置,穿入工艺孔中然后上好电极丝,找正工件,准备切割。

选择合适的电参数,进行切割。切割好内花键后,卸丝,移至外形轮廓的穿丝点处,再穿丝加工。

思考题 7

1. 数控线切割机床分类有哪些？
2. 简述线切割加工的工作原理。
3. 高速与低速走丝线切割机床的主要区别有哪些？
4. 数控线切割机床的加工工艺主要应用于哪几个方面？
5. 如何进行电极丝的安装和调试？
6. 线切割机床找端面和找孔中心是如何进行的？这对零件加工有何意义？
7. 线切割加工用程序有哪些格式？各常用于哪些机床？
8. 什么是线径补偿？线径补偿如何计算？加工内孔和外形时偏移方向如何确定？
9. 冲裁模零件的加工有何特点？如何在加工时保证模具零件的配合间隙？
10. 试编写快走丝切割题图 7-1 所示零件(a)、(b)、(c)的 3B 格式程序。
11. 试编写慢走丝切割题图 7-1 所示零件(d)、(e)的 ISO 格式程序。

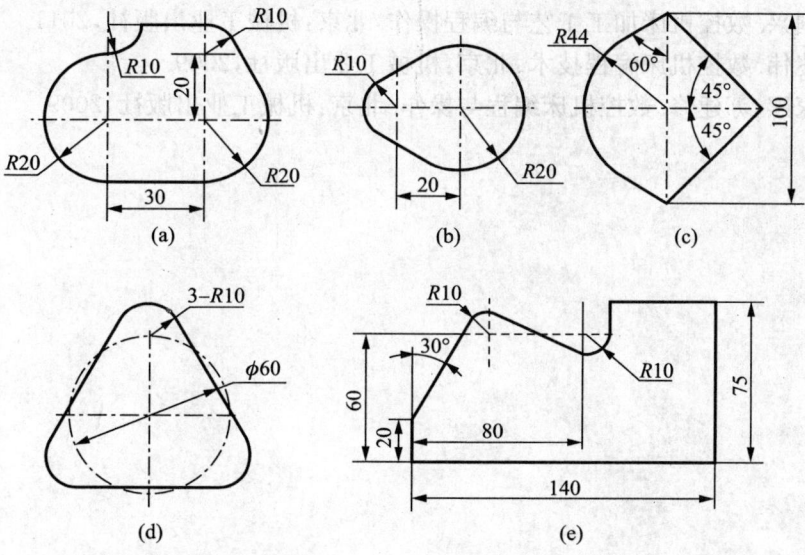

题图 7-1 走丝切割

参考文献

[1] 王爱玲,李清. 数控机床加工工艺. 北京:机械工业出版社,2006.
[2] 王爱玲,刘中柱. 数控机床操作技术. 北京:机械工业出版社,2006.
[3] 陈云,杜齐明,董万福. 现代金属切削刀具实用技术. 北京:化学工业出版社,2008.
[4] 刘立,丁辉. 数控编程. 北京:北京理工大学出版社,2008.
[5] 沈建峰,虞俊. 数控车工(高级). 北京:机械工业出版社,2007.
[6] 刘万菊. 数控加工工艺及编程. 北京:机械工业出版社,2007.
[7] 杜国臣. 数控机床编程. 北京:机械工业出版社,2010.
[8] 任国兴. 数控机床加工工艺与编程操作. 北京:机械工业出版社,2011.
[9] 董兆伟. 数控机床编程技术. 北京:机械工业出版社,2009.
[10] 杜家熙,苏建修. 数控机床编程与操作. 北京:机械工业出版社,2009.